PLANCTON

Un bloom de phytoplancton constitué principalement de coccolithophores et de diatomées dans l'océan Atlantique.
Observé par le satellite Aqua de la NASA en décembre 2010 au large de la Patagonie.

REMERCIEMENTS

Le projet Chroniques du Plancton et ce livre sont nés de multiples aventures et rencontres :

L'aventure familiale avec le cadeau pour mes douze ans par grand-père Marc d'un petit microscope avec lequel j'ai scruté le plancton des mares de Melle, et des Deux Sèvres. J'ai eu la chance de poursuivre mes recherches en famille entre la France et les États-Unis, à Villefranche-sur-Mer, à Roscoff, à Woods Hole, Monterey ou Friday Harbor. Initié avec mon fils Noé et son ami et associé Sharif, de Montréal, le projet Chroniques du Plancton est né il y a quelques années. Et à travers ces années de dévouement à la biologie, le soutien fidèle de mon épouse Dana, de Ted, mon beau-frère écrivain, et tous ceux qui m'appellent frère, papa ou tonton plancton.

L'aventure professionnelle de la recherche sur les molécules et les cellules à Lyon, Berkeley, Gif-sur-Yvette, puis l'intégration au CNRS et les laboratoires créés à Villefranche-sur-Mer pour travailler sur la fécondation, les embryons et le plancton. La rencontre avec tant d'étudiants, de collègues et collaborateurs à la station marine de Villefranche-sur-Mer, et dans tous les coins du monde. La rencontre précoce avec la révolution de l'imagerie microscopique qui me préparait à filmer et photographier tant de merveilleuses cellules et organismes.

L'aventure de l'expédition *Tara Oceans*, une exploration du plancton conçue avec Éric et Gaby, sur un coin de table, portée par la généreuse famille d'Étienne, Romain, et Agnès b., et leurs merveilleuses équipes. Et tous ces Taranautes, amis, collègues et marins, maintes fois sollicités, consultés sur les arcanes du plancton et l'art de la collecte et de la navigation.

Ce projet de livre est aussi né de rencontres, avec Cédric, passionné des écorces d'arbres du monde, qui m'a présenté Antoine et Guillaume des Éditions Ulmer avec qui j'ai immédiatement senti que nous pourrions créer ensemble. Rencontres fréquentes avec les biologistes qui m'ont tant appris et tant aidé. Mes fidèles compagnons de recherches sur les cellules et embryons, Janet, Evelyn et tous ceux de l'équipe Biodev qui ont compris ma désertion pour l'aventure plancton. Les zoologistes comme Claude ou John qui ont fait mon éducation et comblé les lacunes d'une vocation tardive. Karen, Jeremy, Marcus, John, Stefan, Casey qui ont généreusement contribué par de nombreuses photos et d'importantes parties de chapitres. De nombreux collègues ont amené collectes, échantillons, expertises, et images : Sacha, Per, Rebecca, Christof, Anna, David, Jean-Luc, Jean-Yves, Sophie, Marie-Dominique, Yvan, Jeanine, Jean-Louis, Tsuyoshi, Fabien, Colette, Jean-Jacques, Marina, Adriana, Dominique, Éric, Matt, Rebecca, Johan, Sébastien, Christian, Philippe, Fabrice, Colomban, Margaux, Chris, Atsuko, Dennis, Lixy, Kazuo... Je ne pourrais vous citer tous, tant vous êtes nombreux à avoir soutenu ce projet d'une manière ou d'une autre. Le livre est là, soyez-en remerciés.

CHRISTIAN SARDET

PLANCTON
Aux origines du vivant

ULMER

SOMMAIRE

Introduction. Organismes à la dérive

Qu'est-ce que le plancton ? p. 7
Le plancton et les hommes, p. 9
Les origines : une histoire mêlée de la planète et de la vie, p. 10
Explosions, extinctions et évolutions de la vie dans l'océan, p. 11
Histoire chronologique & Arbre de vie, p. 12
Domaine, règne, phylum, classe, ordre, famille, espèce, p. 14
Des organismes de toutes tailles, aux rôles et comportements variés, p. 16
De la collecte à l'identification et l'imagerie du plancton, p. 18

Plancton du monde

La rade de Villefranche-sur-Mer, France : Haut lieu d'étude du plancton, p. 22
Entre Équateur et Galapagos : *Tara Oceans*, p. 24
Caroline du Sud, États-Unis : Dans les marais, p. 26
La riche péninsule d'Izu et Shimoda, Japon : Plancton d'automne, p. 28

UN IMMENSE PEUPLE D'ÊTRES UNICELLULAIRES
Aux origines de la vie

BACTÉRIES, ARCHÉES ET VIRUS
Invisibles omniprésents, p. 32

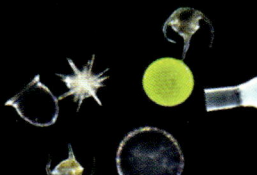
PROTISTES
Des êtres unicellulaires, précurseurs des animaux et des plantes, p. 38

Phytoplancton, p. 43

COCCOLITHOPHORES ET FORAMINIFÈRES
Architectes du calcaire, p. 48

DIATOMÉES ET DINOFLAGELLÉS
Maisons en silice ou cellulose, p. 54

RADIOLAIRES, POLYCYSTINES ET ACANTHAIRES
Végétaux et animaux à la fois, p. 70

CILIÉS TINTINNIDES ET CHOANOFLAGELLÉS
Motilité et multicellularité, p. 86

CNIDAIRES ET CTÉNOPHORES
Formes ancestrales

CTÉNOPHORES
Carnivores porteurs de peignes, p. 94

MÉDUSES
Championnes de l'adaptation, p. 102

SIPHONOPHORES
Les plus longs animaux du monde, p. 112

VELELLES, PORPITES ET PHYSALIES
Voiliers planctoniques, p. 122

MOLLUSQUES ET CRUSTACÉS
Rois de la diversité

LARVES DE CRUSTACÉS
Mues et métamorphoses,
p. 134

DES COPÉPODES
AUX AMPHIPODES
Variations sur le
même thème, p. 144

PHRONIMES
Monstres des
tonneaux, p. 154

PTÉROPODES ET HÉTÉROPODES
Des mollusques qui nagent
avec leurs pieds, p. 164

CÉPHALOPODES ET NUDIBRANCHES
Beauté colorée et camouflage,
p. 176

DES VERS AUX TÊTARDS
Un monde de flèches et de tubes

CHAETOGNATHES
Micro-crocodiles
des océans, p. 184

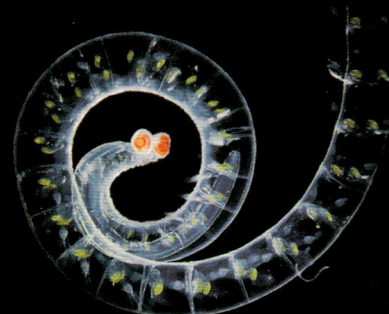

ANNÉLIDES POLYCHÈTES
Des vers dans la mer, p. 192

SALPES, DOLIOLES
ET PYROSOMES
Des gélatineux
évolués, p. 198

APPENDICULAIRES
Têtards qui pêchent
au filet, p. 204

Embryons et larves,
p. 208

Index, p. 212
Bibliographie, sites, p. 215
Crédits, p. 216

MANDALA DU PLANCTON

Le plancton est l'assemblage complexe d'un grand nombre d'organismes de différents genres et espèces. Plus de 200 organismes figurent dans ce mandala. Vous retrouverez la plupart d'entre eux dans les pages de ce livre. Dans la partie supérieure figurent les organismes les plus volumineux — méduses, siphonophores, cténophores, salpes — faisant partie du zooplancton. Dans la partie centrale sont représentés des organismes zooplanctoniques dont les tailles varient de quelques millimètres à plusieurs centimètres — chaetognathes, annélides, mollusques planctoniques comme les ptéropodes, copépodes — ainsi que les plus grosses larves et juvéniles. Dans la partie inférieure du mandala nous avons rassemblé les organismes qui sont microscopiques, mesurant moins d'un millimètre — des protistes constitués d'une seule cellule, des radiolaires ou foraminifères et des diatomées ou dinoflagellés du phytoplancton. Ce plancton microscopique contient également des organismes multicellulaires — des pontes, embryons et larves de céphalopodes et de poissons, de coquillages, crabes ou oursins.

INTRODUCTION

LE PLANCTON
ORGANISMES
À LA DÉRIVE

Qu'est-ce que le plancton ?

Une baleine se nourrit d'une efflorescence de plancton.
Photo Wayne Davis, www.oceanaerials.com

Plancton vient de *planktos*, un mot signifiant errer ou dériver en grec ancien. Vaste communauté d'êtres vivants dérivant au gré des courants, l'écosystème planctonique est une ode aux origines et à la diversité de la vie dans les océans. Cette vie n'a cessé d'évoluer depuis plus de 3 milliards d'années. Aujourd'hui, les minuscules virus, les bactéries et toutes sortes d'êtres unicellulaires et multicellulaires jusqu'aux siphonophores, les plus longs animaux des océans, s'y côtoient.
Avec eux, algues, pontes, embryons et larves, krill et méduses microscopiques ou géantes, voguent au gré des courants.

Près de 98 % de la biomasse des océans est constituée de l'invisible multitude des organismes du plancton, alors que ceux qui sont visibles, comme les céphalopodes, poissons ou mammifères marins, ne représentent pas plus de 2 % de la matière vivante ! Dans le plancton, les organismes qui dérivent leur vie entière avec les courants, comme les crustacés du krill et des animaux gélatineux, méduses et salpes, côtoient les velelles et physalies qui naviguent en surface poussés par les vents. Les êtres du plancton sont en interactions étroites et complexes. Parasitismes et symbioses sont la règle.

La diversité et l'abondance du plancton varient avec les courants, et avec la géographie des mers et des océans. Sa composition change aussi avec les saisons, les conditions climatiques et les pollutions. Les bactéries et archées (les êtres unicellulaires sans noyau) et les protistes (les êtres unicellulaires avec noyau) prolifèrent si les conditions de température, salinité et nutriments sont favorables. Certains protistes, notamment les diatomées, dinoflagellés et coccolithophores, ont la capacité de se diviser si vite qu'ils forment des efflorescences communément appelées « blooms ». Ces proliférations de plancton microscopique sont susceptibles de dévaster les élevages aquacoles, d'initier la formation de nuages, ou de colorer et illuminer la mer. Tous les jours, des blooms sont photographiés par les satellites.

Les micro-organismes du plancton capables d'effectuer la photosynthèse (le phytoplancton) captent l'énergie du soleil et produisent de l'oxygène (O_2). Ils fabriquent de la matière organique à partir du gaz carbonique (CO_2) atmosphérique, de l'eau (H_2O) et de sels minéraux. Ce plancton végétal constitue la base de la chaîne alimentaire nourrissant d'autres êtres unicellulaires, tels les radiolaires ou les foraminifères qui sont des protistes animaux. Les protistes végétaux et animaux sont eux-mêmes de la nourriture pour le zooplancton constitué d'animaux et de leurs innombrables larves et juvéniles. Produits en grand nombre par les coraux, échinodermes, mollusques et crustacés qui peuplent les fonds marins et les côtes, les gamètes, les embryons, larves, juvéniles, et alevins des poissons font aussi partie du plancton.

Dynamique du phytoplancton dans les océans

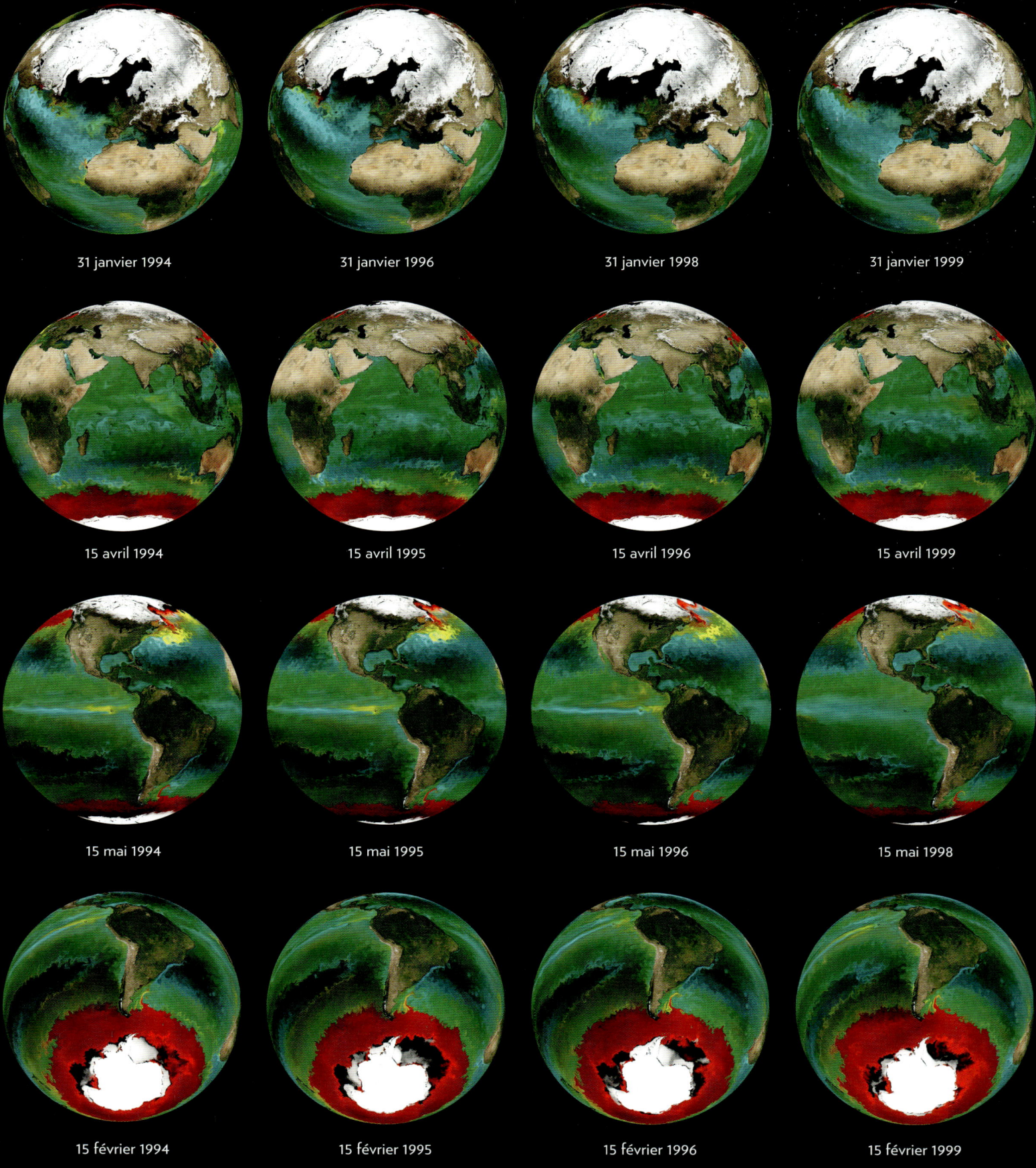

Basé sur la circulation des courants et la connaissance des principaux organismes microscopiques du phytoplancton, Mick Follows et ses collaborateurs du MIT à Cambridge (USA) ont simulé par ordinateur l'abondance et la distribution du phytoplancton dans les océans, et leurs variations de 1994 à 1998.

MICK FOLLOWS, OLIVER JAHN, ECCO2 AND DARWIN PROJECT, MIT

En rouge et jaune : les diatomées et autres organismes du phytoplancton de plus grande taille.
En vert et bleu cyan : les cyanobactéries *plochlorococcus, synechococcus* et autres organismes du phytoplancton de très petite taille.

Bloom « boues rouges » constitué de protistes, des dinoflagellés toxiques. Vue d'avion au large de l'Île Héron dans la grande barrière de corail australienne. Photo Gary Bell/OceanwideImages.com

Chez la majorité des animaux marins, la reproduction est sexuée, le plus souvent sans accouplement. Les organismes pondent de grandes quantités d'ovocytes ou relâchent d'innombrables embryons dans la mer. La fécondation a souvent lieu en pleine eau et les développements sont rapides. Les larves éclosent, dérivent avec les courants et pour certaines se fixent. Les larves et juvéniles qui ne sont pas dévorés deviennent adultes, souvent après de multiples et surprenantes métamorphoses. Les larves et juvéniles du plancton renouvellent sans cesse le stock des habitants planctoniques des courants et des animaux peuplant les côtes et fonds marins. Lorsqu'elles arrivent à maturité, les larves de poissons et de céphalopodes rejoignent les adultes qui entrent et sortent librement des courants.

Le plancton et les hommes

Nous, les humains, sommes intimement liés au plancton. Chaque respiration est un cadeau du phytoplancton. Les bactéries photosynthétiques et les protistes végétaux produisent autant d'oxygène que toutes les forêts et plantes terrestres. Et depuis trois milliards d'années, le plancton végétal absorbe d'énormes quantités de gaz carbonique régulant, à travers le cycle du carbone, la température, le climat, ainsi que la productivité et l'acidité des océans.

Le plancton est aussi notre grand pourvoyeur d'énergies fossiles. Les cadavres des organismes du plancton et leurs déjections sédimentent sous forme de particules floconneuses riches en bactéries. Cette tempête de neige marine incessante alimente les fonds marins depuis des milliers de millions d'années. Ces sédiments organiques accumulés, enfouis, compressés, métabolisés par les micro-organismes, finissent par produire une sorte de roche liquide et visqueuse à l'origine des nappes de pétrole et poches de gaz. L'homme puise dans cette ressource de carbone pour se chauffer, se déplacer et fabriquer une multitude d'objets. Chaque année nous consommons l'équivalent en pétrole d'un million d'années de plancton enfoui au fond des océans.

Les coques et squelettes de protistes (foraminifères, diatomées, coccolithophores…) déposés en d'épaisses couches de sédiments calcaires ou siliceux à travers les âges, ont été comprimés, formant les roches sédimentaires. Soulevées par les grands plissements de la croûte terrestre, les roches sédimentaires ont formé des montagnes. À la suite des érosions, ces coques et squelettes microscopiques se sont retrouvés dans les falaises et les déserts, et éventuellement dans les pierres de nos maisons et monuments.

Enfin, le plancton nous nourrit. Il constitue la base de la chaîne alimentaire où les plus gros mangent les plus petits depuis les micro-organismes jusqu'aux crevettes et poissons. Sans plancton… pas de poisson !

Stromatolithes dans la Baie des Requins en Australie. Ils constituent les traces fossiles des formes de vie les plus anciennes. Photo Mark Boyle.

Les origines : une histoire mêlée de la planète et de la vie

4,6 à 3,5 milliards d'années :
la vie débute dans l'océan primordial

Notre planète est née il y a environ 4,6 milliards d'années dans une atmosphère gazeuse et de gigantesques conflagrations de blocs de roches et de météorites glacées. La masse rocheuse en fusion s'est lentement refroidie. À la suite de la condensation d'une atmosphère chargée en vapeur d'eau et des pluies diluviennes, un océan primordial s'est formé. On peut se demander si la vie est née dans une marre boueuse comme le pensait Darwin, ou près des sources hydrothermales volcaniques des fosses océaniques. Peut-être même la vie est-elle venue de l'espace dans des blocs de glace qui ont refroidi et grossi l'océan naissant ? Nous le saurons peut-être un jour.

Quoi qu'il en soit, il y a quelque 3,5 milliards d'années, un plancton originel naissait dans l'océan primordial. Il était constitué de cellules primitives, ancêtres des bactéries et des archées, capables de vivre en milieux dépourvus d'oxygène. Tous ces micro-organismes tiraient leur énergie des métaux et des gaz, et de la chaleur qui se dégageait des entrailles de la planète. Ce processus se poursuit de nos jours au sein des sources chaudes hydrothermales. L'activité des micro-organismes commença alors à transformer la planète. Les premières roches stratifiées — les stromatolithes — témoignent de l'activité de bactéries ancestrales. Datant de 3,5 milliards d'années, elles constituent les premières traces fossiles de vie. D'autres roches se déposent ensuite en couches épaisses. Elles sont dues à l'activité et à la minéralisation des films de cyanobactéries. Ces bactéries sont les championnes de la photosynthèse dite oxygénique, celle qui produit l'oxygène enrichissant l'atmosphère et les océans. Captant l'énergie lumineuse, la photosynthèse combine l'eau et le gaz carbonique en sucres et autres molécules organiques. Ainsi démarrait, dans l'océan primitif, la vie et la chaîne alimentaire planctonique.

3,5 à 2,4 milliards d'années :
la grande oxydation de la « planète rouge »

Précurseurs du phytoplancton, les cyanobactéries sont encore des acteurs majeurs de la photosynthèse dans les océans actuels. Pendant près d'un milliard d'années, elles ont produit une quantité considérable d'oxygène, modifiant la composition de l'atmosphère des origines, alors riche en azote, méthane et gaz carbonique. Source de matière vivante, ces micro-organismes ont proliféré et ont parfois été décimés par des explosions volcaniques et des chutes de météorites. L'activité cyclique des films bactériens photosynthétiques oxyde alors tout ce qui peut l'être sur la planète primitive. Le fer rouille et ses oxydes se déposent en de gigantesques strates rubanées au fond des océans. Il y a 2,4 milliards d'années, vue de l'espace, notre planète était sans doute aussi rouge que la planète Mars aujourd'hui. L'activité bactérienne modifie la composition de l'atmosphère primitive qui atteint 10 % de la concentration actuelle en oxygène. Une couche d'ozone s'élabore en surface, protégeant la vie des rayons ultraviolets. Parmi les bactéries qui ne supportent pas l'oxygène, en particulier les bactéries et les archées qui vivent en milieux extrêmes dites « extrêmophiles », c'est alors une hécatombe. Elles se réfugient au fond des océans et dans des environnements extrêmes où elles ont continué à évoluer jusqu'à nos jours.

2,4 à 1,4 milliards d'années : la vie transforme la planète en « boule de neige » puis la réchauffe

Sous l'effet de la photosynthèse oxygénique, la planète connaît alors une période de glaciation quasi totale. L'oxygène, produit en grande quantité, commence à oxyder le méthane, abondant dans l'atmosphère primordiale. Puissant gaz à effet de serre, le méthane est transformé en CO_2. La diminution du méthane entraîne une glaciation de toute la planète en « planète boule de neige » pendant des dizaines de millions d'années. Puis le CO_2 augmente, y compris celui rejeté par les volcans. Avec le méthane produit par les archées au fond des océans, la planète peu à peu se réchauffe, mettant fin à la glaciation.

Depuis un Milliard d'années : l'avènement des protistes et métazoaires

À travers les bouleversements planétaires des origines, les bactéries et archées ancestrales ont évolué en d'extraordinaires chimères. Elles ont donné naissance aux cellules (appelées cellules eucaryotes) qui séquestrent leur ADN dans un noyau et possèdent des organelles. En fait, ces organelles proviennent de l'évolution de bactéries et archées gobées par des congénères. Ainsi sont apparus les mitochondries et les chloroplastes. Ces premiers êtres unicellulaires possédant noyaux et organelles sont considérés comme les ancêtres des protistes, les premières cellules eucaryotes.

Depuis leur apparition dans l'océan primordial, les bactéries, les archées et les protistes n'ont cessé d'échanger des organelles, des gènes et des protéines, acquérant de nouvelles fonctions et voies métaboliques. Certains protistes ont abrité des algues symbiotiques, d'autres ont commencé à former des communautés de cellules à noyau. On pense qu'ainsi sont apparus dans l'océan, il y a près d'un milliard d'années, les premiers organismes multicellulaires à noyau, précurseurs des animaux et des plantes. Ne possédant pas de squelette minéral, ces premiers eucaryotes n'ont apparemment pas laissé de trace fossile.

Et les virus ?

Pour se reproduire, les virus exploitent les trois grands domaines de l'arbre du vivant (les bactéries, les archées, et les cellules eucaryotes), qui, contrairement aux virus, sont capables d'auto-reproduction. Les virus et les phages (on appelle ainsi les virus des bactéries) sont omniprésents dans les écosystèmes terrestres et aquatiques. Ils semblent réguler tous les cycles du vivant, et en particulier contrôler les proliférations spectaculaires des organismes du plancton. Il y a fort à parier qu'ils jouaient déjà ce rôle aux temps des origines. La découverte récente de virus géants — les girus, mimivirus ou mégavirus — eux-mêmes infectés par des virus, suggère qu'ils constituaient peut-être, à côté des bactéries, archées et eucaryotes, un quatrième domaine précurseur du vivant.

Explosions, extinctions et évolutions de la vie dans l'océan

De 800 à 500 millions d'années : les premiers animaux

Les animaux ancestraux apparus il y a probablement 700 à 800 millions d'années ont laissé peu de traces fossiles. Des biologistes analysent les caractères morphologiques et les gènes pour comprendre quand et comment, à partir de ces animaux primitifs, sont apparus les éponges, cténophores et cnidaires, dont les traces fossiles sont les plus anciennes de tous les animaux.

Les cnidaires comprennent les siphonophores et les méduses, de grands prédateurs gélatineux du plancton, et aussi des animaux fixés — coraux et anémones de mer. Tous ces animaux possèdent en commun des cellules urticantes appelées « cnidocytes » provenant du mot *cnide* signifiant ortie en grec. À eux seuls les cnidaires offrent toute la gamme des modes de vie et de diversité biologique : la sexualité, la symbiose, la vie en colonies, la régénération et même, selon certains, l'immortalité.

Malgré leur aspect fragile, les cnidaires sont avec les cténophores des champions de l'adaptation. Ils ont évolué et ont survécu sous différentes formes à 5 périodes majeures d'extinction. Dans un océan que les hommes dépeuplent actuellement de poissons et de mammifères, ces grands prédateurs gélatineux semblent en voie de prolifération.

De 500 à 200 millions d'années : des extinctions et explosions de vie

L'histoire de la vie sur la planète est marquée par des périodes d'explosions de vie et d'extinctions massives. Ainsi, avant même le Cambrien, il y a plus de 540 millions d'années, sans que nous sachions exactement comment et pourquoi, apparaissent presque tous les phylums qui nous sont actuellement familiers — mollusques, arthropodes, échinodermes, annélides. Apparaissent aussi les ancêtres des vertébrés dont font partie les poissons et mammifères.

Les animaux les plus anciens (les cnidaires, cténophores et éponges) ont une symétrie radiale. Par contre, les mollusques, arthropodes, échinodermes, les vertébrés et leurs embryons et larves ont une symétrie bilatérale. Leurs corps sont caractérisés par des axes et des régions différenciées antérieures et postérieures : tête, queue, dos, ventre, côté droit, côté gauche. La plupart d'entre eux ont des squelettes internes, des exo-squelettes ou carapaces. Ces squelettes et carapaces nous sont parvenus par millions dans les sédiments sous forme de fossiles, témoins des grandes extinctions. Ainsi à la suite de grands cataclysmes, les milliers d'espèces de trilobites qui dominaient l'océan il y a plus de 500 millions d'années se sont éteints à la fin du Permien. C'est à partir de cette époque, il y a 245 millions d'années, que les premiers dinosaures ont colonisé les terres. Ils ont disparu à leur tour il y a 65 millions d'années quand des éruptions volcaniques et des météorites ont bouleversé la planète signalant la fin du Crétacé.

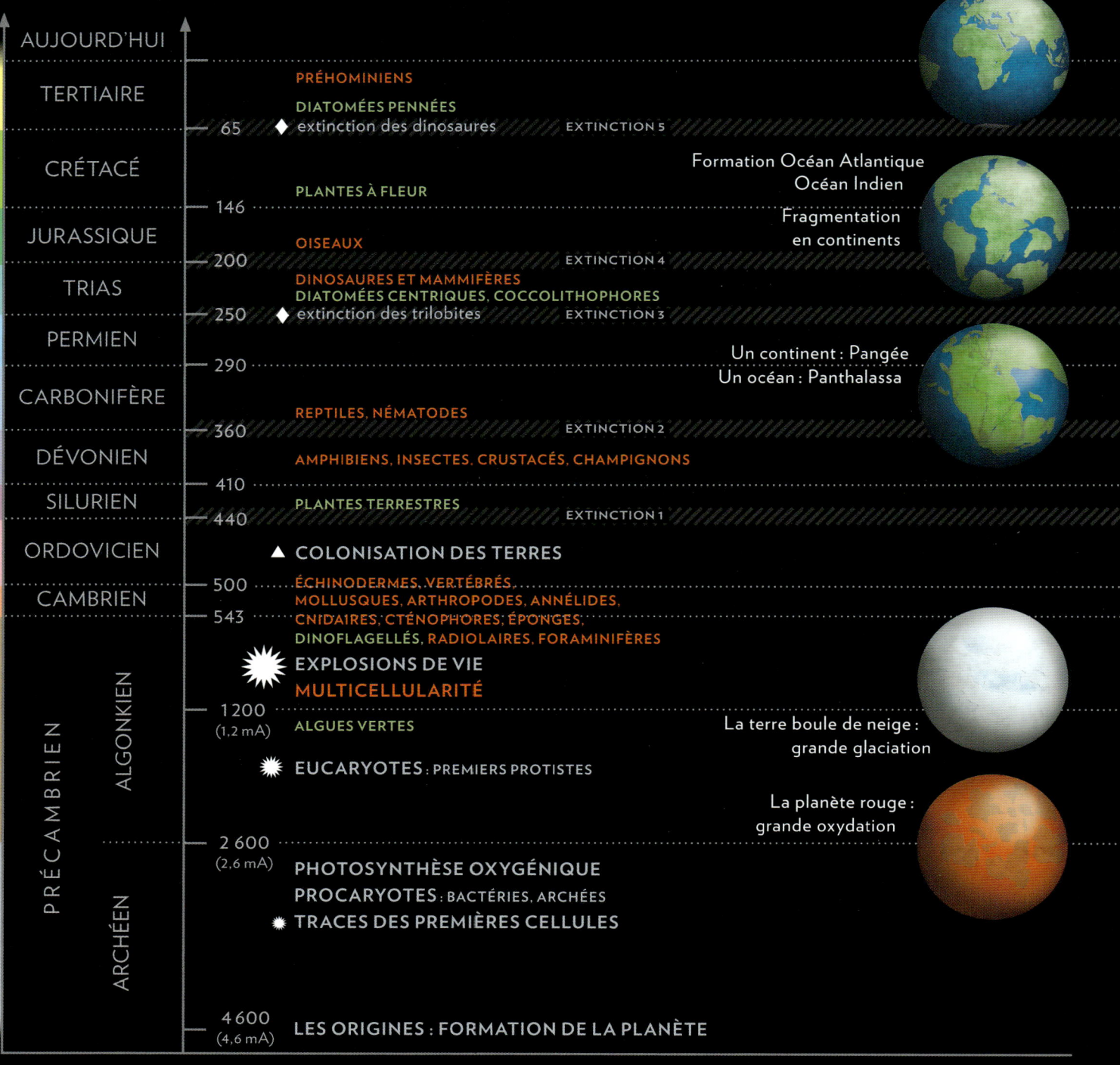

Histoire chronologique des océans, de la terre et de la vie

L'histoire de la terre et des océans a commencé il y a 4,6 milliards d'années (mA). La planète est passée par des périodes d'oxydations (2,4 mA) et de glaciations (1,4 mA) liées à l'apparition de la vie dans les océans (3,5 mA) et de la photosynthèse oxygénique par les cyanobactéries (3 mA). Nous avons représenté l'apparition des continents et océans, les cinq périodes d'extinctions majeures (450-440 / 375-360 / 250 / 200 / 65 millions d'années) et des événements majeurs de l'histoire de la vie : l'apparition des premières cellules eucaryotes, des premiers protistes et de la multicellularité pendant l'Algonkien, l'apparition de la majorité des phylums animaux avant et pendant le Cambrien, la colonisation des terres pendant l'Ordovicien et l'apparition et disparition des trilobites (250) et des dinosaures (65). L'échelle verticale à l'extrême gauche utilise le code de couleurs adopté par la communauté internationale des géologues.

- ✸ Traces des premières cellules (3,5 mA)
- ✸ Apparition des eucaryotes (2-1,5 mA)
- ✸ Explosions de vie (0,8-0,5 mA)
- ▲ Colonisation des terres (0,7-0,5 mA)
- ◆ Disparition des trilobites (0,25 mA)
- ◆ Disparition des dinosaures (0,065 mA)

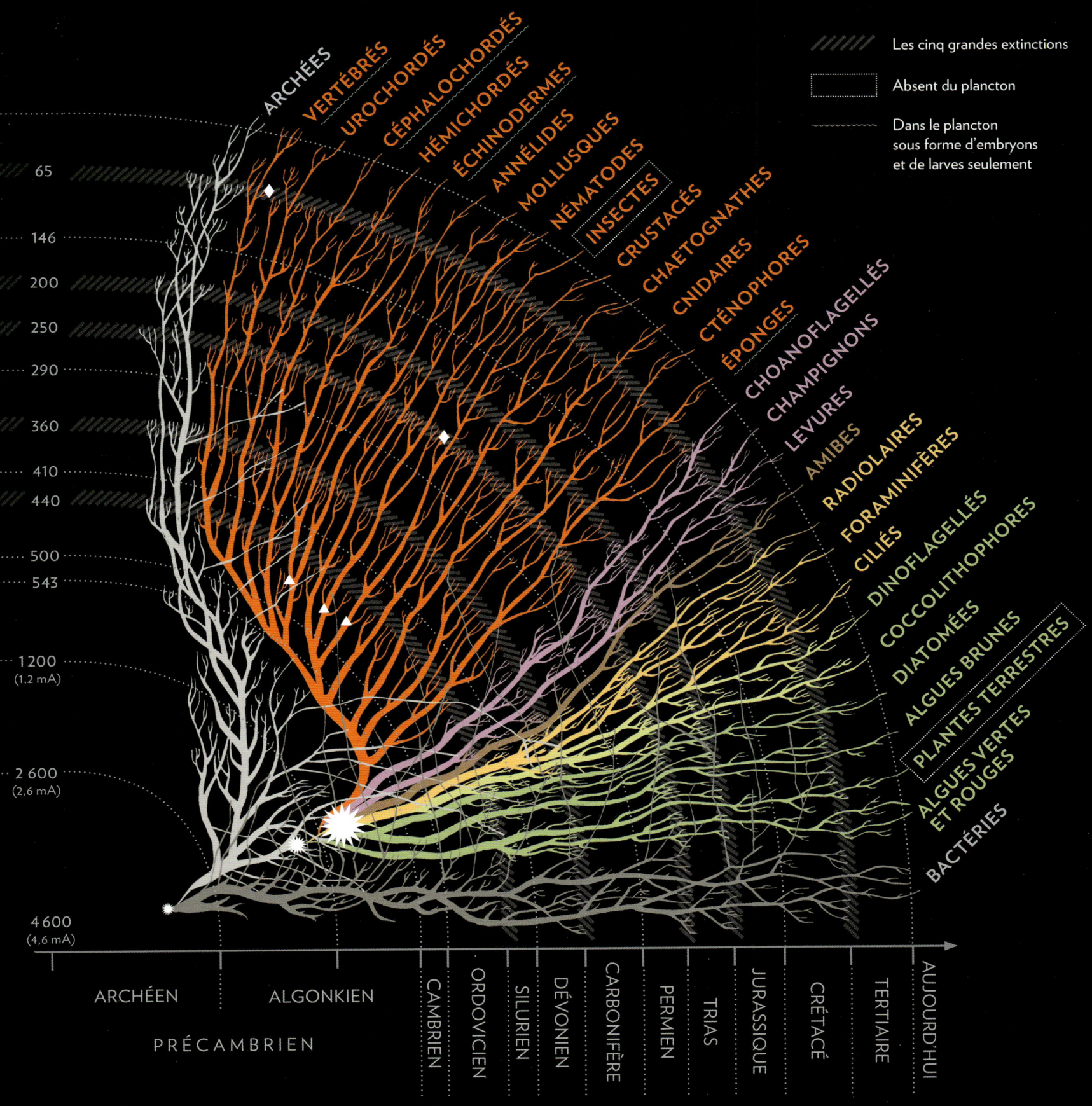

L'arbre de vie des origines à nos jours

L'arbre de vie ci-dessus est du type foisonnant, avec des branches transversales symbolisant des transferts d'organelles et de gènes entre bactéries, archées et cellules eucaryotes. Figurent également les multiples interruptions des branches du vivant dues aux événements cataclysmaux et en particulier les cinq grandes périodes d'extinctions. Encore sujets de discussions entre spécialistes, les représentations des filiations et origines des embranchements ne sont qu'indicatifs. La place occupée par les animaux (en rouge) dans cet arbre schématique est amplifiée.

L'EXTINCTION DES DINOSAURES ET FORAMINIFÈRES IL Y A 65 MILLIONS D'ANNÉES

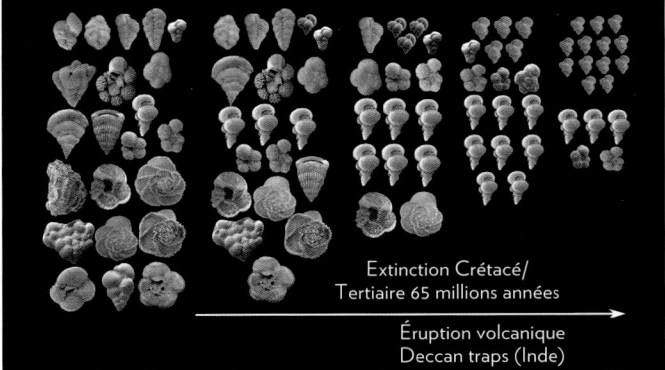

On tient pour acquis que les dinosaures ont disparu il y a 65 millions d'années à la suite de la chute d'une météorite. L'analyse récente des fossiles de foraminifères par Gerda Keller et ses collaborateurs de l'Université de Princeton montre qu'avant la catastrophe météoritique, des éruptions volcaniques massives en Inde avaient déjà largement fait disparaître des espèces de foraminifères et causé une diminution générale de leurs tailles, visible ici, en allant de gauche à droite.

Les extinctions massives ont aussi dévasté les organismes planctoniques comme l'attestent les microfossiles de foraminifères et diatomées.

La vie, longtemps localisée dans les océans et sur les côtes, a progressivement conquis les terres émergées. Cet événement, dont on repousse sans cesse la date, est situé à environ 500 millions d'années. Il a probablement impliqué plusieurs types d'animaux qui sont montés sur terre — ancêtres des vers nématodes ou des arthropodes. Ces animaux se sont nourris vraisemblablement de débris marins, de films bactériens ou de lichens et de plantes.

Les grandes périodes d'extinction ont profondément affecté le vivant. À l'instar des mammifères qui ont profité de la disparition des dinosaures pour grandir et se diversifier, certaines espèces planctoniques survivantes ont occupé des niches écologiques nouvelles, et celles désertées par leurs précédents occupants. L'arbre de vie planctonique à chaque fois a perdu des branches, et les espèces qui ont survécu se sont diversifiées. Ainsi des espèces de diatomées centriques progressivement apparues il y a 200 millions d'années ont survécu à l'extinction massive de la fin du Crétacé. D'autres espèces de diatomées — les pennées — capables de se déplacer sur des surfaces, sont apparues. Depuis, les diatomées centriques et pennées sont particulièrement abondantes dans les eaux froides et riches en silice des régions polaires.

DE 200 MILLIONS D'ANNÉES À NOS JOURS : DE NOUVEAUX OCÉANS, CONTINENTS ET ESPÈCES

Les océans et les courants que nous connaissons aujourd'hui ont commencé à se former il y a 200 millions d'années. Apparitions et disparitions des continents, des océans et des mers sont des processus géologiques lents et cycliques qui se poursuivent de nos jours. La Méditerranée occidentale par exemple — née il y a 35 millions d'années de la fragmentation de la bordure sud de l'Europe — disparaîtra un jour sous l'effet du rapprochement de l'Afrique. Ce va-et-vient géologique est dû aux mouvements des plaques tectoniques à la surface de la croûte terrestre. Voici 200 millions d'années, un super-continent, résultant de l'agglomération d'autres masses continentales — la Pangée — a commencé à se disloquer en plusieurs ensembles qui se sont eux-mêmes fracturés pour donner naissance à nos actuels continents. L'aire océanique unique d'alors — la Panthalassa — s'est reconfigurée. Ainsi l'océan Atlantique actuel a vu le jour il y a 180 millions d'années lorsque les plaques tectoniques américaine et eurasienne se sont progressivement éloignées. Les grands courants et tourbillons océaniques se sont alors peu à peu mis en place et ont produit l'extraordinaire diversité des provinces maritimes que nous connaissons aujourd'hui. Chaque province maritime a sa dynamique océanographique et son lot d'espèces résidentes qui représentent presque la totalité de l'arbre du vivant. Il est en effet remarquable de constater qu'à part les plantes terrestres et les insectes, presque tous les phylums majeurs font partie du plancton en tant qu'adulte ou larve.

Domaine, règne, phylum, classe, ordre, famille, espèce

Au XVIIe siècle, le naturaliste suédois Linné a jeté les bases d'une classification du vivant en nommant les espèces. Depuis, les taxonomistes et paléontologues n'ont cessé de découvrir et de décrire des espèces nouvelles ou fossilisées. À ce jour, le total des espèces vivantes inventoriées sur l'ensemble de la planète est estimé à 1,2 million, la plupart étant des insectes qui sont exclusivement terrestres. Les espèces marines actuellement connues — hors bactéries — sont estimées à 226 000, essentiellement des espèces planctoniques. Mais il y a encore beaucoup à découvrir car l'on situe à environ un million les espèces marines sur un total de 6 à 9 millions sur la planète. Au fur et à mesure que progressent nos connaissances, la notion même d'espèce devient plus floue. Cette notion est basée sur les capacités de reproduction sexuée produisant des descendants fertiles. Avec les progrès de la génétique, on doit prendre en compte les espèces cryptiques, mais surtout les infinies variations des bactéries et des protistes en fonction de leurs environnements et associations.

Darwin a dessiné sur son carnet de notes dès 1837 l'ancêtre de tous les arbres de vie ou arbres phylogénétiques actuels. La phylogénie est l'étude des liens de parenté entre les organismes. Le mot est dérivé de *phulè* qui signifie tribu en grec. L'arbre phylogénétique que nous présentons p. 13 est du type foisonnant, avec des branches horizontales impliquant des transferts d'organelles et de gènes entre bactéries, archées et protistes, mais aussi avec les cellules eucaryotes des animaux et plantes. Nous avons également schématisé les multiples interruptions des branches du vivant. Les disparitions massives sont dues aux événements cataclysmiques d'origine terrestre — éruptions volcaniques, glaciations — ou extraterrestre — chutes de météorites — ayant ponctué l'histoire de la planète. Ces cataclysmes ont fait disparaître les grands animaux, les trilobites puis les ammonites et les dinosaures reptiliens, qui dominaient mers et terres au Cambrien. Aujourd'hui des

Les représentations de l'arbre de vie

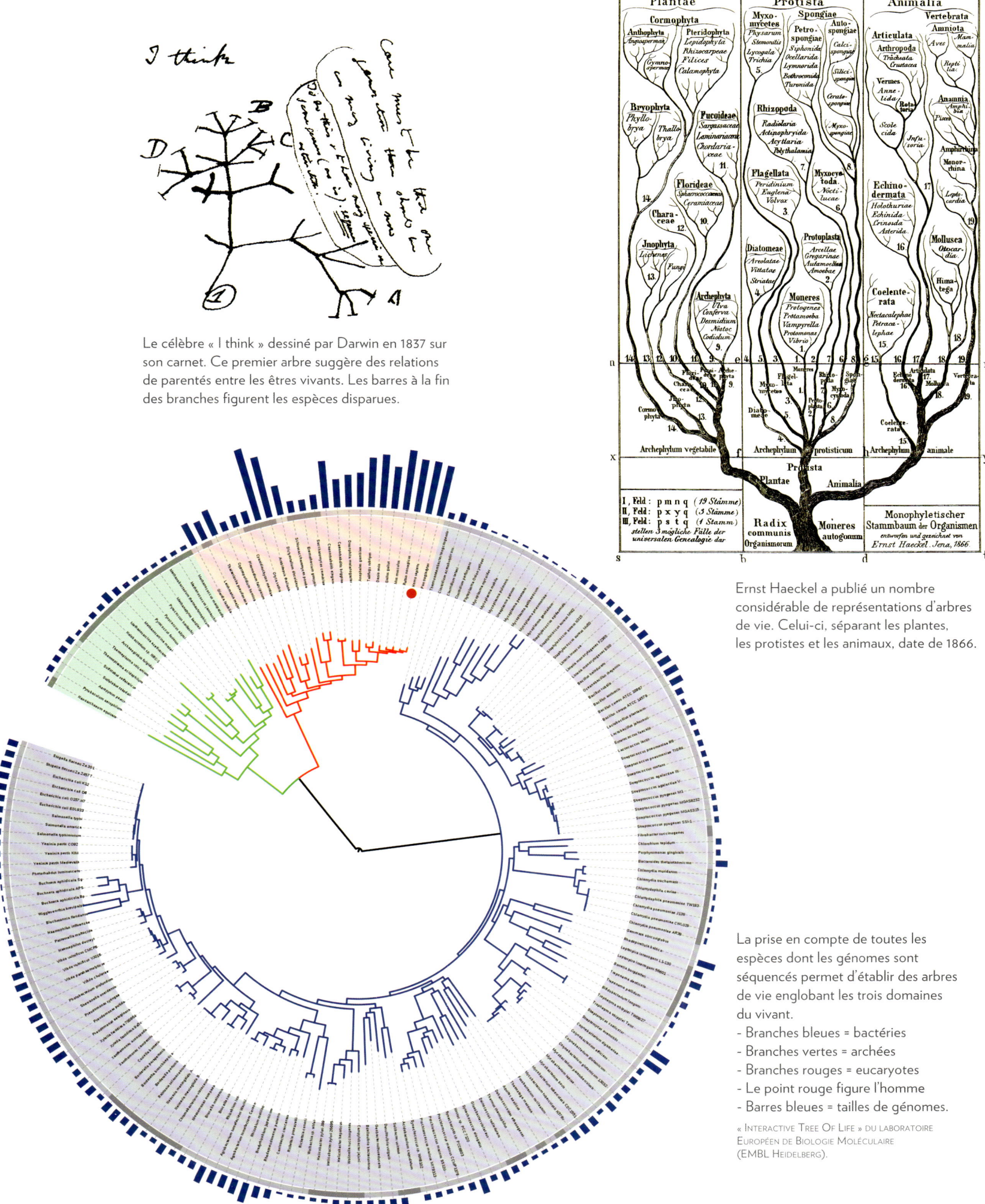

Le célèbre « I think » dessiné par Darwin en 1837 sur son carnet. Ce premier arbre suggère des relations de parentés entre les êtres vivants. Les barres à la fin des branches figurent les espèces disparues.

Ernst Haeckel a publié un nombre considérable de représentations d'arbres de vie. Celui-ci, séparant les plantes, les protistes et les animaux, date de 1866.

La prise en compte de toutes les espèces dont les génomes sont séquencés permet d'établir des arbres de vie englobant les trois domaines du vivant.
- Branches bleues = bactéries
- Branches vertes = archées
- Branches rouges = eucaryotes
- Le point rouge figure l'homme
- Barres bleues = tailles de génomes.

« Interactive Tree Of Life » du laboratoire Européen de Biologie Moléculaire (EMBL Heidelberg).

La mer peut devenir luminescente lorsque la densité d'organismes émettant de la lumière est importante. Ici la luminescence déclenchée par l'étrave de goélette Tara dans l'océan Indien est due à un bloom de dinoflagellés. Photo Julien Girardot, Tara Expéditions.

espèces de poissons et de baleines sont menacées de disparition par la surpêche et les pollutions. Nous vivons peut-être les débuts d'une sixième période d'extinction majeure liée cette fois aux activités humaines.

La classification des organismes est traditionnellement basée sur l'analyse des morphologies et ressemblances des êtres vivants. L'étude de l'évolution des séquences de gènes et de protéines à l'aide d'ordinateurs nous permet de comprendre quels sont les ancêtres communs de différentes espèces. On peut savoir à partir de quand les phylums, familles et classes d'organismes se sont séparés. Ainsi les arthropodes ont évolué en plus de 50 000 espèces de crustacés et des millions d'espèces d'insectes. Les mollusques ont évolué en environ 100 000 espèces de gastéropodes (escargots, limaces, ptéropodes) et plus de 700 espèces de la classe des céphalopodes (seiches, poulpes et nautiles). La séparation des arthropodes en lignées de crustacés et d'insectes, et celle des mollusques en lignées de gastéropodes et céphalopodes, sont probablement intervenues au début du Cambrien ou peut-être même avant.

Dans cet ouvrage, nous appelons les organismes par leurs noms communs et/ou leurs noms d'espèce. Nous les situons dans la classification qui correspond à une remontée dans le temps. Prenons l'exemple de l'homme moderne : le nom d'espèce de tous les hommes — quelle que soit leur origine ou couleur de peau — est *Homo sapiens*, du latin « homme savant ». *Homo sapiens*, avec *Homo erectus*, *Homo neanderthalensis* et d'autres cousins disparus, constituent la famille des hominidés dont les premiers fossiles découverts en Afrique datent de 13 millions d'années. Les hominidés appartiennent à l'ordre des primates. Les primates, apparus il y a 55 millions d'années, font partie de la classe des mammifères qui ont commencé à dominer les terres il y a 100 millions d'années. C'est l'époque où les mouvements des plaques tectoniques commençaient à séparer les continents américains et africains. Les mammifères eux-mêmes sont situés dans le phylum des chordés apparus il y a plus de 530 millions d'années. Les chordés font partie du super-phylum des deutérostomiens, au sein du règne animal dans le domaine des eucaryotes.

La classification des organismes du plancton procède de la même logique. La méduse *Pelagia noctiluca* est une espèce urticante qui dérive près de nos côtes. Les différentes espèces de méduses pélagies constituent la famille des *Pelagidae*, de la classe des scyphozoaires, du phylum des cnidaires qui font, comme l'homme, partie du règne animal dans le domaine des eucaryotes. L'homme et la méduse ont donc un ancêtre commun et bien sûr ont hérité des gènes de cet animal primitif.

Parfois, différentes espèces se ressemblent tellement que seul un spécialiste — un taxonomiste — peut les déterminer à la suite de dissections et d'analyses moléculaires. Lorsque nous avions un doute sur l'identité d'un organisme photographié, nous avons adopté la nomenclature sp. utilisée pour désigner les espèces à l'intérieur d'un genre, soit pour les hommes, *Homo* sp. à l'intérieur du genre *Homo* et *Pegagia* sp. à l'intérieur du genre *Pelagia* pour les méduses pélagies.

Des organismes de toutes tailles, aux rôles et comportements variés

Il n'est pas facile de collecter et d'étudier un écosystème composé de milliers d'organismes qui dérivent ensemble en milieu liquide et dont les tailles varient de moins d'un micron (un millionième de mètre) à 10 mètres, soit 10 millions de fois plus. Les plus petits êtres vivants sont les virus et bactéries et les plus grands, des cnidaires coloniaux filiformes (des siphonophores tels *Praya dubia*), qui peuvent atteindre plus de 50 mètres avec leurs filaments pêcheurs déployés.

À l'intérieur d'une même classe d'organismes, les tailles peuvent varier considérablement. Par exemple la méduse géante « crinière de lion », *Cyanea capillata*, peut mesurer plus de 2 mètres de diamètre alors que la méduse *Clytia hemispherica* dépasse rarement 2 centimètres. Elle-même est une géante parmi ses innombrables consœurs méduses microscopiques.

Bien que constitués d'une seule cellule, certains protistes radiolaires mesurent un ou plusieurs millimètres dépassant en taille bien des petits animaux et leurs embryons ou larves. À l'autre bout du spectre, des protistes avoisinent le micron et ne sont guère plus grands que des bactéries. C'est la taille des micro-algues vertes *Prochlorococcus* sp., les protistes unicellulaires les plus abondants sur la planète. À l'inverse, on peut souvent voir à l'œil nu des bactéries filamenteuses dans les filets à plancton. À l'instar des cyanobactéries et micro-algues, responsables d'une large partie de l'activité photosynthétique dans les océans, chaque type d'organisme a sa spécialité et son rôle à l'intérieur de l'écosystème planctonique. On parle de « types fonctionnels ». Il y a les protistes du phytoplancton,

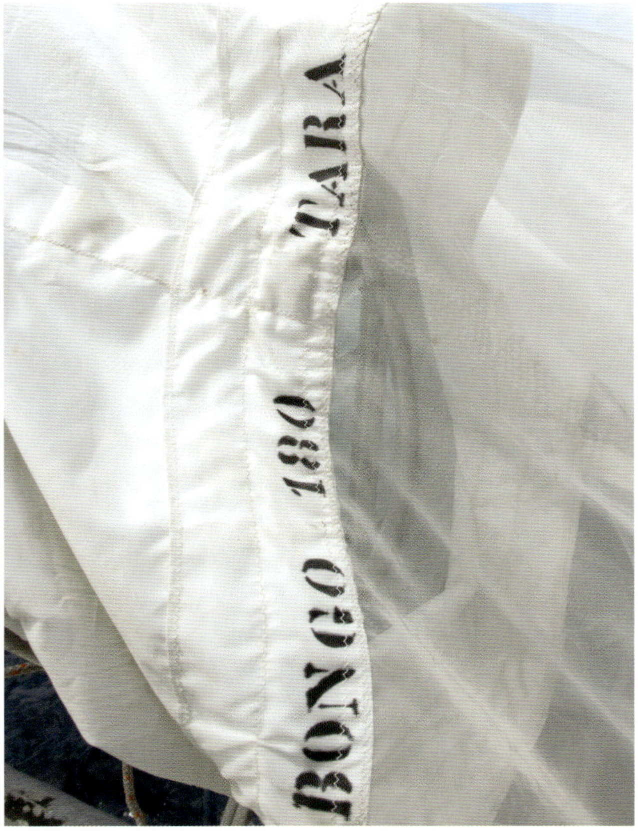

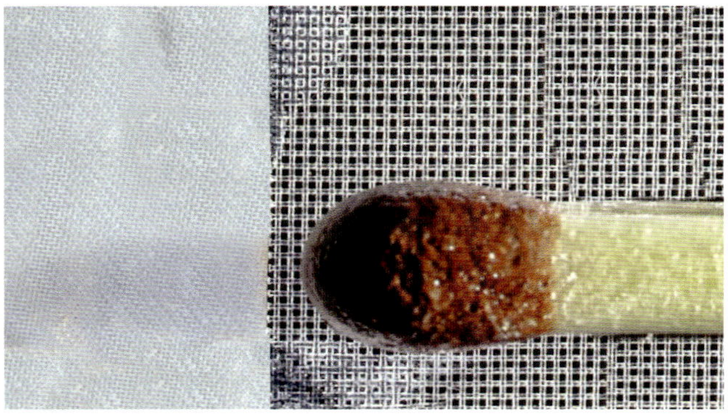

À gauche : collecte du zooplancton par filet lors de l'expédition *Tara Oceans*. À droite : gros plan sur un filet Bongo de mailles 180 microns (0,18 millimètre). Les mailles de filets de taille 120 microns (0,12 millimètre) et 20 microns et une tête d'allumette. Photos Anna Deniaud, Tara Expéditions.

Collecte et observation au macroscope du zooplancton dans un filet déployé lors du passage de l'expédition *Tara Oceans* entre les côtes de l'Équateur et les Îles Galapagos en mai 2011. Photos Christoph Gerigk.

algues vertes, coccolithophores, dinoflagellés ou diatomées qui produisent l'oxygène, absorbent le CO_2 et fabriquent la matière vivante. Ce sont les « producteurs primaires » consommés par d'autres protistes tels les radiolaires ou foraminifères et les animaux et leurs larves. Ainsi les crustacés copépodes sont des brouteurs d'algues et de protistes. Les salpes, appendiculaires et pyrosomes filtrent et se nourrissent de bactéries et micro-algues. Les crustacés, mollusques, et poissons sont en bout de chaîne alimentaire et mangent les innombrables copépodes, mollusques et larves du plancton.

Des organismes pélagiques très différents partagent parfois les mêmes fonctions. Ainsi de nombreux mollusques ptéropodes mobilisent le calcium dans la mer pour se fabriquer des coquilles calciques. Ils partagent cette fonction de « calcificateurs » avec des protistes (foraminifères et coccolithophores) et les larves d'échinodermes. Si le calcium est abondant dans les océans, il n'en est pas de même de la silice présente en faible concentration. Elle est parfois un facteur limitant de la croissance des diatomées, héliozoaires et silicoflagellés dont les coques et squelettes sont faits d'oxydes de silice.

Enfin le plancton est un monde d'animaux gélatineux — cnidaires, cténophores, mollusques et tuniciers. Ce sont des organismes transparents contenant 95 % d'eau. Leurs enveloppes gélatineuses sont constituées d'un mélange varié de macro-molécules protéiques et sucrées ou, en ce qui concerne les tuniciers, de cellulose, probablement héritée des végétaux par transfert de gènes. La gelée est parfois dévorée par des poissons ou tortues mais le plus souvent recyclée par des espèces spécialisées de crustacés. Différentes espèces de crustacés amphipodes ont en général un hôte ou une proie préférée (méduse, siphonophore, salpe ou pyrosome), qu'ils dévorent ou même squattent, utilisant leurs enveloppes gélatineuses pour se fabriquer des abris.

De la collecte à l'identification et l'imagerie du plancton

Des céramiques et vases antiques figurant des méduses aux pêches traditionnelles d'alevins — la poutine niçoise par exemple — le plancton a toujours fait partie de la vie des hommes. Ce n'est qu'avec l'invention et le perfectionnement des premières loupes et microscopes à partir des années 1700-1800 que le monde secret des animalcules et des végétaux microscopiques du plancton d'eau douce ou de mer fut révélé. Dès le début du XVIIIe siècle, le zoologiste Péron et son dessinateur Lesueur ont décrit les organismes gélatineux de la baie de Villefranche-sur-Mer. Voguant sur le Beagle de 1831 à 1836, Darwin traînait un filet à petites mailles pour récolter des organismes microscopiques qui ne s'appelaient pas encore du plancton. Le terme fut introduit peu après par le zoologiste allemand Victor Hensen pour désigner tous les êtres qui dérivent avec les courants. Inspirés par la théorie de l'évolution,

Carl Vogt et Ernst Haeckel et leurs collègues explorent les côtes, montent des expéditions, récoltent, décrivent, classifient et dessinent de nouvelles espèces. Le travail s'organise alors dans les universités et les stations marines naissantes en Europe, Amériques et Japon — Concarneau, Naples, Plymouth, Roscoff, Banyuls, Villefranche-sur-Mer, Woods Hole, Pacific Grove ou Misaki — révélant un monde marin caché que nous continuons d'explorer. Les premières expéditions océanographiques, dont celle du HMS Challenger de 1872 à 1876, perfectionnent les techniques de collectes et les descriptions. Elles se poursuivent de nos jours à travers le déploiement de flottes de navires océanographiques, les observations satellitaires et les enregistrements des bouées automatisées et de robots téléguidés qui sillonnent les océans.

De nouvelles approches technologiques sont progressivement venues à la rescousse. De nos jours, l'imagerie des organismes à l'aide de caméras immergées et de microscopes automatisés et les méthodes d'analyse des gènes — la génomique — sont utilisées de façon complémentaire pour décrire et analyser les écosystèmes planctoniques et les innombrables associations et interactions entre organismes. Utilisant ces nouvelles approches, l'expédition *Tara Oceans*, 140 ans après celle du HMS Challenger, effectue un tour des océans mondiaux et a déjà récolté — en 2 700 échantillons dans 150 sites océaniques judicieusement choisis — la quasi-totalité des organismes qui vivent dans la colonne d'eau. Cela va des minuscules virus jusqu'aux larves de poissons et animaux gélatineux. Mises à la disposition des chercheurs, les données gigantesques acquises par toutes les expéditions permettent de modéliser les phénomènes océaniques. Leur objectif est de comprendre et de prédire les évolutions du climat et des écosystèmes.

Les photos de cet ouvrage ont été prises avec une variété de caméras, d'appareils photos, d'objectifs, de loupes et microscopes en mer Méditerranée, et dans les océans Indien, Atlantique et Pacifique lors de l'expédition *Tara Oceans*. Certaines photos proviennent des collectes et séances de prises de vues effectuées dans des stations marines en Europe, aux USA et au Japon, avec l'aide de biologistes locaux.

Les comportements des organismes planctoniques adaptés à la vie de dérive sont d'une incroyable diversité. Un des objectifs de notre ouvrage est de faire connaître les caractères et mœurs étranges des êtres planctoniques y compris leurs mouvements. Nos films mariant art et sciences sont facilement accessibles à partir des chapitres du livre grâce aux Q codes en lien avec notre site « Chroniques du Plancton ». Ils vous feront partager cette dimension du vivant.

Site « Chronique du Plancton »
www.planktonchronicles.org
Une plateforme interactive avec
20 vidéos, des textes et des photos.

En 1862, Ernst Haeckel publie ce dessin à Berlin, dans *Die Radiolarien*, un atlas qui reste une référence scientifique et artistique. 1, 2 : *Lithoptera mulleri*, 3-6 : *Astrolithium dicopum*, *bifidum* et *crutiatum*, 7-8 : *Diploconus fasces*.

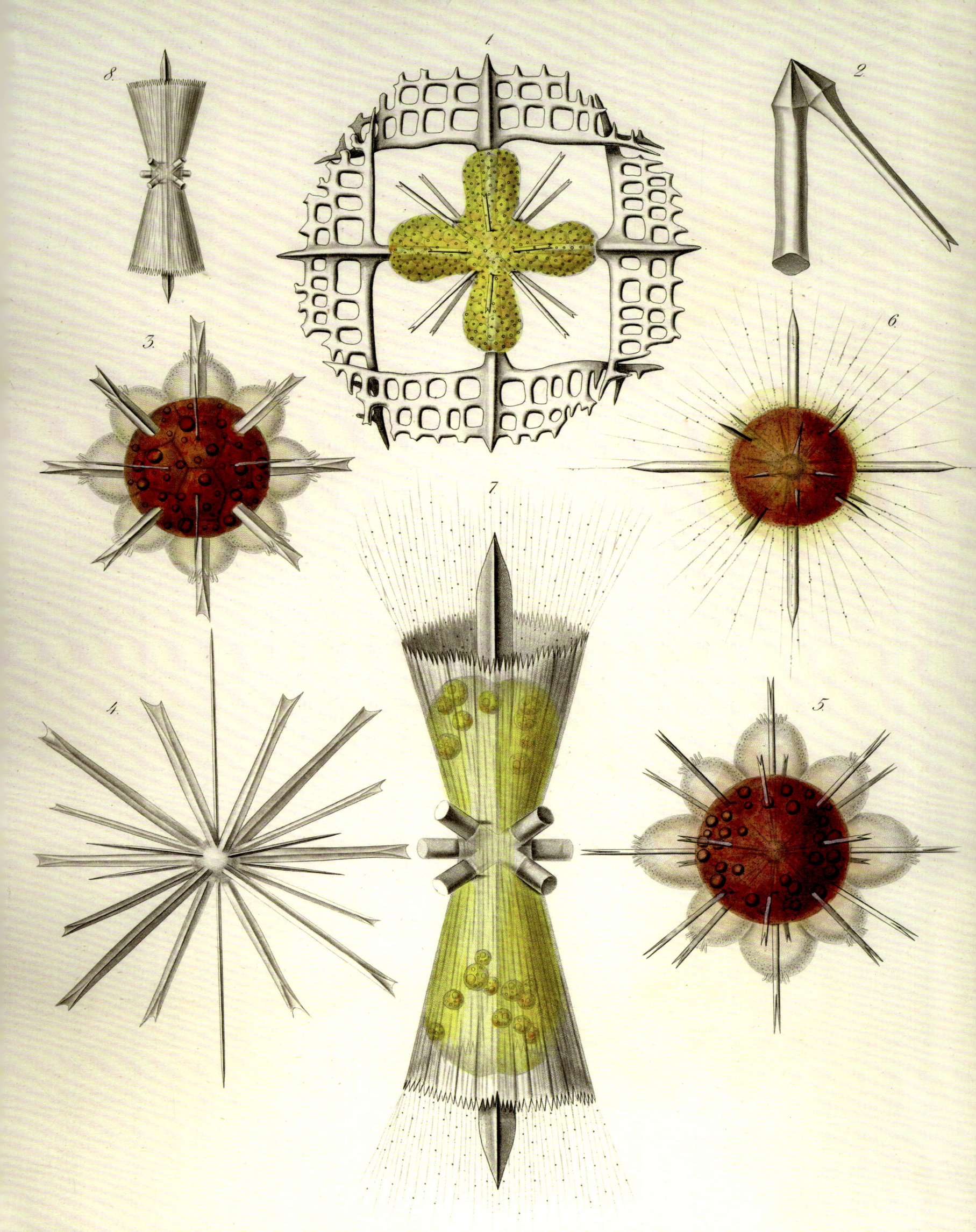

PLANCTON du MONDE

Toute masse d'eau, qu'elle soit douce, saumâtre, acide, salée ou gelée possède son lot d'organismes uni- et multicellulaires : son plancton. Ces écosystèmes aquatiques des rivières, des lacs, glaciers, côtes et océans ont chacun leur propre dynamique. Ils changent avec les saisons, et se réorganisent selon les courants, les profondeurs, l'éclairement et les intrants.

La dynamique du vivant planctonique reste énigmatique. Est-ce que tous les types d'organismes de l'écosystème sont tous toujours présents partout, prêts à occuper la niche écologique si les conditions sont favorables ? Quelles sont les relations entre la composition de l'écosystème et son environnement — la température, la salinité, l'oxygène, l'acidité, les minéraux et nutriments ? Quel est le rôle des grands prédateurs qui vont et viennent, l'importance des symbioses, des parasitismes ?

Des réponses sont à notre portée. Les universités, instituts et stations marines apparues sur toutes les côtes depuis 150 ans sont mobilisés. Les navires océanographiques et engins téléguidés sillonnent les océans, les satellites les scrutent en permanence. Depuis peu, les méthodes d'imagerie microscopique et les analyses des gènes permettent de définir quels organismes et en quelles quantités font partie de l'écosystème et quelles sont les fonctions des participants. Les chercheurs s'engagent dans d'immenses réseaux tels le « Census of Marine Life », ou « MAREDAT ». Des expéditions au long cours comme celle du Challenger il y a plus d'un siècle, ou plus récemment l'expédition Global Ocean Sampling, ou l'expédition *Tara Oceans*, rapportent de précieux échantillons analysés pendant des années. Des équipes sont à l'œuvre qui répertorient, cartographient, simulent par ordinateur la biodiversité et sa dynamique à l'échelle des mers et océans.

À notre modeste niveau, nous avons collecté, identifié, photographié et filmé le plancton aux quatre coins de la planète. Nous avons scruté les récoltes des filets ou bouteilles de la goélette Tara en Méditerranée et dans les océans Indien, Pacifique et Atlantique. Nous avons accompagné collègues et amis en baies de Villefranche-sur-Mer, Toulon, Roscoff, Shimoda, Sugashima ou dans les marais de Caroline du Sud. Dans ce chapitre, nous partageons cette quête et la diversité des organismes rencontrés dans ces eaux.

Ces cartes des océans sur la planète permettent de se faire une idée des types de phytoplancton dominant à l'époque de nos collectes dans différentes régions du monde.

SIMULATION PAR ORDINATEUR : ECCO2 AND DARWIN PROJECT, MIT

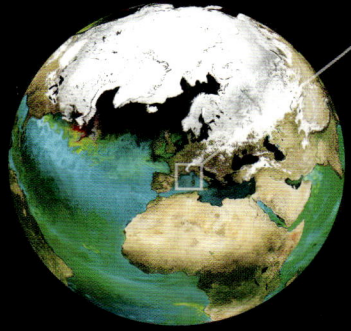

VILLEFRANCHE-SUR-MER, FRANCE
Un haut lieu d'étude du plancton

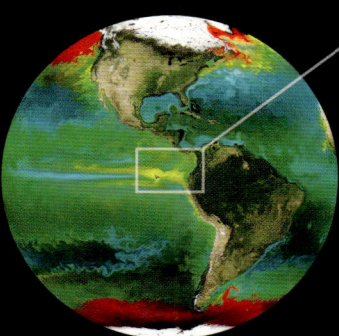

ENTRE ÉQUATEUR ET GALAPAGOS
Tara Oceans

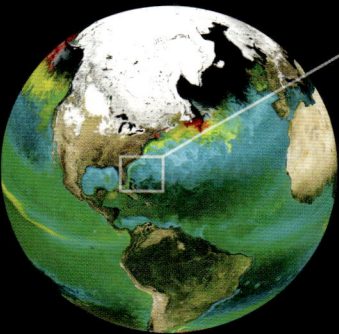

CAROLINE DU SUD, ÉTATS-UNIS
Dans les marais

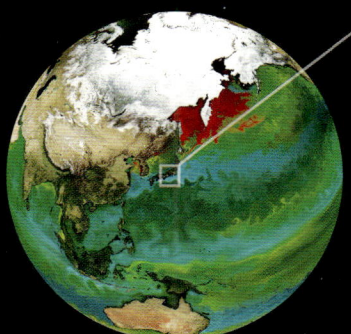

LA RICHE PÉNINSULE D'IZU ET SHIMODA, JAPON
Plancton d'automne

- En rouge et jaune : les diatomées et autres organismes du phytoplancton de plus grande taille.

- En vert et bleu cyan : les cyanobactéries *Plochlorococcus* sp., *Synechococcus* sp., et autres organismes du phytoplancton de très petite taille.

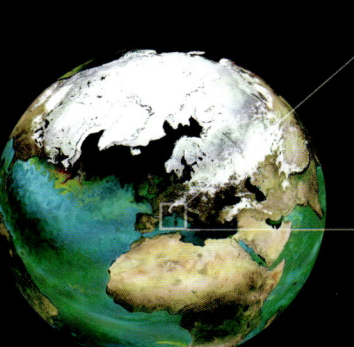

Les organismes phytoplanctoniques dominants en hiver sont des cyanobactéries (vert).

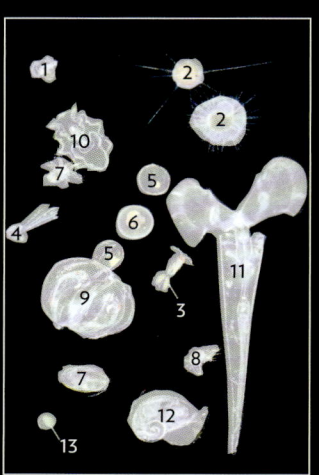

LA RADE DE VILLEFRANCHE-SUR-MER, France
Haut lieu d'étude du plancton

Le long des eaux turquoise de la Méditerranée, la Côte d'Azur s'étend de la frontière italienne et des contreforts des Alpes du Sud, jusqu'à Saint-Tropez en passant par Villefranche-sur-Mer, Nice et Cannes. La proximité et la vitesse d'écoulement du courant ligure, circulant d'est en ouest, influencent la distribution des populations superficielles de plancton près des côtes et dans la rade de Villefranche-sur-Mer. Au gré des saisons et changements climatiques, les populations d'organismes planctoniques se succèdent. Certaines remontent des profondeurs et restent piégées dans la rade.

La station marine de Villefranche-sur-Mer, établie dès 1882, collecte plusieurs fois par semaine le plancton en un site de référence à l'embouchure de la baie. Ce site, le Point B, est situé à la tête d'un canyon jouant le rôle de « nurserie » pour certaines espèces planctoniques. Chaque jour les pêcheurs et plongeurs ramènent au laboratoire les organismes qui sont identifiés, comptabilisés et étudiés. L'extraordinaire richesse et diversité du plancton à proximité de la côte ont fait la réputation du site de la rade de Villefranche-sur-Mer et de sa station marine.

À partir des années 1800, le zoologiste Péron et le dessinateur Lesueur décrivent les premiers organismes pélagiques dans la baie de Villefranche-sur-Mer. Vérany et Vogt, dans les années 1850, redécouvrent et étudient ces organismes gélatineux dans la baie. Au début des années 1880, Fol, découvreur de la fécondation, s'associe à Barrois pour établir un premier laboratoire. Ils sont encouragés par Darwin puis Vogt. Korotneff et ses collaborateurs russes se joignent à eux pour accueillir des biologistes prestigieux à la station zoologique de Villefranche-sur-Mer qui devient un des premiers centres d'étude des embryons, larves et organismes du plancton. Plus de 200 chercheurs, enseignants et étudiants de l'Observatoire océanologique de Villefranche-sur-Mer perpétuent la tradition sous l'égide du CNRS et de l'université Pierre et Marie Curie. C'est dans ce lieu prestigieux que Sharif Mirshak, Noé Sardet et moi-même avons fait la majorité des prises de vues du projet « Chroniques du Plancton ».

Plancton collecté en hiver en baie de Villefranche-sur-Mer avec un filet de mailles 0,2 mm. Le plus long organisme, le mollusque hétéropode, mesure environ 7 mm

1. Larve de mollusque
2. Protistes : radiolaires
3. Crustacé : copépode avec œufs
4. Larve d'annélide
5. Protiste : dinoflagellé
6. Protiste : foraminifère
7, 8. Larves de crustacés
9. Larve de cténaire
10. Larve d'échinoderme
11. Mollusque : ptéropode
12. Mollusque : hétéropode
13. Algue verte

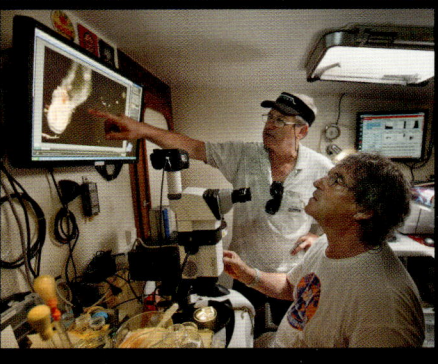

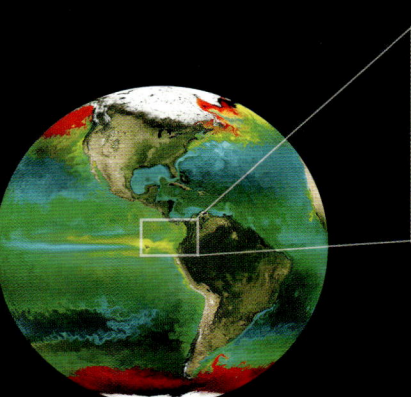

Les organismes phytoplanctoniques dominants au printemps sont des cyanobactéries (vert) ou des protistes phytoplanctoniques de grande taille (jaune).

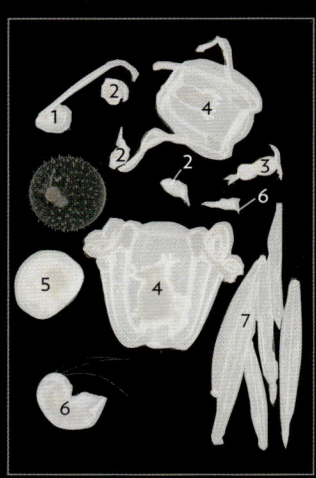

ENTRE ÉQUATEUR ET GALÁPAGOS
Tara Oceans

En mai 2011, au milieu de son périple de 30 mois autour du monde pour explorer le plancton, l'expédition *Tara Oceans* a quitté les eaux boueuses du delta du fleuve Guayas en Équateur pour naviguer entre les côtes de l'Équateur et les îles Galápagos. Le plancton abonde dans cette zone, ou courants chauds équatoriens et courants froids venant du sud se mélangent.

Les eaux sont riches en organismes de toutes sortes. D'extraordinaires protistes et en particulier des foraminifères et radiolaires mélangés avec d'innombrables larves sont ramenés dans nos filets et dans les bouteilles de la rosette remontant des profondeurs. Mais ce sont les grands prédateurs qui captent notre attention. Les filets sont chargés de fragments de cténophores, ceintures de Vénus et *Beroe*, et aussi de salpes que nos plongeurs descendent observer et photographier *in situ*.

Un soir de collecte entre les îles Galapagos et les côtes de l'Équateur, l'excitation est à son comble. La soirée a commencé par une pêche à la palangre des calamars dans ces eaux poissonneuses. Dans les filets à plancton ramenés des profondeurs sont apparus d'étranges créatures : des concombres de mer planctoniques et des organismes gélatineux en forme de longues chaussettes. Gaby Gorsky, notre chef de mission scientifique, est aux anges tandis que Stéphane Pesant et Sophie Marinesque alignent ces prises sur la table de collecte. Ils auscultent doctement ces tuniciers pyrosomes. Ces filtres en forme de grandes chaussettes sont constitués de milliers d'individus ressemblant à des ascidies. Ces individus s'associent en colonie et se nourrissent de bactéries et micro-algues.

Plancton collecté au printemps à bord du Tara avec un filet de mailles 0,2 mm. Les méduses mesurent environ 5 mm.

1. Appendiculaire
2. Crustacés : copépodes
3. Crustacé : copépode avec œufs
4. Cnidaire : méduse
5. Larve de mollusque
6. Crustacé : amphipode
7. Chaetognathes

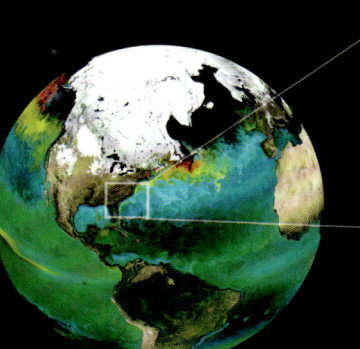
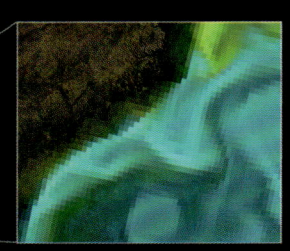

Les organismes phytoplanctoniques dominants l'été sont des cyanobactéries *Synechococcus* (bleu) ou des protistes phytoplanctoniques de grande taille (jaune).

CAROLINE DU SUD, États-Unis
Dans les marais

De Charleston à Georgetown, la côte de Caroline du Sud est une terre de marais et de deltas, des aires protégées riches de vie sauvage. Depuis 30 ans, le Baruch Institute for Marine and Coastal Science et l'Université de Caroline du Sud observent les évolutions des populations planctoniques dans la Winyah Bay près de Georgetown. Les organismes planctoniques de ces zones marécageuses sont adaptés aux eaux saumâtres et changeantes au gré des flux et reflux de la marée.

C'était un grand plaisir de rendre visite et de travailler avec le directeur de l'Institut, Dennis Allen. Dennis, auteur du livre illustré *Zooplankton of the Atlantic and Gulf Coasts* est un fin connaisseur des marais et de ses habitants. Un été sous une forte chaleur, nous avons récolté les organismes dans les bras de la rivière qui serpentent à travers les marécages. Dennis le fait chaque semaine depuis 30 ans.

Au laboratoire, nous avons observé le zooplancton très particulier vivant au milieu des sédiments et débris végétaux qui brunissent les eaux du delta. Comme on pouvait s'y attendre, les larves de crustacés et formes planctoniques de vers annélides étaient en nombre, reflétant l'omniprésence des adultes et de leurs abris dans les zones humides et dans la vase des marais. Parmi eux, des hordes de larves de crabes « violonistes », les « fiddler crabs », arborant une grosse et une petite pince. Ces petits crabes qui tapissent les berges étaient clairement majoritaires dans les larves du plancton de ces marais.

Plancton collecté l'été dans la zone des marais avec un filet de mailles 0,36 mm. Les copépodes mesurent environ 2 mm.

1. Larve de crabe
2. Crustacés : copépodes
3. Larves de crevettes
4. Crustacés : copépodes avec œufs

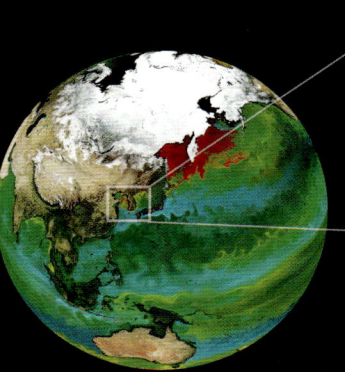

Les organismes phytoplanctoniques dominants à l'automne sont des cyanobactéries *Synechococcus* (bleu).

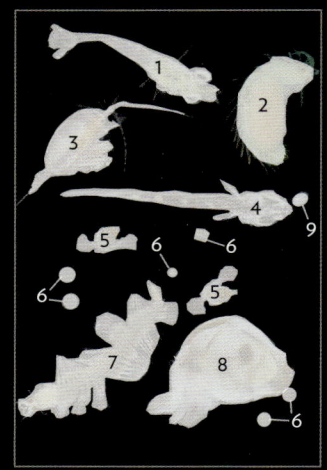

LA RICHE PÉNINSULE D'IZU ET SHIMODA, Japon
Plancton d'automne

Shimoda est une petite ville de pêcheurs à la pointe de la péninsule d'Izu à 3 heures au sud de Tokyo. La péninsule et la ville ont connu des jours meilleurs quand les Tokyoïtes y venaient régulièrement en villégiature. Nichée au fond d'une baie entourée de monts arrondis et verdoyants, la station marine de l'Université de Tsukuba m'accueille depuis plusieurs années pour travailler sur les œufs et embryons marins. En novembre 2012 sous un ciel menaçant, avec mon collègue et ami Kazuo Inaba, nous partons collecter le plancton du large lors d'une sortie mouvementée à bord du bateau Tsukuba.

Dans la baie de Shimoda, pas de bloom, mais une belle diversité d'organismes. Leur richesse et beauté m'entraînent à filmer et photographier jusqu'au petit matin dans le calme du laboratoire. Le lendemain, mes hôtes se mobilisent. Il existe une vraie passion pour la connaissance zoologique au Japon. Rassemblant les ouvrages illustrés, chercheurs et étudiants trouvent des noms et discutent les comportements de toutes ces créatures prises sur le vif au bout de mes objectifs.

Plancton collecté à l'automne avec un filet de mailles 0,2 mm en baie de Shimoda.
Les organismes mesurent au maximum 5 à 7 mm.

1. Crustacé : larve de crevette
2. Annélide polychète portant des œufs
3. Crustacé : copépode
4. Vertébré : larve de poisson
5. Mollusques : larves de ptéropodes
6. Protistes : diatomées
7. Annélide polychète
8. Mollusque : ptéropode
9. Crustacé : ponte de copépode

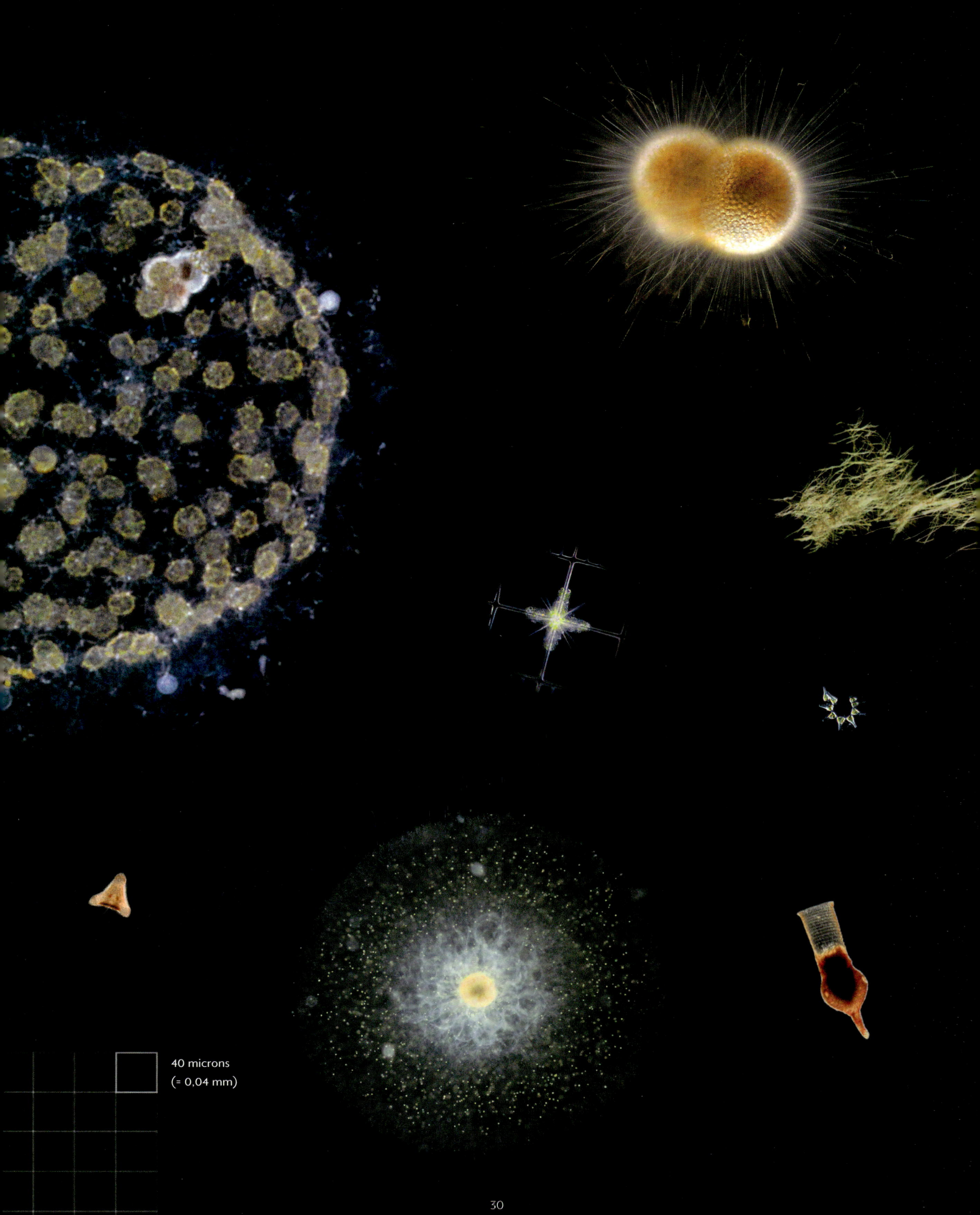

40 microns
(= 0,04 mm)

Un IMMENSE PEUPLE d'ÊTRES UNICELLULAIRES
Aux origines de la vie

BACTÉRIES
ARCHÉES et VIRUS
INVISIBLES OMNIPRÉSENTS

Les bactéries, les archées, et leurs virus (appelés les phages) sont partout dans les océans et les mers. Libres ou en associations, ils occupent la colonne d'eau, couvrent les surfaces des cellules et tissus. Les bactéries et archées abondent dans les entrailles, cadavres et déjections des organismes du plancton. Leurs tailles varient d'une fraction de micron (un millionième de mètre) pour les bactéries individuelles, à plusieurs millimètres ou beaucoup plus pour les agrégats bactériens formant des films et des filaments.

Qu'il s'agisse de déserts océaniques ou de zones de bloom, les bactéries se comptent par millions et jusqu'à plusieurs milliards dans chaque litre d'eau. Munies de fouets rotatifs et de poils, glissant le long de surfaces, bactéries et archées explorent leur univers microscopique. Ces cellules procaryotes (sans noyaux) réagissent à la présence de lumière, de métaux, de nutriments ou de signaux d'autres organismes. Elles sont au cœur des symbioses dans le monde du vivant.

Des bactéries et archées ancestrales ont été les premiers êtres vivants à avoir colonisé l'océan naissant. Pendant plus de 2 milliards d'années, ces organismes unicellulaires primitifs se sont développés, tirant leur énergie de l'oxydation des métaux et des photons émis par le soleil. Bactéries et archées ont donné naissance à des cellules chimériques possédant noyaux et organelles. Ces cellules chimériques dites eucaryotes (avec noyau) sont les ancêtres des protistes, des animaux et des plantes qui nous sont familiers.

Les bactéries et archées primitives ont façonné la planète des origines et son atmosphère. Ce sont les cyanobactéries capables de photosynthèse oxygénique, qui ont produit tout l'oxygène sur la planète. Cet oxygène de source bactérienne s'est peu à peu accumulé dans l'atmosphère. Il a permis l'apparition des premiers animaux dont la vie dépend de la respiration, il y a plus de 800 millions d'années.

Les cycles planétaires du carbone et de l'azote continuent d'être étroitement dépendants de l'énorme biomasse bactérienne. Échangeant des gènes, se divisant et mutant rapidement, bactéries et archées sont capables de s'adapter à tous les milieux. Elles profitent des pollutions et rejets d'engrais azotés, des fuites d'hydrocarbures ou de gaz aux fonds des océans. Les bactéries colonisent actuellement les immenses surfaces de particules et fibres de plastique déversées par l'homme dans les mers, dérivant avec elles comme du plancton.

Bactéries et archées sont constamment infectées et détruites par les phages dans un grand recyclage de la matière organique et des gènes. Elles sont les proies des protistes qui les gobent. Ces minuscules particules vivantes sont aussi absorbées et digérées par les innombrables organismes filtreurs du plancton tels que les salpes, dolioles, appendiculaires et pyrosomes.

Certaines bactéries planctoniques comme *Vibrio cholerae* sont redoutées. La bactérie du choléra survit dans le plancton sous forme de spores associées aux copépodes et chaetognathes. Lors de périodes de blooms, ces organismes propagent les bactéries du choléra dans les populations humaines près des côtes. D'autres bactéries planctoniques ont bien meilleure réputation. Ainsi la spiruline, une cyanobactérie filamenteuse, connue sous le nom d'*Arthrospira platensis*, prolifère naturellement dans les lacs en zones tropicales. Facile à cultiver, la spiruline est devenue un complément alimentaire et une précieuse source de protéines, d'acides aminés essentiels, de vitamines et de minéraux pour les mal-nourris.

BACTÉRIE, VIRUS ET GIRUS

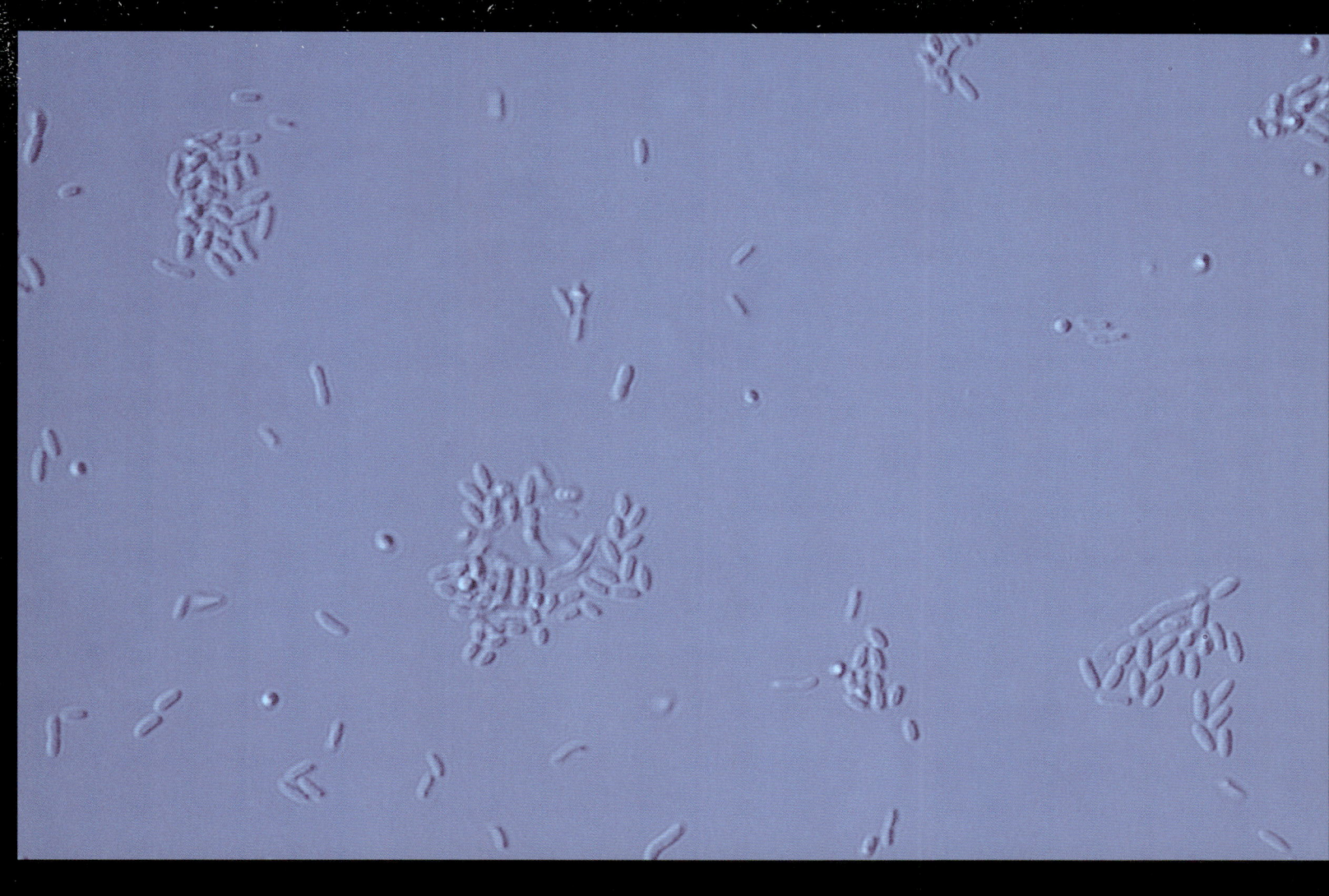

Les bactéries ont pour la plupart des formes de bâtonnets dépassant rarement le micron (un millionième de mètre). Dans l'image du bas, nous avons colorisé les bactéries en bleu, et en rose, les phages (virus des bactéries) et le mimivirus (virus géant) à droite aussi grand qu'une bactérie. À titre de comparaison, la micro-algue avec deux flagelles (colorisée en vert) mesure 2 microns de diamètre.

EN HAUT, MICROSCOPIE OPTIQUE DE BACTÉRIES MARINES VIVANTES. EN BAS, PHOTOS DE MICROSCOPIE ÉLECTRONIQUE DE MARKUS WEINBAUER, CNRS, VILLEFRANCHE-SUR-MER, CHANTAL ABERGEL ET JEAN-MICHEL CLAVERIE, IGS-IMM CNRS-AMU.

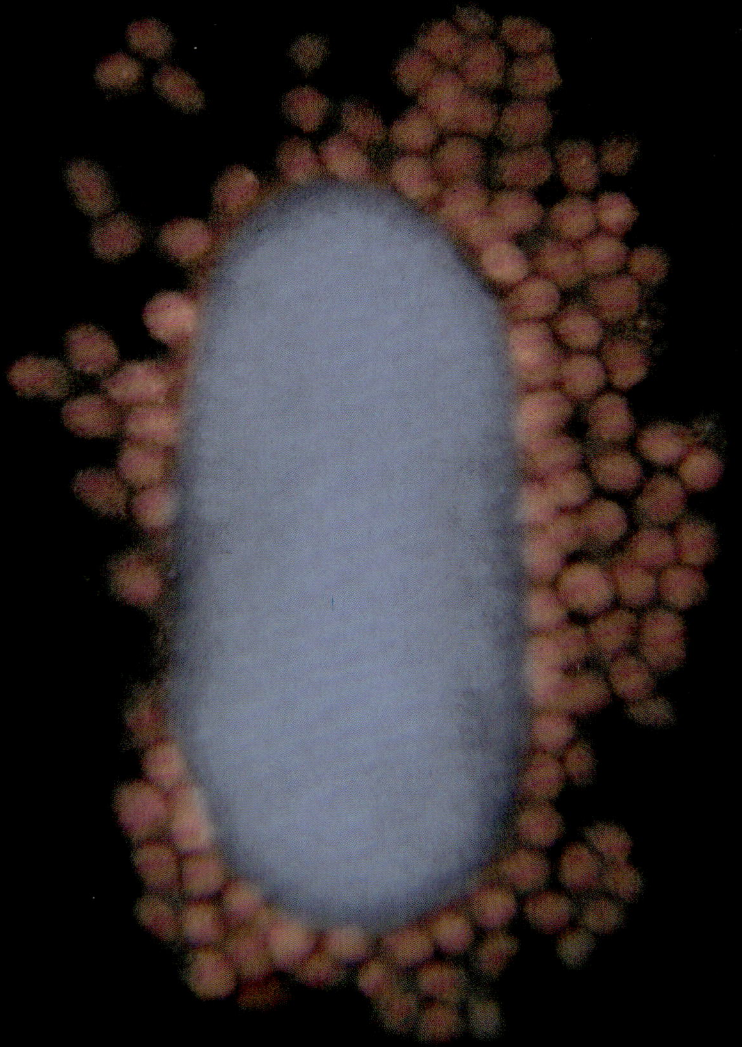

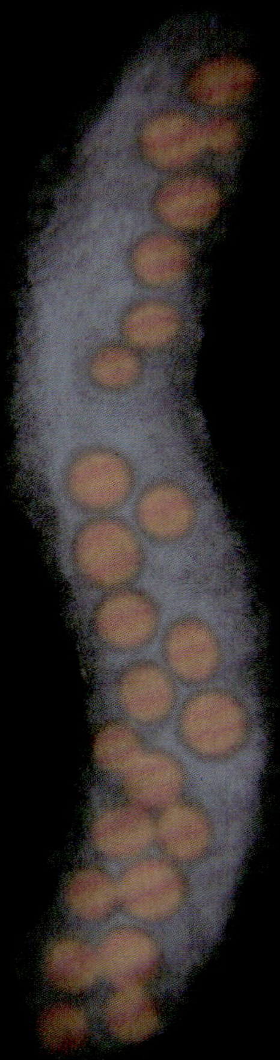

BACTÉRIES, ARCHÉES ET VIRUS

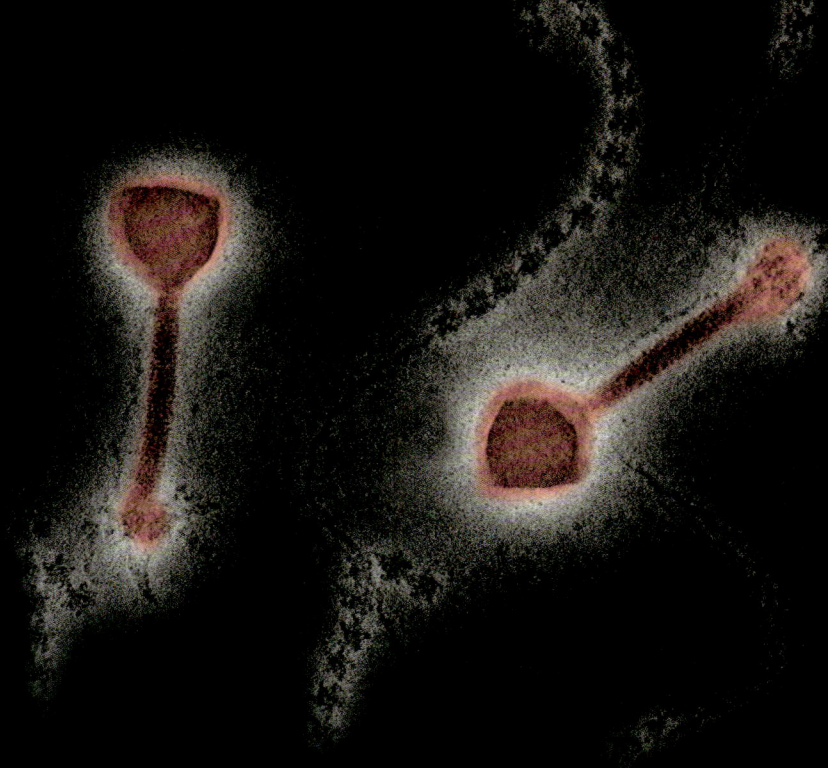

Bactéries et phages, un cycle de vie

En haut à gauche : Les phages (les virus bactériens), représentés ici comme de petites boules colorisées en rose entourent une bactérie en forme de saucisse, colorisée en bleu.
Photos de microscopie électronique de Markus Weinbauer, CNRS, Villefranche-sur-Mer.

En haut à droite : Une bactérie infectée dans laquelle on aperçoit les phages. Les phages seront bientôt libérés, infectant d'autres bactéries. Le cycle de vie des bactéries requiert de constants échanges avec les phages qui ont besoin d'infecter les bactéries pour se reproduire. Les phages participent à la recirculation de la matière organique et à des échanges de gènes nécessaires pour l'adaptation à l'environnement.
Photos de microscopie électronique de Markus Weinbauer, CNRS, Villefranche-sur-Mer.

À droite : Les différentes espèces de phages possèdent des queues plus ou moins longues qu'ils utilisent pour injecter, à la manière de seringues hypodermiques, leur matériel génétique dans les bactéries.
Photos de microscopie électronique, Matthew Sullivan, Jennifer Brum, University of Arizona, USA.

Une bactérie bleutée entourée de phages roses et d'écailles (coccolithes) de coccolithophores. À droite, un fragment de squelette siliceux d'une diatomée.

PHOTOS DE MICROSCOPIE ÉLECTRONIQUE DE MARKUS WEINBAUER, CNRS, VILLEFRANCHE-SUR-MER.

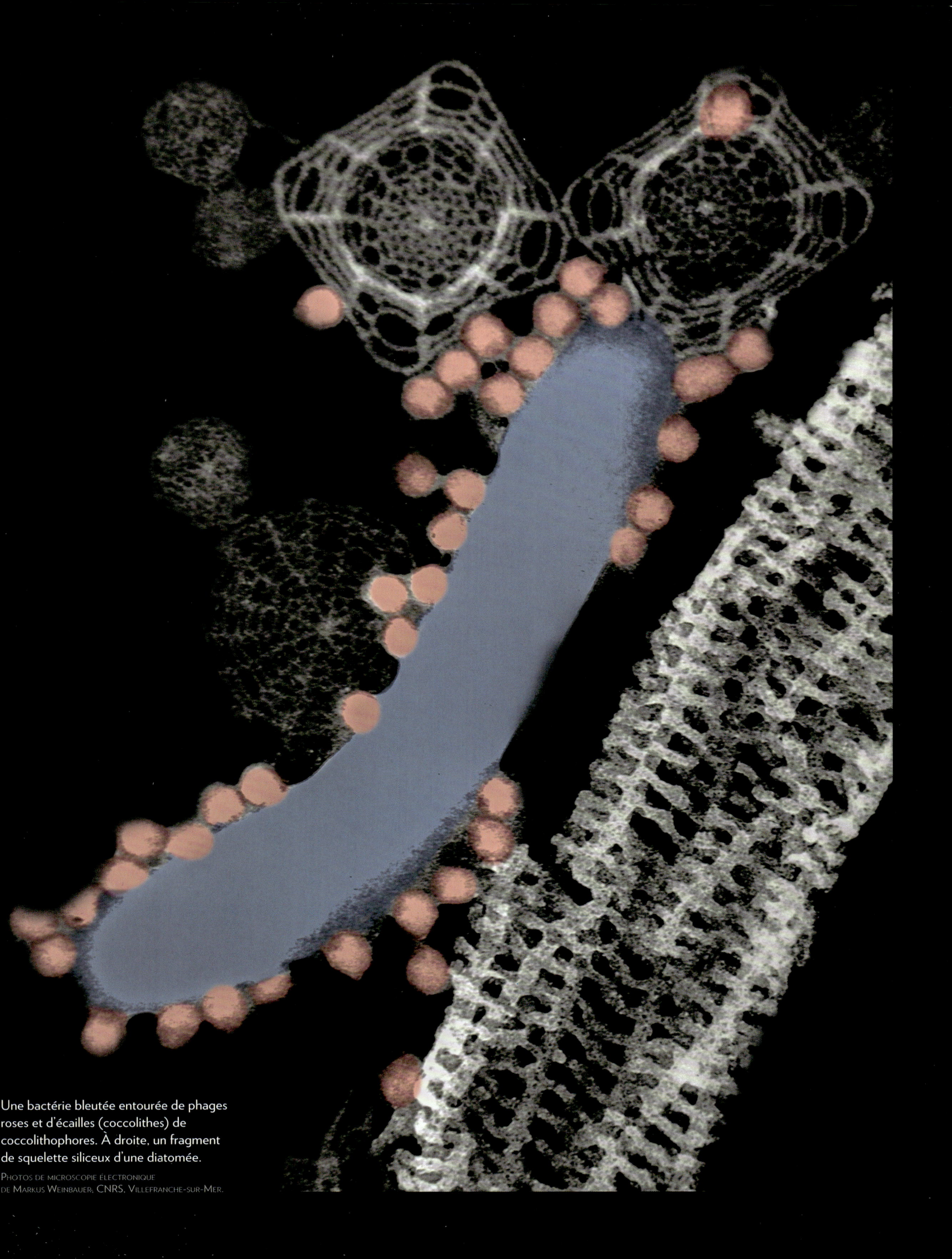

BACTÉRIES, ARCHÉES ET VIRUS

Bactéries filamenteuses

Tricodesmium sp. est une cyanobactérie filamenteuse commune dans les eaux chaudes. D'une belle couleur jaune doré, *Trichodesmium*, appelée *sea sawdust* (= « sciure de mer » en anglais), forme des paquets de filaments enchevêtrés (image ci-contre et en bas).
Ces paquets de filaments peuvent couvrir de larges étendues en période de bloom. *Trichodesmium* sp. fixe l'azote. Cette bactérie diazotrophe joue un rôle majeur dans le cycle planétaire de l'azote puisque l'on estime que la moitié de l'azote fixé dans les océans est due à la présence de cette cyanobactérie.
Collecte entre l'Équateur et les îles Galapagos lors de l'expédition *Tara Oceans*.

En haut à droite : Une autre bactérie filamenteuse, *Roseofilum reptotaenium*, une cyanobactérie qui glisse le long des surfaces. Appelée la « tueuse de corail », cette cyanobactérie est un agent pathogène responsable du « black band disease » des coraux.
Collection Bigelow Laboratory, Booth Bay Marine Laboratory, Maine, USA.

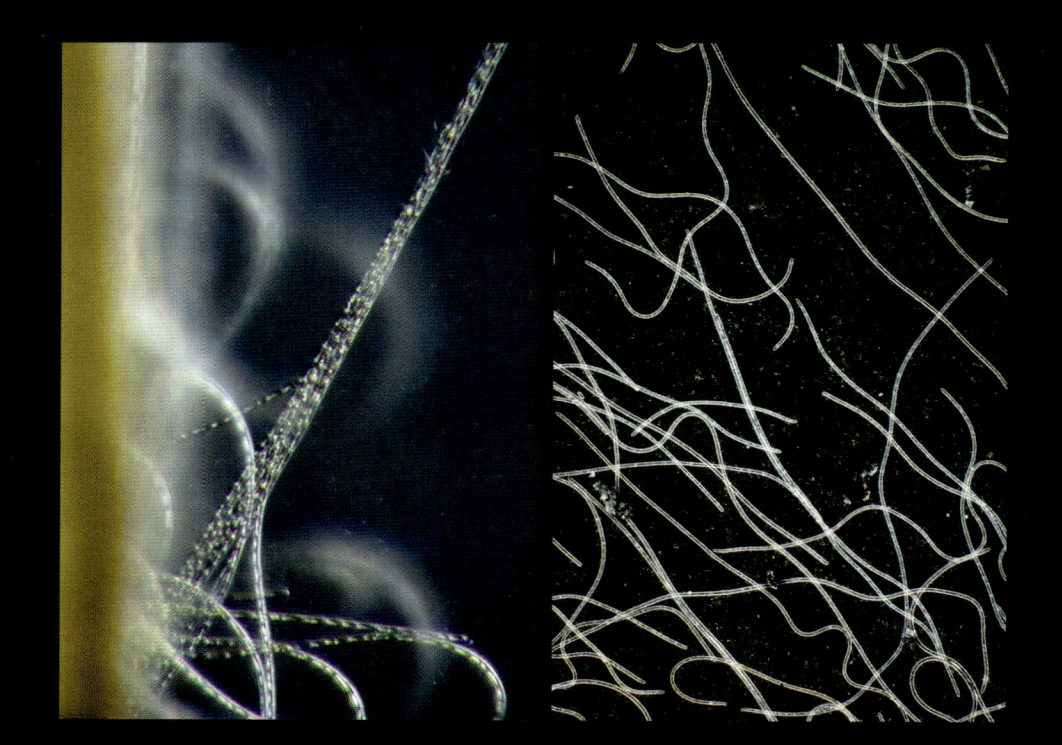

Spiruline bénéfique

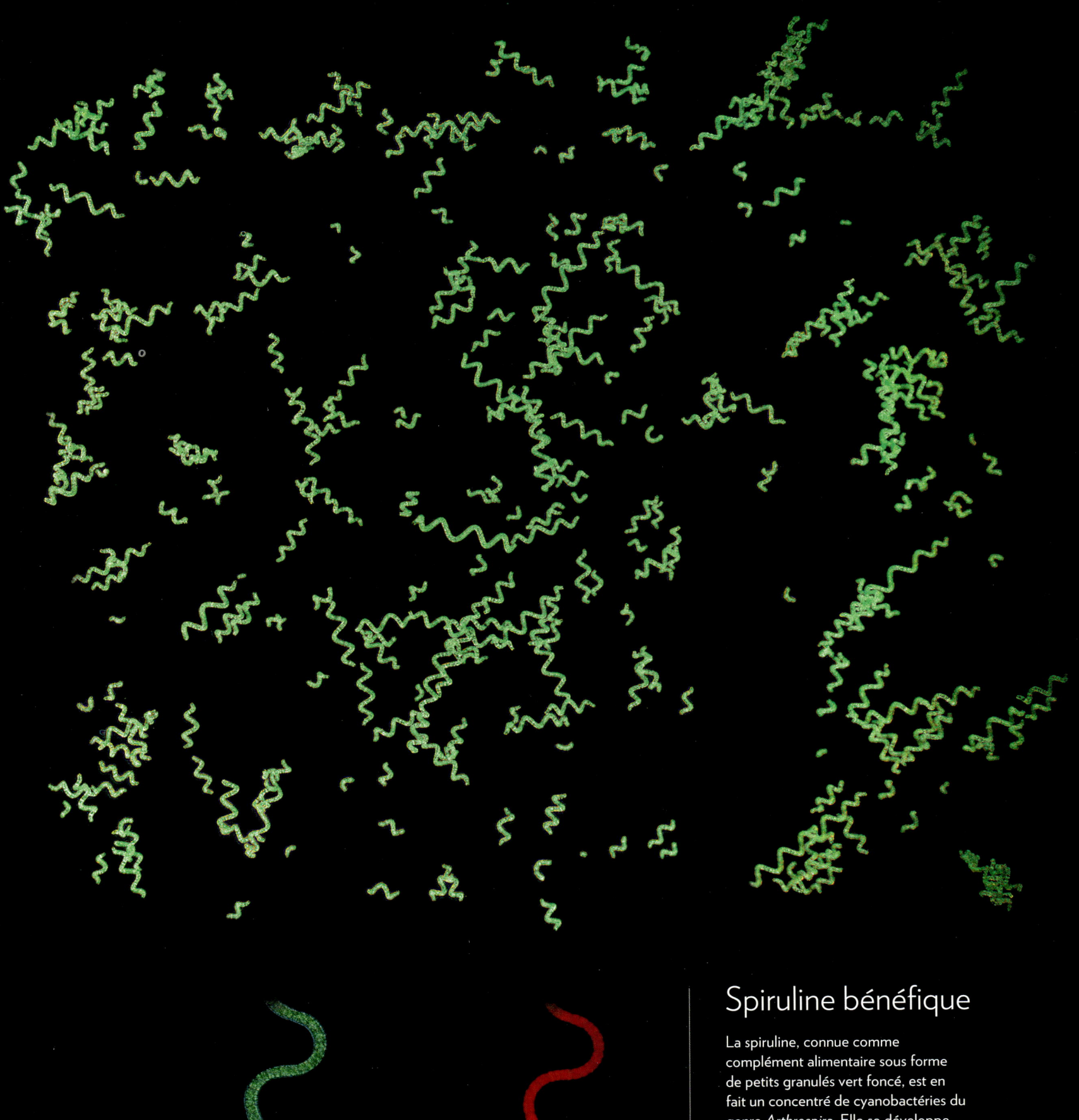

La spiruline, connue comme complément alimentaire sous forme de petits granulés vert foncé, est en fait un concentré de cyanobactéries du genre *Arthrospira*. Elle se développe naturellement dans les eaux douces ou saumâtres des zones intertropicales. Facile à cultiver, elle contient tous les acides aminés essentiels, des vitamines et des anti-oxydants.

À GAUCHE : Gros plan sur une chaîne de bactéries *Arthrospira* sp. dont les membranes photosynthétiques fluorescent en rouge.

PROTISTES
DES ÊTRES UNICELLULAIRES PRÉCURSEURS DES ANIMAUX ET DES PLANTES

À la différence des bactéries qui sont des êtres unicellulaires sans noyau, les protistes possèdent un ou plusieurs noyaux, et des organelles. On pense que les protistes sont apparus il y a plus d'un milliard d'années à la suite de combinaisons chimériques entre bactéries et archées qui sont devenues les mitochondries ou chloroplastes des protistes. Comme les animaux et les plantes dont toutes les cellules ont aussi un noyau, les protistes font partie du règne des eucaryotes — un mot issu des mots grec ancien : *eu* = vrai, et *karyon* = noyau. Ces noyaux contiennent l'ADN empaqueté sous forme de chromosomes, porteurs de l'information génétique.

Les protistes, bien que constitués d'une seule cellule, sont donc nos ancêtres. Il y a plus de 800 millions d'années, certains parmi ces êtres unicellulaires ont fait un premier pas vers la multicellularité qui caractérise toutes les plantes et animaux. Nous ne savons pas vraiment quels protistes se sont associés en premier pour former les colonies des origines, des ancêtres d'algues vertes de la classe des volvocales, ou peut-être des choanoflagellés. Toujours est-il qu'à partir d'amas de protistes tous identiques, petit à petit, certaines cellules se sont spécialisées préfigurant les premières plantes et les premiers animaux.

La plupart des protistes — diatomées, dinoflagellés, coccolithophores, radiolaires, ciliés, et foraminifères — ne se dévoilent que sous le microscope. Mais certaines espèces de foraminifères et radiolaires sont constituées d'une seule cellule géante visible à l'œil nu. Ces protistes géants dépassent parfois en taille les larves et animaux planctoniques pourtant constitués de millions de cellules. Enfin, certaines diatomées et certains dinoflagellés forment de longues chaînes de cellules individuelles et certains radiolaires vivent en colonies de centaines ou milliers d'individus partageant une même gelée.

Classés entre les bactéries et les organismes multicellulaires, les protistes sont les grands oubliés du vivant. On peine à imaginer la richesse de leurs formes et de leurs comportements. Si on connaît déjà des milliers d'espèces, de nouvelles sont découvertes chaque année, toujours plus surprenantes. Certaines espèces de diatomées, dinoflagellés et coccolitophores, dites « autotrophes », sont principalement végétales. Ces protistes font partie du phytoplancton obtenant leur énergie de la lumière du soleil. D'autres sont des protistes dits « hétérotrophes » qui, comme les animaux, se nourrissent de bactéries, et de protistes animaux et larves de petites tailles. Mais plus on étudie les protistes et plus on s'aperçoit que de nombreux protistes sont « mixotrophes », c'est-à-dire capables d'utiliser plusieurs sources d'énergie et ainsi de s'adapter aux changements de l'environnement. Sans compter qu'ils sont passés maîtres dans la pratique des symbioses.

« Chroniques du Plancton » Protistes 1

« Chroniques du Plancton » Protistes 2

UN MÉLANGE DE PROTISTES
Au centre, un radiolaire colonial constitué de multiples cellules. Ces cellules toutes identiques partagent une même enveloppe gélatineuse. Le radiolaire colonial est entouré de nombreuses diatomées en forme de cylindres, et de quelques dinoflagellés et foraminifères lobés.

PLANCTON COLLECTÉ À L'AUTOMNE AVEC UN FILET DE MAILLES 100 MICRONS DANS LA BAIE DE TOBA, JAPON.

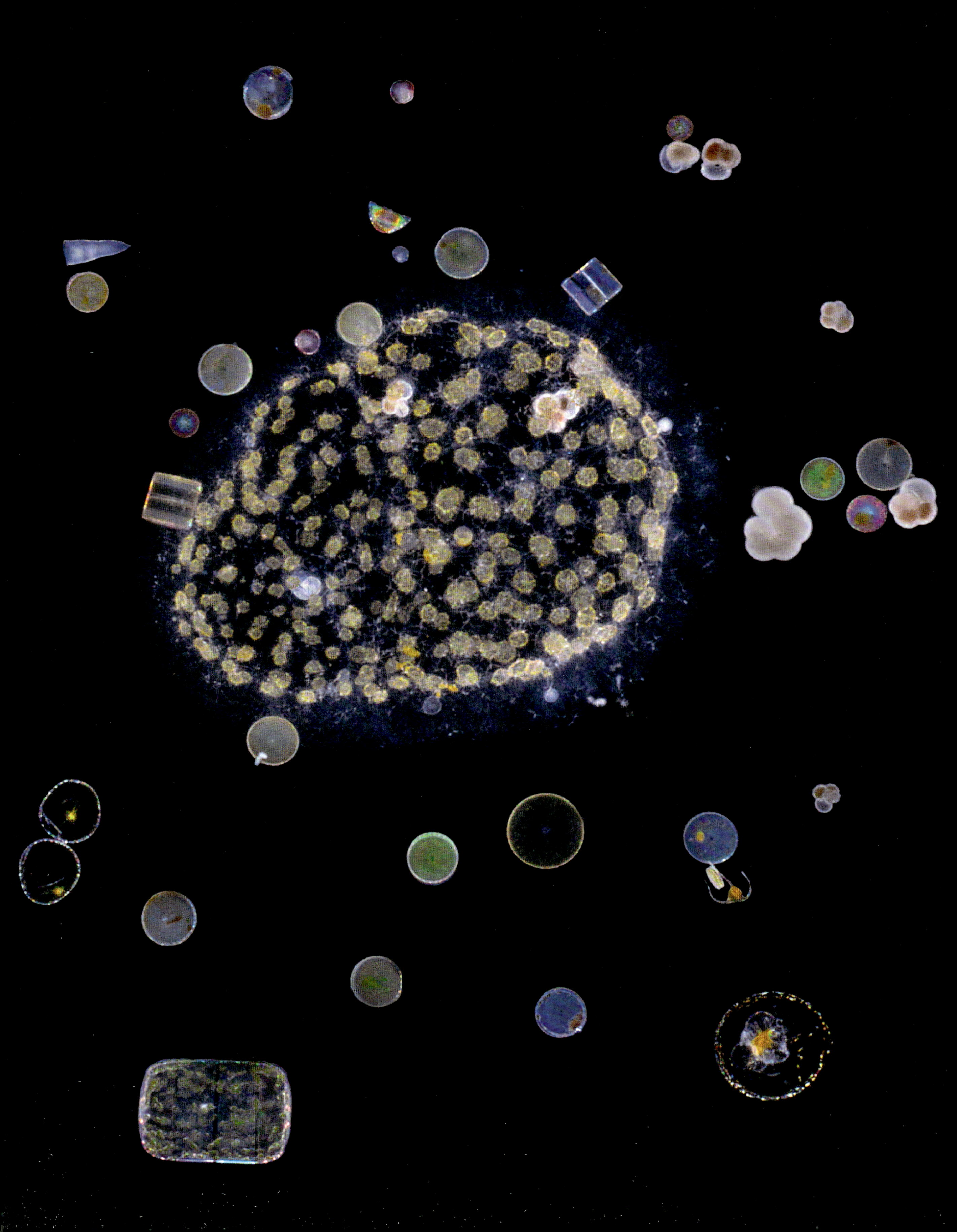

PROTISTES

Diversité de formes : Qui est qui ?

Lorsque l'on observe à la loupe binoculaire une collecte de plancton issue d'un filet de mailles 20 à 100 microns (0,1 mm), il est possible de trier les différents protistes simplement sur la base de leurs tailles et de leurs formes caractéristiques.
En utilisant la galerie de formes, nous vous proposons de déterminer qui est qui dans cette double page.
Il y a un seul tintinnide, quatre foraminifères, quatorze radiolaires et acanthaires, une douzaine de dinoflagellés dont trois en couples, une quinzaine de diatomées. Les grosses boules vertes sont des algues vertes.
Quelques organismes multicellulaires de tailles comparables sont également présents, un copépode, trois larves de méduses, une larve d'annélide, une larve d'échinoderme et une ponte de copépode. Bonne recherche...

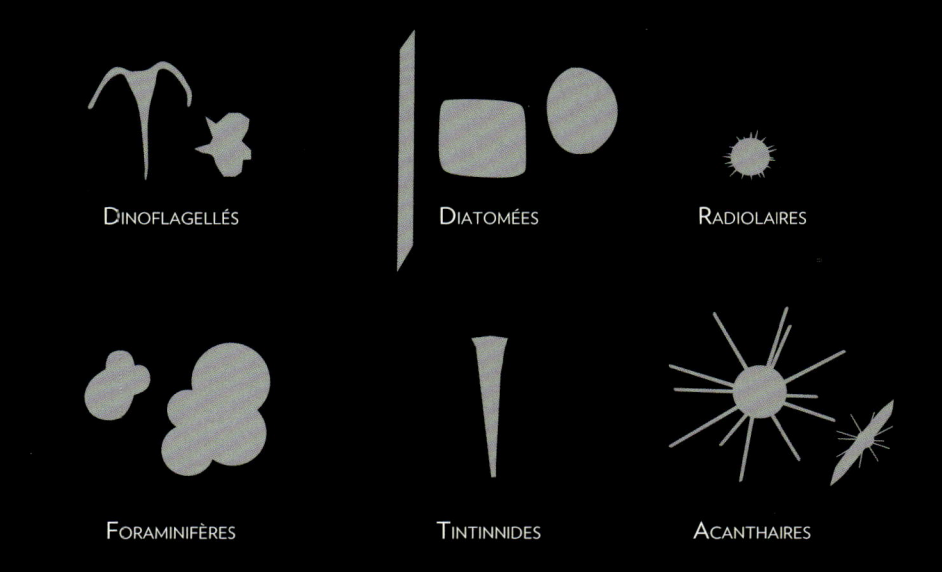

DINOFLAGELLÉS   DIATOMÉES   RADIOLAIRES

FORAMINIFÈRES   TINTINNIDES   ACANTHAIRES

40

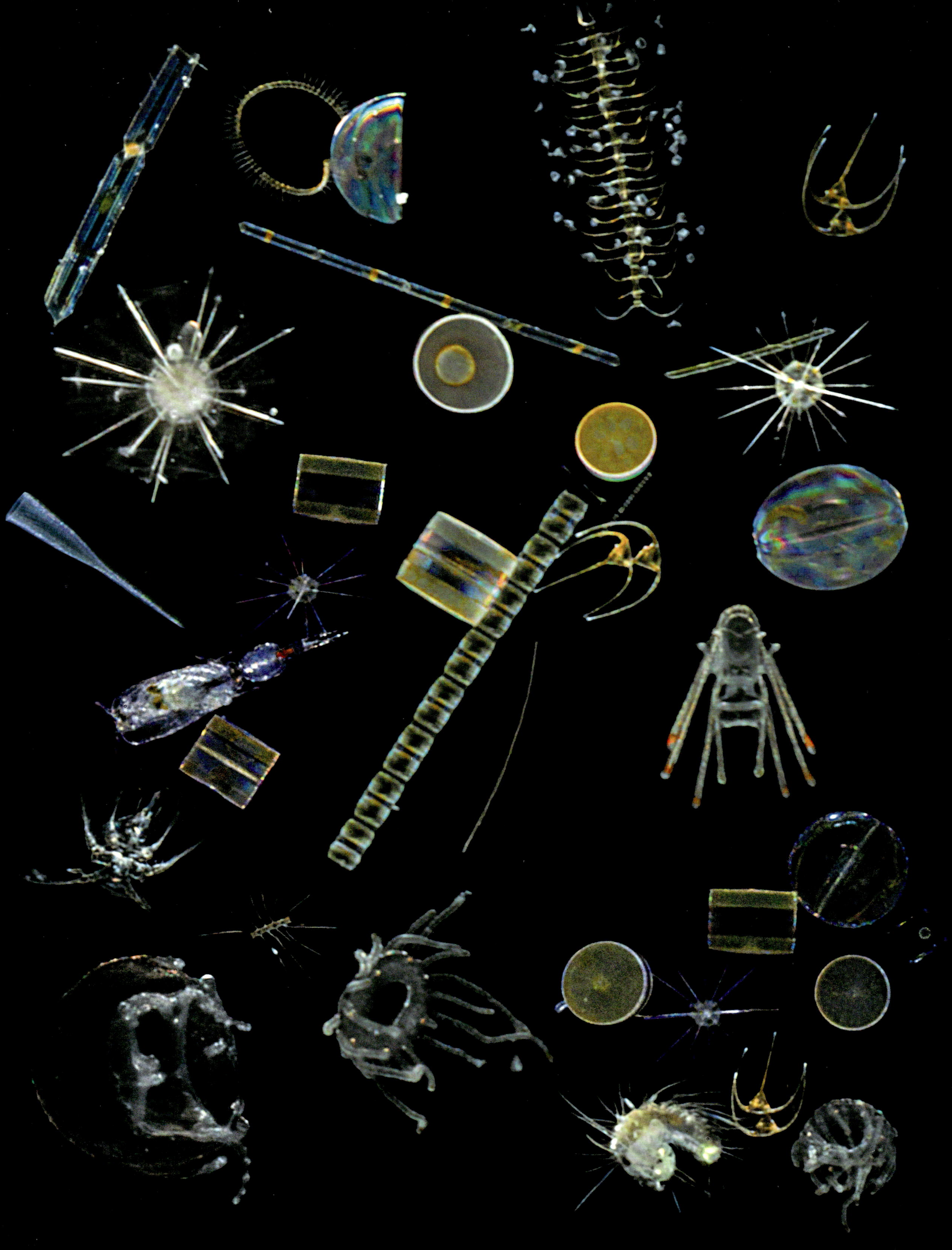

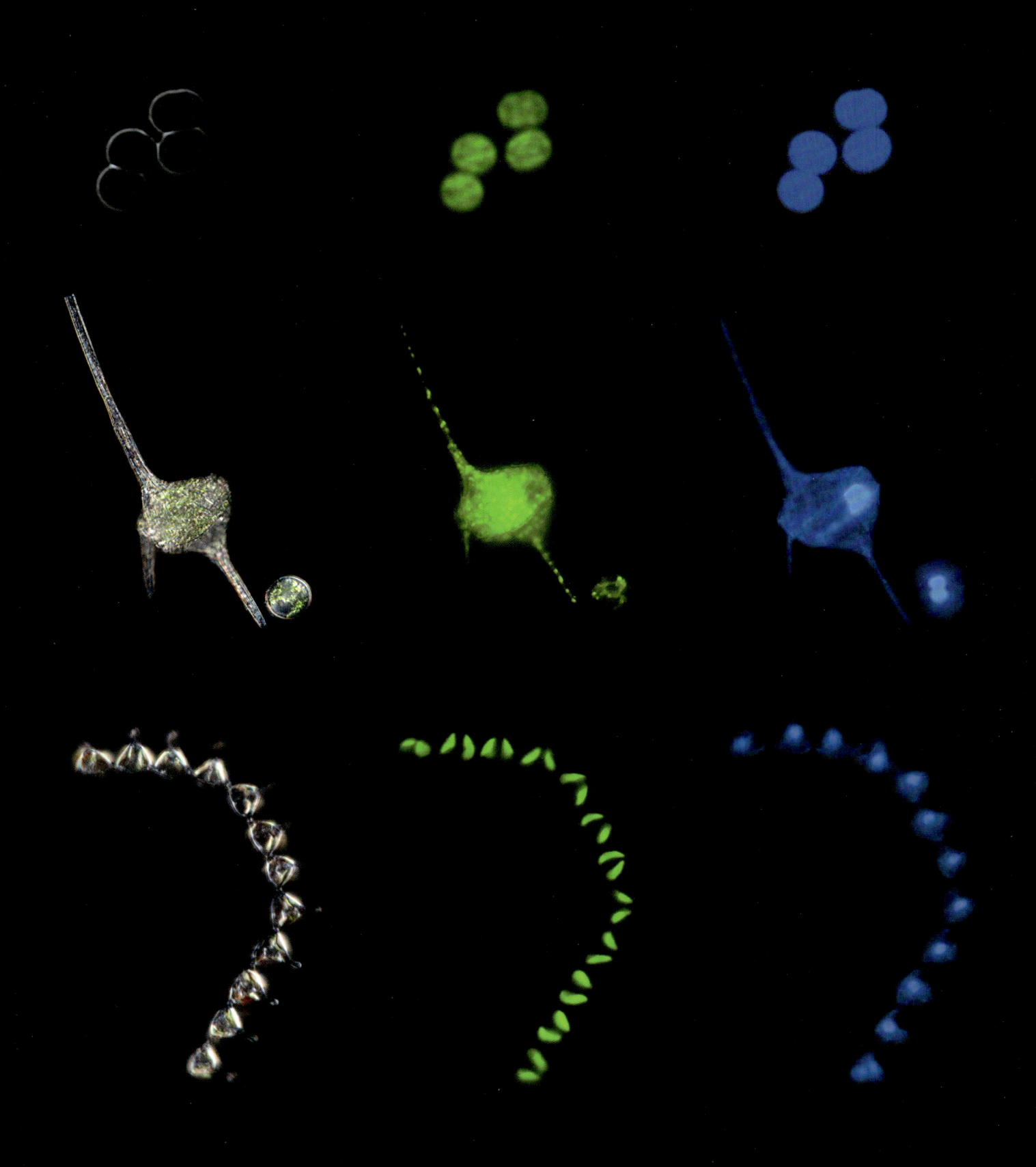

Photosynthèse et chloroplastes

En haut : Des bactéries photosynthétiques *Acaryochloris marina*. Elles n'ont pas de chloroplastes mais des membranes photosynthétiques qui fluorescent en vert et de l'ADN qui fluoresce en bleu. Membranes photosynthétiques et ADN semblent distribués dans tout le cytoplasme.

Au centre : Les nombreux petits chloroplastes d'un dinoflagellé tricorné *Ceratium* sp. et d'une petite diatomée *Coscinodiscus* sp. fluorescent comme autant de petits points verts. La fluorescence de molécules se liant à l'ADN fait aussi apparaître les noyaux de ces deux protistes en bleu.

En bas : Une chaîne constituée d'une douzaine de diatomées *Asterionellopsis glacialis*. Chaque diatomée possède deux gros chloroplastes qui fluorescent en vert et un noyau fluorescent en bleu.

Phytoplancton

Phytoplancton désigne l'ensemble des organismes du plancton végétal. Il englobe aussi bien des cellules sans noyaux — les bactéries photosynthétiques ou cyanobactéries — que les êtres unicellulaires à noyaux, des protistes comme les diatomées, dinoflagellés ou coccolithophores. Tous tirent leur énergie de la lumière grâce à la photosynthèse. Dans leur cytoplasme, les bactéries possèdent des membranes photosynthétiques. Les protistes, comme les cellules des plantes, contiennent des organelles cellulaires spécialisées appelées chloroplastes. Les chloroplastes capturent l'énergie lumineuse du soleil en utilisant des pigments chlorophylliens. Ce sont ces pigments qui confèrent leurs couleurs vertes, jaunes ou rouges aux cellules photosynthétiques sur terre et dans l'eau.

Les membranes photosynthétiques et chloroplastes effectuent la photosynthèse. C'est un processus biochimique qui consiste à capturer l'énergie lumineuse pour fabriquer de la matière organique à partir du dioxyde de carbone (CO_2) et de l'eau (H_2O). Ces réactions biochimiques et la croissance et divisions des cellules phytoplanctoniques dépendent de la présence de sels et minéraux — potassium, phosphates, nitrates, fer, silice. La transformation du carbone minéral en carbone organique produit du dioxygène (O_2). On estime que la moitié de l'oxygène atmosphérique est produit par le phytoplancton, l'autre moitié venant des plantes terrestres. Comme les plantes, en pompant le CO_2, le phytoplancton, et en particulier les cyanobactéries et les diatomées, jouent également un rôle important dans la séquestration du carbone atmosphérique et par conséquent dans la régulation du climat. Les bactéries et les protistes qui représentent plus de 90 % de la biomasse des océans produisent d'énormes quantités de molécules actives dans l'eau et l'atmosphère. Les coccolithophores, par exemple, sont la source du sulfure de diméthyle (DMS), un facteur important dans la formation des gouttelettes d'eau et la nucléation des nuages.

Poumon de la planète

Les organismes du phytoplancton vivent dans la région superficielle des océans pénétrée par les rayons du soleil : la zone photique. L'énorme biomasse phytoplanctonique est à la base de la chaîne alimentaire.

Base de la chaîne alimentaire

Les cellules du phytoplancton sont consommées par d'autres protistes comme certains dinoflagellés mixotrophes, des ciliés, des foraminifères, des radiolaires et le zooplancton constitué d'animaux du plancton et de leurs larves. Ces organismes sont eux-mêmes nourriture pour les grands prédateurs des océans : méduses, poissons, oiseaux mammifères marins, et humains.

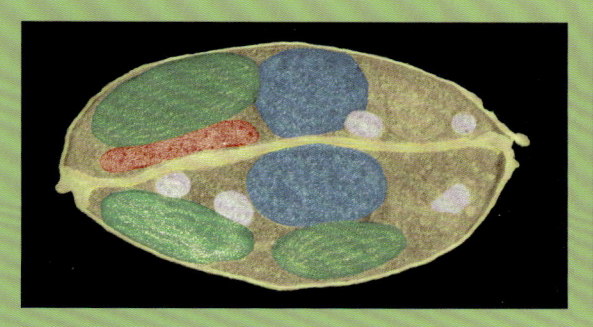

La diatomée *Phaeodactylum tricornutum* en division : les noyaux contenant l'ADN sont en bleu, les chloroplastes en vert, et les mitochondries en rouge dans le cytoplasme colorisé en brun. La frustule, la paroi de la diatomée colorisée en jaune, est faite d'oxydes de silice et dupliquée lors de la division. Cette diatomée mesure 5 microns de longueur. Elle est une espèce modèle utilisée par de nombreux laboratoires.
PHOTO EN MICROSCOPIE ÉLECTRONIQUE, ATSUKO TANAKA ET CHRIS BOWLER, CNRS, ÉCOLE NORMALE SUPÉRIEURE, PARIS.

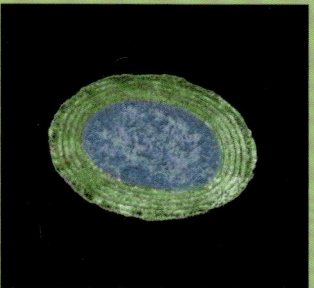

La cyanobactérie *Prochlorococcus marinus* mesure 1 micron. Les membranes photosynthétiques colorisées en vert entourant l'ADN colorisé en bleu.
PHOTO EN MICROSCOPIE ÉLECTRONIQUE DE FRÉDÉRIC PARTENSKY, CNRS, STATION BIOLOGIQUE DE ROSCOFF.

Forêts des océans

Le phytoplancton des milieux aquatiques joue à certains égards un rôle comparable à celui des forêts dans les terres. Tirant leur énergie du soleil, les protistes captent le gaz carbonique atmosphérique dissout dans l'océan pour fabriquer de la matière organique et produisent de l'oxygène dans l'océan qui passe ensuite dans l'atmosphère. La matière organique produite soutient la croissance des végétaux mais nourrit aussi les écosystèmes environnants. Une importante différence est la grande vitesse à laquelle se renouvellent les êtres unicellulaires du phytoplancton par rapport aux arbres et végétaux à croissance lente. Ici les grosses sphères sont des algues vertes *Halosphera* sp. et les cellules iridescentes des diatomées *Rhizosolenia* sp.

Ces deux espèces étaient majoritaires dans le plancton collecté en hiver dans un filet de mailles 0,1 mm à Roscoff, France.

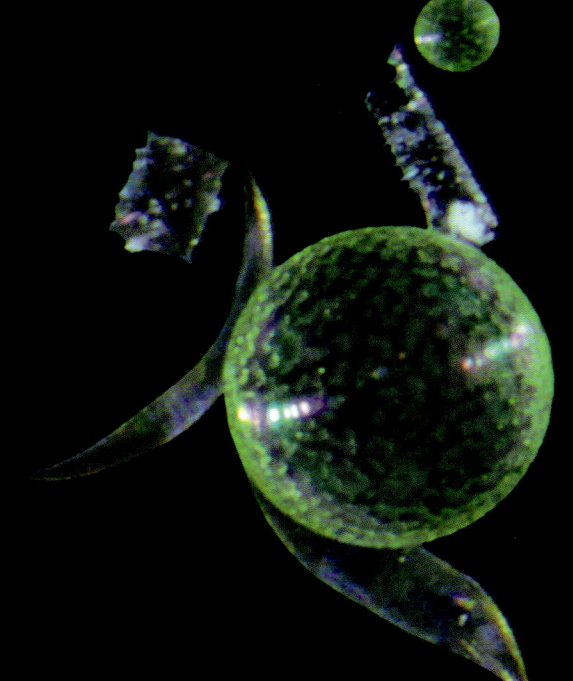

Phaeocystis globosa

Ces algues unicellulaires mesurant 3 à 6 microns font partie des haptophytes. Elles sont abondantes dans tous les océans et vivent en solitaires flagellés ou sous forme de colonies sphériques. Elles sont parfois à l'origine d'importantes proliférations et forment des mousses et écumes. Ces algues émettent du 3-diméthylsulfopropionate (DMSP), précurseur du sulfure de diméthyle (DMS), un composé soufré régulant la formation des gouttelettes d'eau et en conséquence la formation des nuages et les pluies. Ces micro-algues sont aussi impliquées dans des symbioses telles que celle décrite avec l'acanthaire *Lithoptera* pages 82-83.

ÉCHANTILLON DE LA NCMA COLLECTION, BIGELOW LABORATORY, BOOTH BAY USA.

À la base de la chaîne alimentaire

Les diatomées font partie des « producteurs primaires » à la base de la chaîne alimentaire. Elles sont principalement consommées par des crustacés et leurs larves. La larve au centre de cette photo est celle d'une des innombrables balanes, des crustacés cirripèdes qui tapissent les roches. Les diatomées (on en distingue au moins cinq espèces) étaient très abondantes en période de bloom dans les eaux brunes des canaux de Patagonie en février lors du passage de l'expédition *Tara Oceans*.

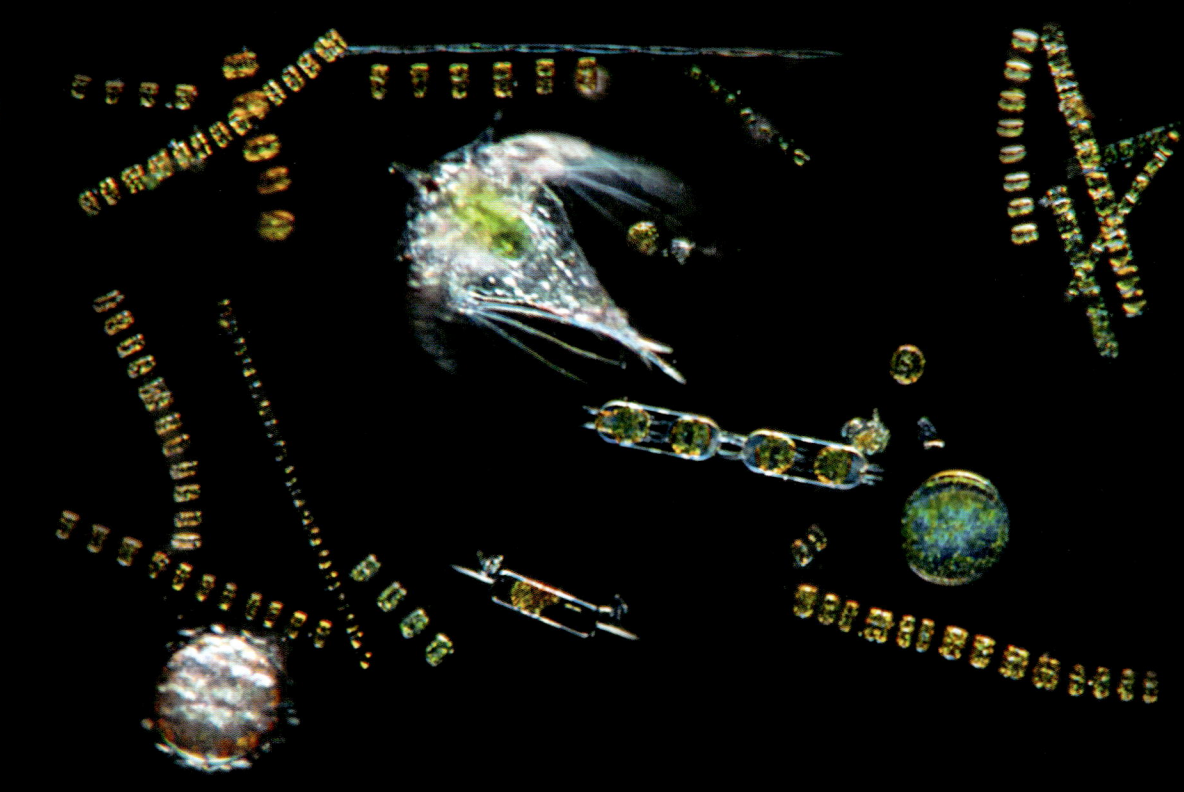

Il n'y a pas que les crustacés qui apprécient les diatomées. Ce cténophore juvénile a pêché une diatomée *Chaetoceros coarctatus* avec ses filaments couverts de cellules collantes appelées colloblastes. La diatomée est située vers l'extrémité du filament de gauche. Elle est progressivement ramenée vers le corps par contraction du filament.

Plancton d'automne collecté avec un filet de 100 microns en baie de Toba, Japon.

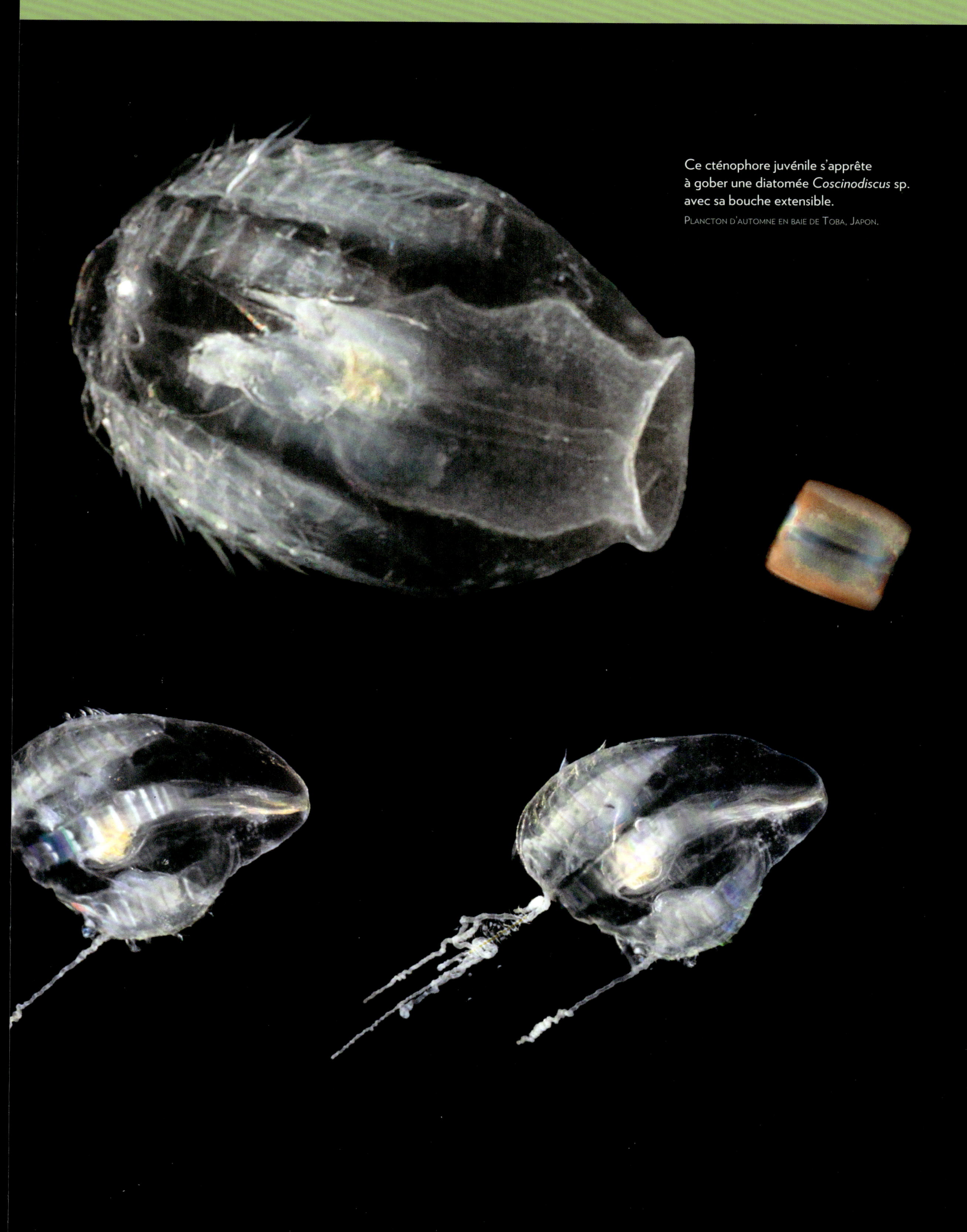

Ce cténophore juvénile s'apprête
à gober une diatomée *Coscinodiscus* sp.
avec sa bouche extensible.
PLANCTON D'AUTOMNE EN BAIE DE TOBA, JAPON.

COCCOLITHOPHORES et FORAMINIFÈRES
ARCHITECTES DU CALCAIRE

Les coccolithophores et foraminifères sont des protistes. Ces êtres unicellulaires fabriquent d'extraordinaires squelettes en carbonate de calcium. Coccolithophores et foraminifères, plus que d'autres calcificateurs comme les coraux et mollusques, sont d'importants régulateurs de la concentration de CO_2 dans les océans et l'atmosphère et du cycle global du carbone sur la planète. Les coccolithophores sont parfois si abondants qu'ils sont visibles sur les images satellites. Prédominante dans l'Atlantique, l'espèce *Emiliana huxleyi* est adoptée par les laboratoires pour étudier les processus de biominéralisation et l'adaptation des organismes à l'acidification des océans. Les squelettes de ces multitudes de cellules calcifiantes sont tombés au fond des océans depuis des centaines de millions d'années, formant d'importantes couches de microfossiles dans les sédiments. À la suite des remaniements géologiques, les squelettes des foraminifères et coccolithophores ont été compactés et soulevés, formant par exemple les falaises crayeuses de Douvre ou d'Étretat. Par milliards, ces microfossiles figurent dans les pierres calcaires des cathédrales et pyramides.

Les coccolithophores sont des haptophytes, des algues photosynthétiques. Ils mesurent 2 à 50 microns, soit 1/20e de millimètre au plus. Ils ont deux flagelles et un appendice filiforme appelé « haptonème » comme les autres haptophytes. Ce qui caractérise les coccolithophores, ce sont les « coccolithes », les délicates écailles calciques ornementées qu'ils fabriquent et sécrètent. Les coccolithophores modulent l'organisation et l'abondance de leurs écailles en fonction de leur cycle de vie et des conditions environnementales. Certaines espèces élaborent d'extraordinaires

Photo NASA.

coccolithes modifiés, des appendices calciques dont on suppose qu'ils servent à éviter la prédation des copépodes et autres organismes du zooplancton.

Apparus au Cambrien, les foraminifères font 5 à 100 fois la taille des coccolithophores les plus grands. Certaines des 20 000 espèces vivantes de foraminifères, la plupart benthiques, sont si volumineuses qu'elles sont collectées par des plongeurs. Grâce à leurs extensions cytoplasmiques amiboïdes, les foraminifères enlacent et absorbent toutes sortes de proies depuis des bactéries jusqu'à de petits mollusques. Leurs squelettes appelés « tests », contrairement aux coccolithes des coccolithophores, sont intracellulaires. Ils comprennent plusieurs chambres faites de grains sédimentaires agglutinés, ou de carbonate de calcium. Grâce aux 38 000 espèces fossiles, certaines vieilles de plusieurs centaines de millions d'années, les chercheurs peuvent dater les roches. Ils peuvent localiser et identifier les nappes d'hydrocarbures et mieux appréhender l'histoire de la terre et l'évolution du climat.

« Chroniques du Plancton »
Radiolaires acanthaires et foraminifères.

UN FORAMINIFÈRE ET QUATRE COCCOLITHOPHORES

Squelette intracellulaire (test) du foraminifère *Globigeronidoides ruber* mesurant environ 400 microns et squelette extracellulaire (coccosphère) de quatre coccolithophores beaucoup plus petits. Leurs coques extracellulaires appelées coccosphères sont faites d'écailles en carbonate de calcium appelées coccolithes. De gauche à droite, *Emiliana huxleï*, une espèce abondante utilisée dans les laboratoires, *Umbilicosphaera hulburtiana*, *Dicosphaera tubifera* et *Scyphosphaera apsteinii*, plus volumineuse et qui porte plusieurs sortes de coccolithes.

Photos de microscopie électronique à balayage, Laurent Froget/Marie Joseph Chretiennot-Dinet/CNRS Photothèque/CEA, Margaux Carmichael, Station biologique de Roscoff, Jeremy Young, University College London.

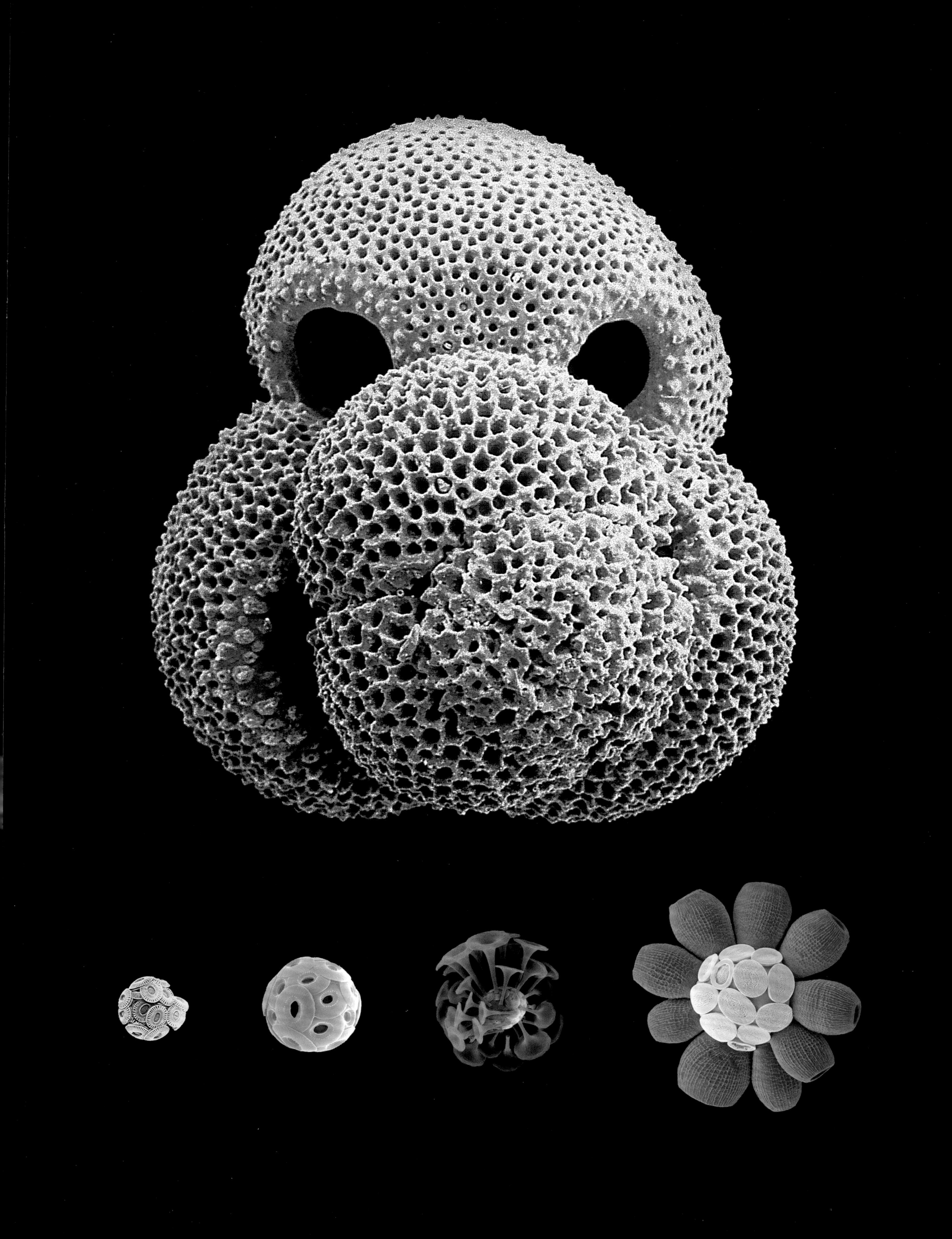

PROTISTES ——————— COCCOLITHOPHORES

Des coccosphères en carbonate de calcium

Les coccolithophores sont des cellules flagellées qui fabriquent et sécrètent des écailles en carbonate de calcium appelées coccolithes. Elles forment ainsi une armure protectrice, la coccosphère. La coccosphère est d'épaisseur et de constitution variable selon les conditions environnementales et le cycle de vie de la cellule. Les cocccolithes sont fabriqués et calcifiés dans des vacuoles à l'intérieur de la cellule, puis sécrétés. Différents types de coccolithes couvrent la région flagellaire de la cellule. Cette asymétrie est particulièrement évidente dans les spécimens des deux espèces en bas de page, *Rhabdosphaera clavigera* à gauche et *Ophiaster formosus* à droite. En haut, la coccosphère de *Dicosphaera tubifera* expose la structure très délicate des coccolithes et leur agencement.

Photos de microscopie électronique à balayage de Jeremy Young, University College London et Margaux Charmichael, Station biologique de Roscoff (image en bas à gauche).

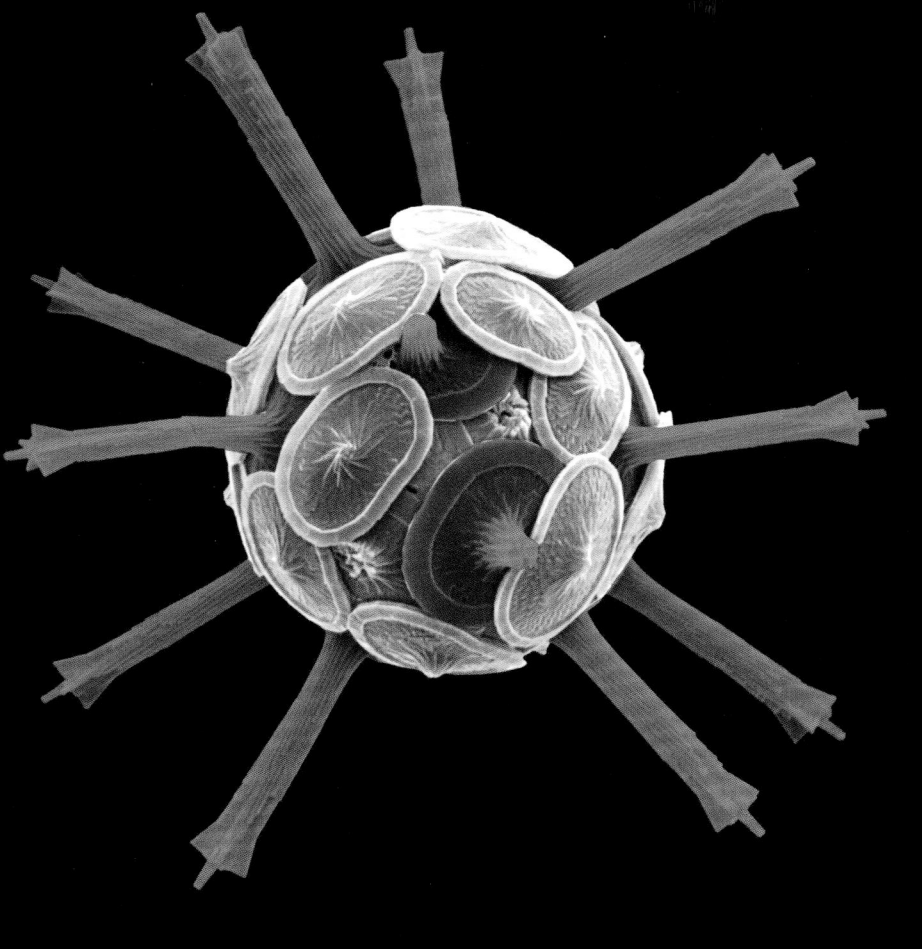

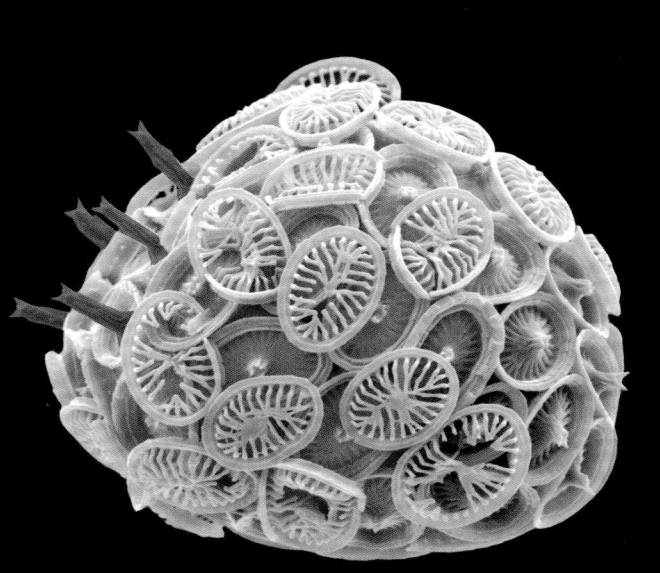

Super-architectes

Certaines espèces telles cet *Ophiaster hydroideus* possèdent des extensions en forme de bras. Ces coccolithes modifiés sont compactés ou étendus autour de la coccosphère mais ne sont pas activement déployés par la cellule. Ils fonctionneraient comme des défenses vis-à-vis de prédateurs comme les copépodes qui sont friands des coccolithophores.

Jeremy Young, University College London.

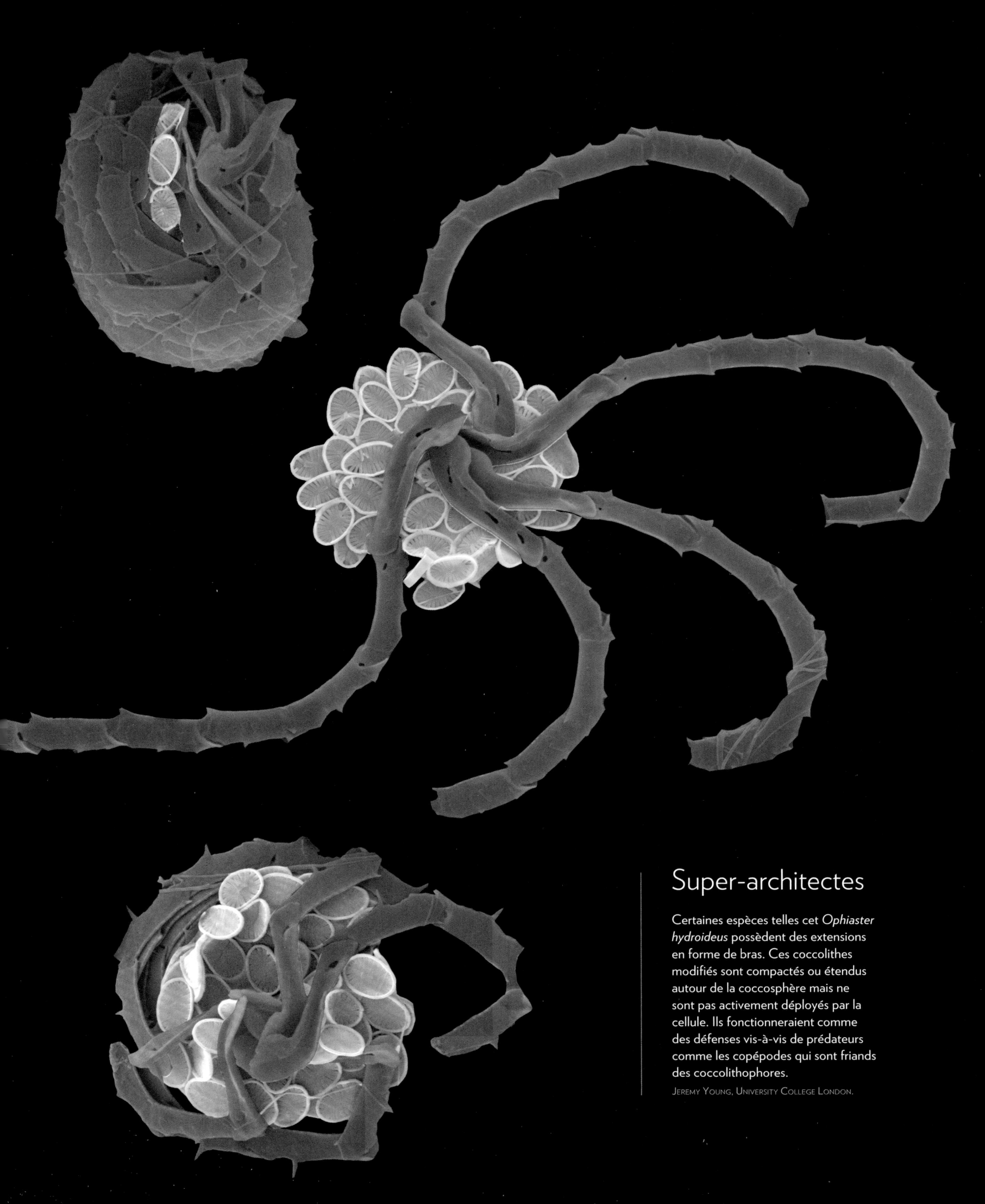

PROTISTES — FORAMINIFÈRES

Hastigerinella digitata, un foraminifère mesurant plus de 2 millimètres, photographié au large de Monterey, Californie, à 300 mètres de profondeur. Une carapace de copépode est visible à sa périphérie.
Photo Karen Osborn, Smithsonian National Museum of Natural History, Washington DC, USA.

FORAMINIFÈRES PRÉDATEURS

Les foraminifères comme les radiolaires sont des rhizopodes, des cellules douées de mouvements amiboïdes. Ils déploient de multiples extensions membranaires appelées pseudopodes sortant à travers des pores dans leurs tests calcaires. Avec ces pseudopodes, ils tâtent, capturent et absorbent les proies. Les foraminifères se nourrissent ainsi de bactéries, d'autres protistes et de larves. Ici, une globigérine (*Globigerinoides bulloides*), collectée dans la baie de Villefranche-sur-Mer, s'intéresse à une ponte de copépodes.

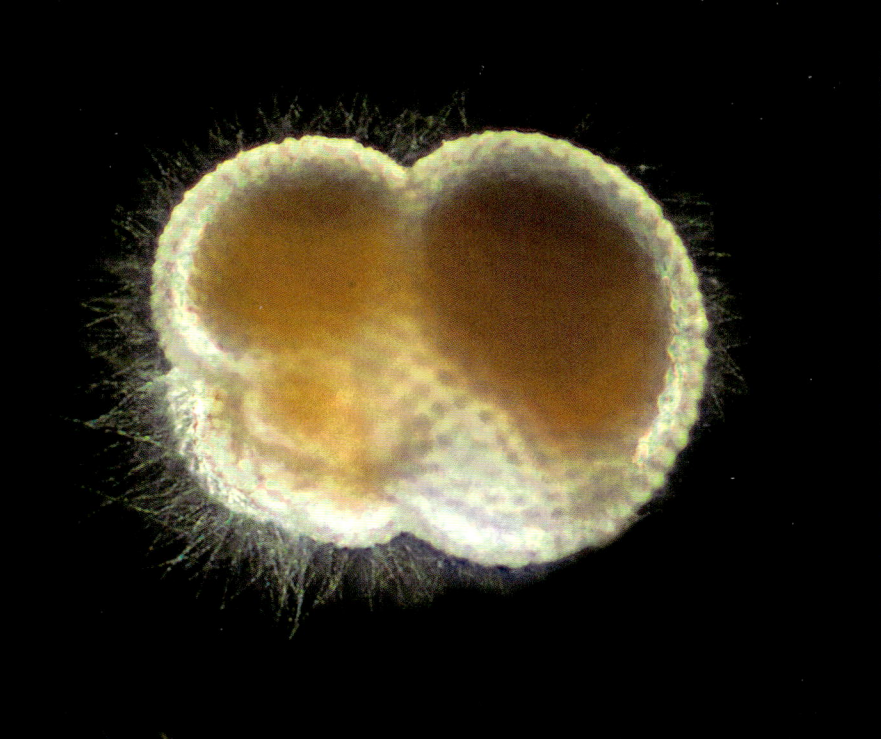

Des extensions à foison

Chaque foraminifère est constitué d'une unique cellule de grande taille. La cellule est souvent subdivisée en plusieurs chambres délimitées par une ou plusieurs coques intracellulaires en carbonate de calcium appelées tests.
À travers les trous dans les tests sortent d'innombrables extensions membranaires. Ces pseudopodes, déployés dans la globigérine *Globigerinoides bulloides* du bas et contractés dans celle du haut, sont utilisés pour la locomotion, l'ancrage sur des surfaces et la capture des proies.

Collectée en automne dans la baie de Villefranche-sur-Mer.

DIATOMÉES et DINOFLAGELLÉS
MAISONS EN SILICE OU CELLULOSE

Les dinoflagellés et diatomées sont des protistes majeurs du phytoplancton. On estime que les diatomées génèrent à elles seules un quart de l'oxygène sur notre planète. Leurs traces fossiles remontent au Cambrien et au Jurassique il y a 500 à 200 millions d'années. Ces êtres unicellulaires vivent en solitaires ou forment des chaînes composées de cellules les unes à la suite des autres, ou côte à côte. Des milliers d'espèces de diatomées peuplent les eaux douces et marines. Elles sont particulièrement abondantes dans les régions arctiques et antarctiques.

À partir de la silice dissoute dans l'eau de mer, les diatomées se fabriquent des enveloppes rigides appelées « frustules » composées de deux thèques en silice hydratée s'emboîtant l'une dans l'autre. Nombre d'espèces de diatomées solitaires ou coloniales possèdent de longues épines et des soies qui ralentissent leur sédimentation vers le fond. Lestées du poids de leurs cuirasses, les diatomées mortes ont sédimenté au fond des mers depuis des millions d'années, créant des poches de gaz et de pétrole, et des couches siliceuses. Les dépôts de frustules de diatomées forment une roche friable — la diatomite — largement utilisée en agriculture et dans l'industrie des filtrants, des isolants, des peintures et abrasifs et jusque dans nos dentifrices.

Contrairement aux diatomées qui sont plutôt statiques ou glissent les unes par rapport aux autres, ou sur des surfaces, la plupart des dinoflagellés se déplacent rapidement à l'aide de deux flagelles dont les mouvements sont complémentaires. Les dinoflagellés sont généralement photosynthétiques, mais certaines espèces — dites « mixotrophes » et « hétérotrophes » — peuvent également se nourrir de bactéries ou d'autres protistes. D'autres dinoflagellés survivent en parasites. Les cellules de dinoflagellés ont une enveloppe mais, contrairement aux diatomées, cette cuirasse est entièrement organique. La plupart des dinoflagellés fabriquent et sécrètent des thèques constituées de plaques de cellulose parfois très ornementées.

Les dinoflagellés et les diatomées, malgré leurs dures carapaces, sont dévorés par les copépodes et d'autres organismes du zooplancton, amorçant ainsi la chaîne alimentaire. Si les conditions environnementales sont favorables, certaines espèces de diatomées et de dinoflagellés peuvent proliférer en blooms visibles sous forme d'immenses régions colorées rouges, vertes ou jaunes détectées par les avions et satellites. Ces efflorescences de dinoflagellés et diatomées sont aussi à l'origine des toxines empoisonnant parfois la vie marine et les élevages aquacoles.

« Chroniques du Plancton »
Diatomées

BLOOM DE DIATOMÉES ET DINOFLAGELLÉS EN BAIE DE TOBA

À l'automne, les collectes de plancton faites avec un filet de mailles 100 microns en baie de Toba au Japon étaient d'une belle couleur rose. Sous la loupe binoculaire, dominaient de grosses diatomées centriques *Coscinodiscus* sp. en forme de petites boîtes cylindriques, des dômes transparents *Hemidiscus* sp. et des chaînes de *Skeletonema* sp. La couleur était probablement due à la présence d'innombrables dinoflagellés *Protoperidinium depressum* d'un rose intense. Ce dinoflagellé mixotrophe ingère des diatomées. On note au centre de l'image un radiolaire en forme d'étoile, et deux organismes du zooplancton, une larve de crustacé cirripède et, légèrement en dessous, une larve d'échinoderme.

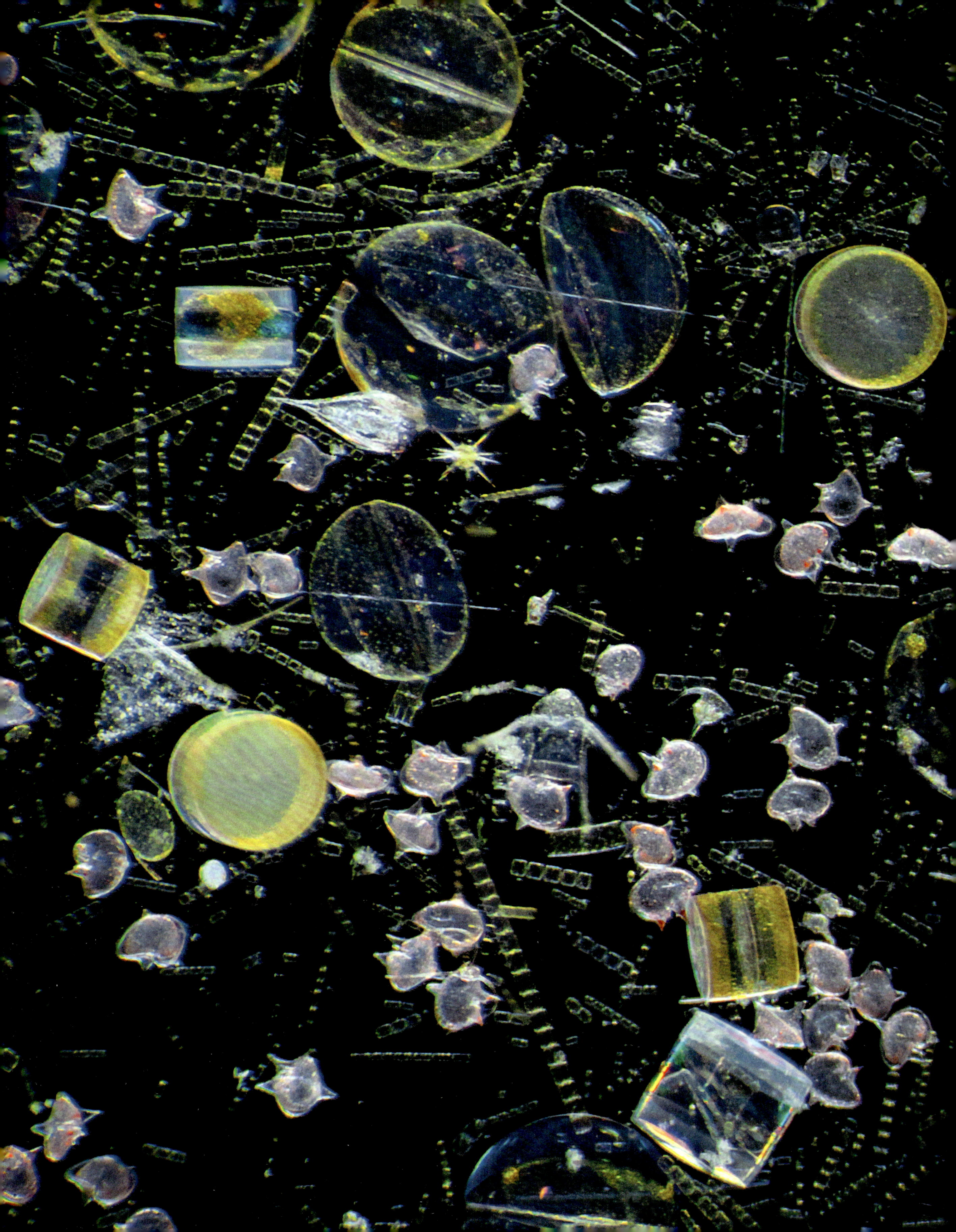

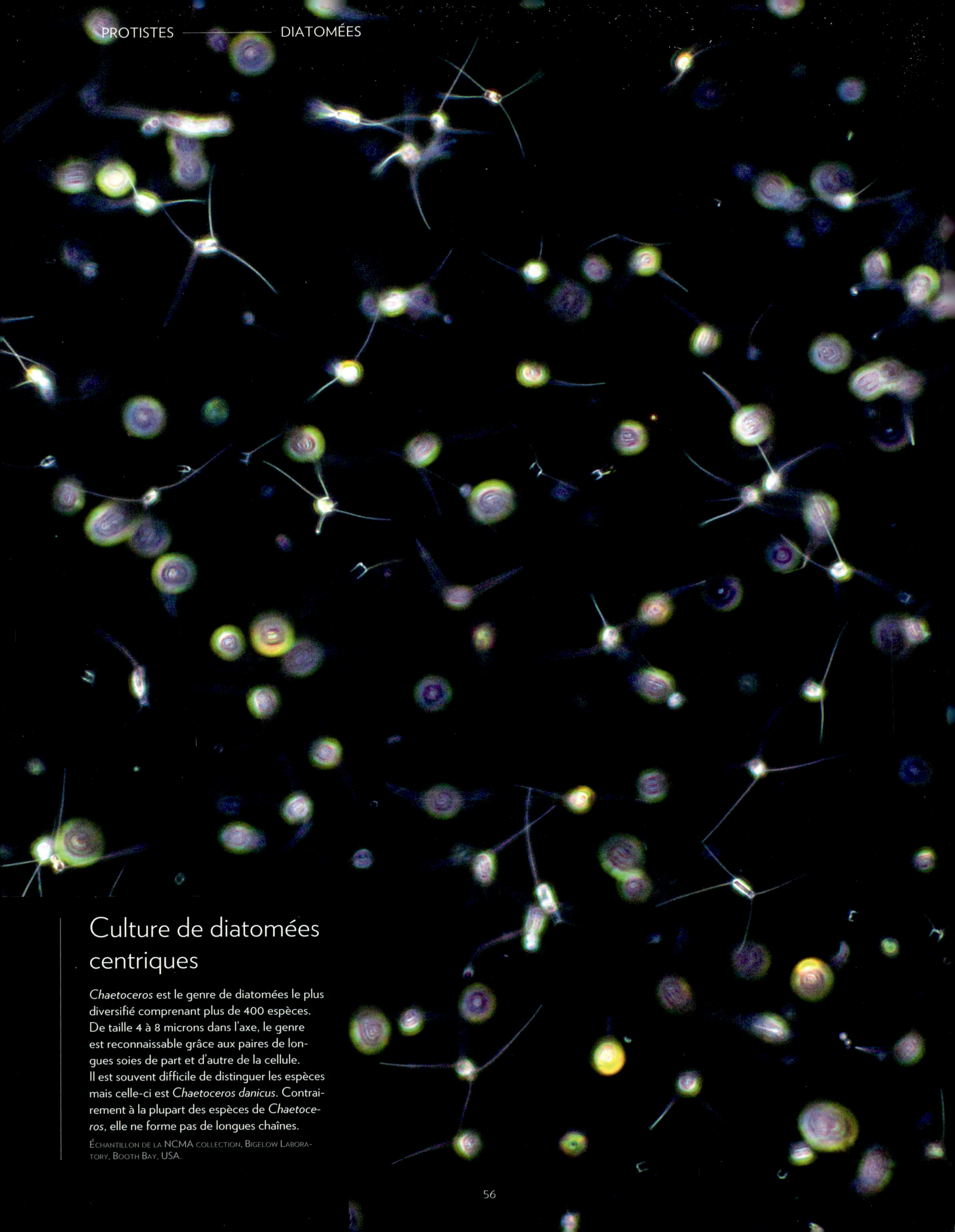

PROTISTES ——————— DIATOMÉES

Culture de diatomées centriques

Chaetoceros est le genre de diatomées le plus diversifié comprenant plus de 400 espèces. De taille 4 à 8 microns dans l'axe, le genre est reconnaissable grâce aux paires de longues soies de part et d'autre de la cellule. Il est souvent difficile de distinguer les espèces mais celle-ci est *Chaetoceros danicus*. Contrairement à la plupart des espèces de *Chaetoceros*, elle ne forme pas de longues chaînes.

ÉCHANTILLON DE LA NCMA COLLECTION, BIGELOW LABORATORY, BOOTH BAY, USA.

Diatomées pennées toxiques

Ces diatomées sont des diatomées pennées qui glissent lentement les unes par rapport aux autres. Nous avons mélangé ici 4 espèces de *Pseudo-nitzschia* solitaires ou formant des chaînes plus ou moins longues. Certaines espèces de *Pseudo-nitzschia* sont très toxiques. Elles produisent une neurotoxine (l'acide domoïque) provoquant des intoxications alimentaires chez l'homme lorsque les mollusques ou poissons consommés ont ingéré des *Pseudo-nitzschia* ou leurs prédateurs.

ÉCHANTILLON DE LA NCMA COLLECTION, BIGELOW LABORATORY, BOOTH BAY, USA.

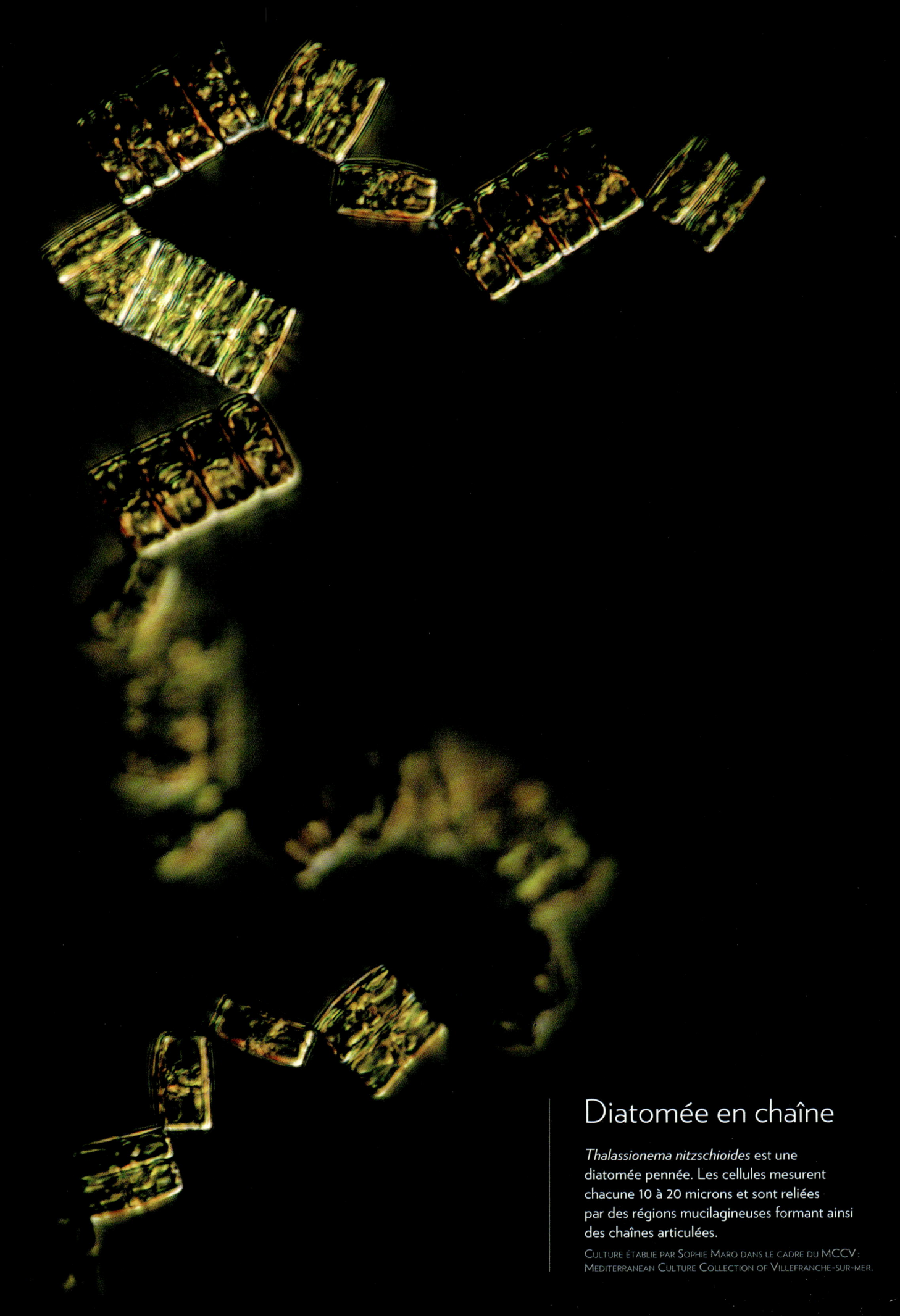

PROTISTES — DIATOMÉES

Diatomée en chaîne

Thalassionema nitzschioides est une diatomée pennée. Les cellules mesurent chacune 10 à 20 microns et sont reliées par des régions mucilagineuses formant ainsi des chaînes articulées.

Culture établie par Sophie Maro dans le cadre du MCCV : Mediterranean Culture Collection of Villefranche-sur-mer.

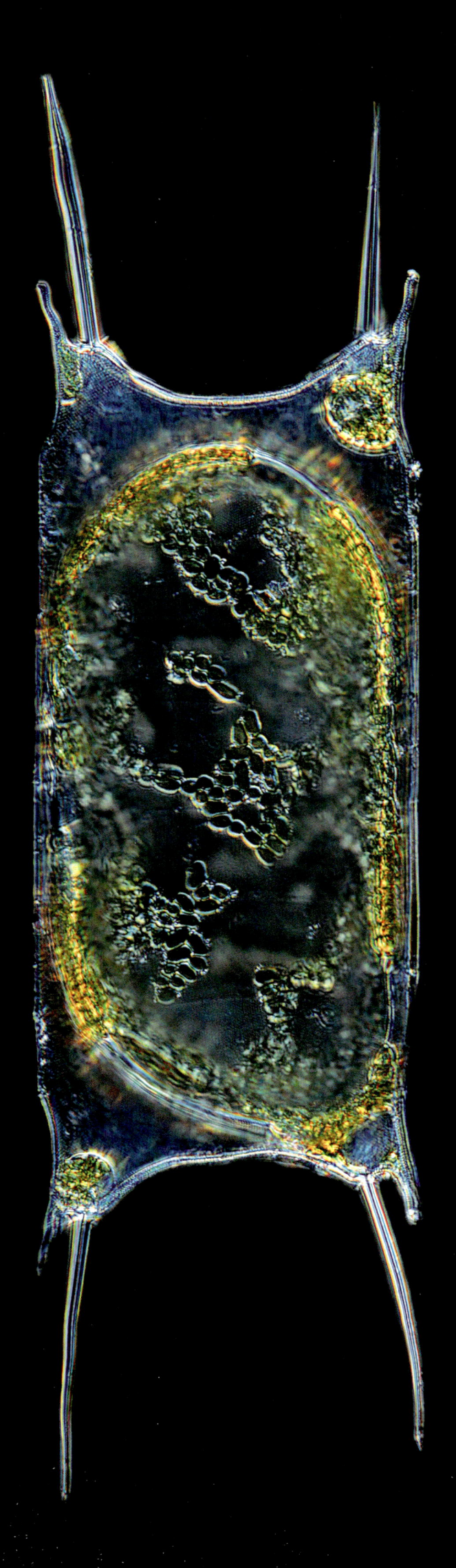

Deux diatomées solitaires

Ces diatomées centriques mesurent 100 à 200 microns (0,1-0,2 mm). Les petits grains à l'intérieur des cellules sont des chloroplastes. À gauche, *Odontella sinensis*.

Collectées à Roscoff. Photographie et traitement d'image (z-stacking des coupes optiques) par Noé Sardet, Parafilms, Montréal.

PROTISTES ──────── DIATOMÉES

CUIRASSES DE VERRE IRIDESCENTES

Selon l'angle et le type d'éclairage, l'enveloppe siliceuse des diatomées, similaire à une coque de verre, reflète plus ou moins la lumière. C'est lorsque la cellule à l'intérieur meurt que les irisations deviennent maximales comme pour les deux diatomées à droite. La grande diatomée vide au centre est du genre *Gyrosigma* et celle du dessous à gauche, vivante et pleine de chloroplastes, est une diatomée du genre *Amphora*. À droite, une petite diatomée centrique du genre *Actinoptychus* et au-dessous *Cerataulina*.

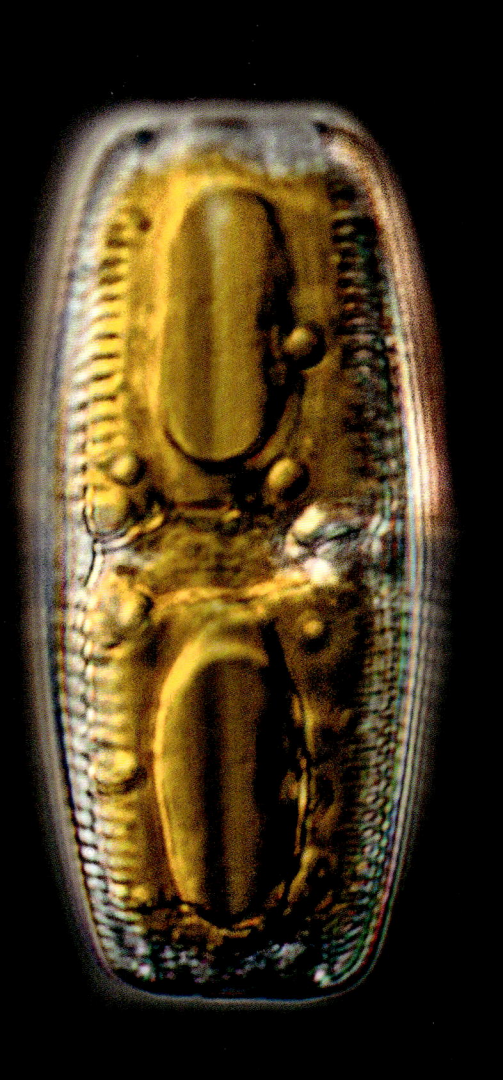

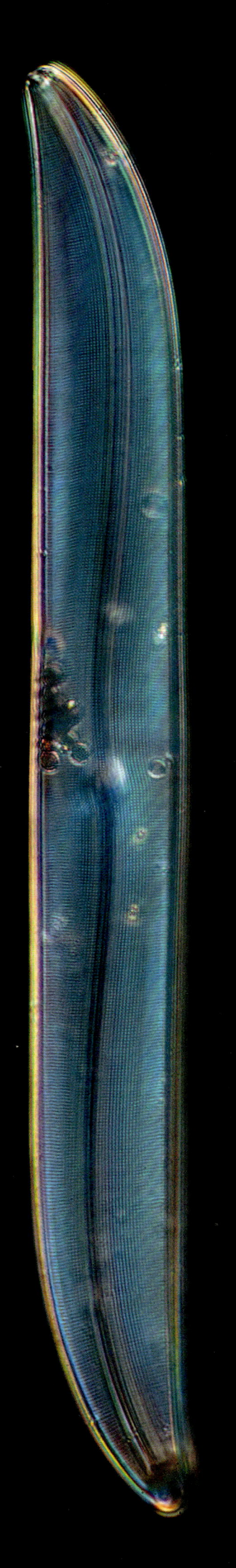

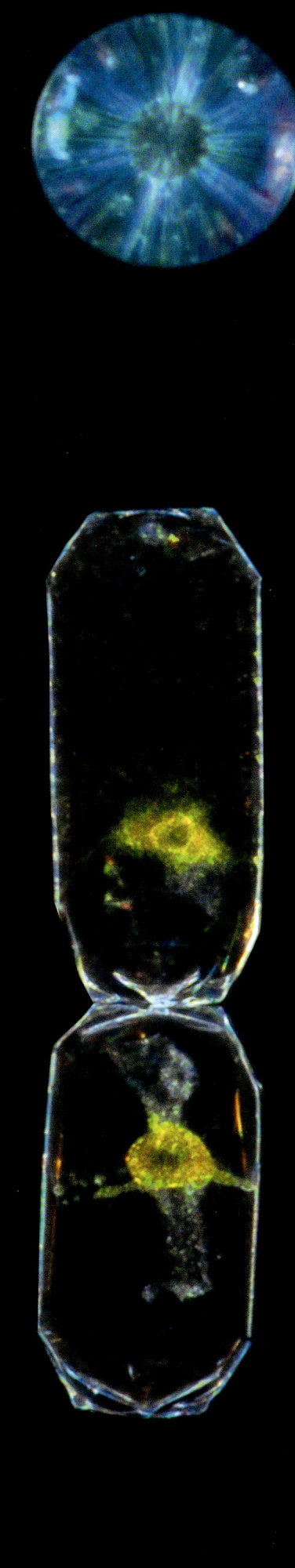

Diversité des diatomées

Les formes, tailles, enchaînements et dispositions des chloroplastes (les amas verts et jaunes à l'intérieur des cellules) sont caractéristiques des genres et espèces de diatomées. La plus grosse est une *Lauderia annulata* mesurant 0,2 mm collectée dans l'océan Indien avec l'expédition *Tara Oceans*. La chaîne à gauche est *Asterionellopsis glacialis*, et à droite, des diatomées des genres *Dytilum brightwellii* et *Pseudo-nitzschia*.

ÉCHANTILLONS DE LA NCMA COLLECTION, BIGELOW LABORATORY, BOOTH BAY, USA.

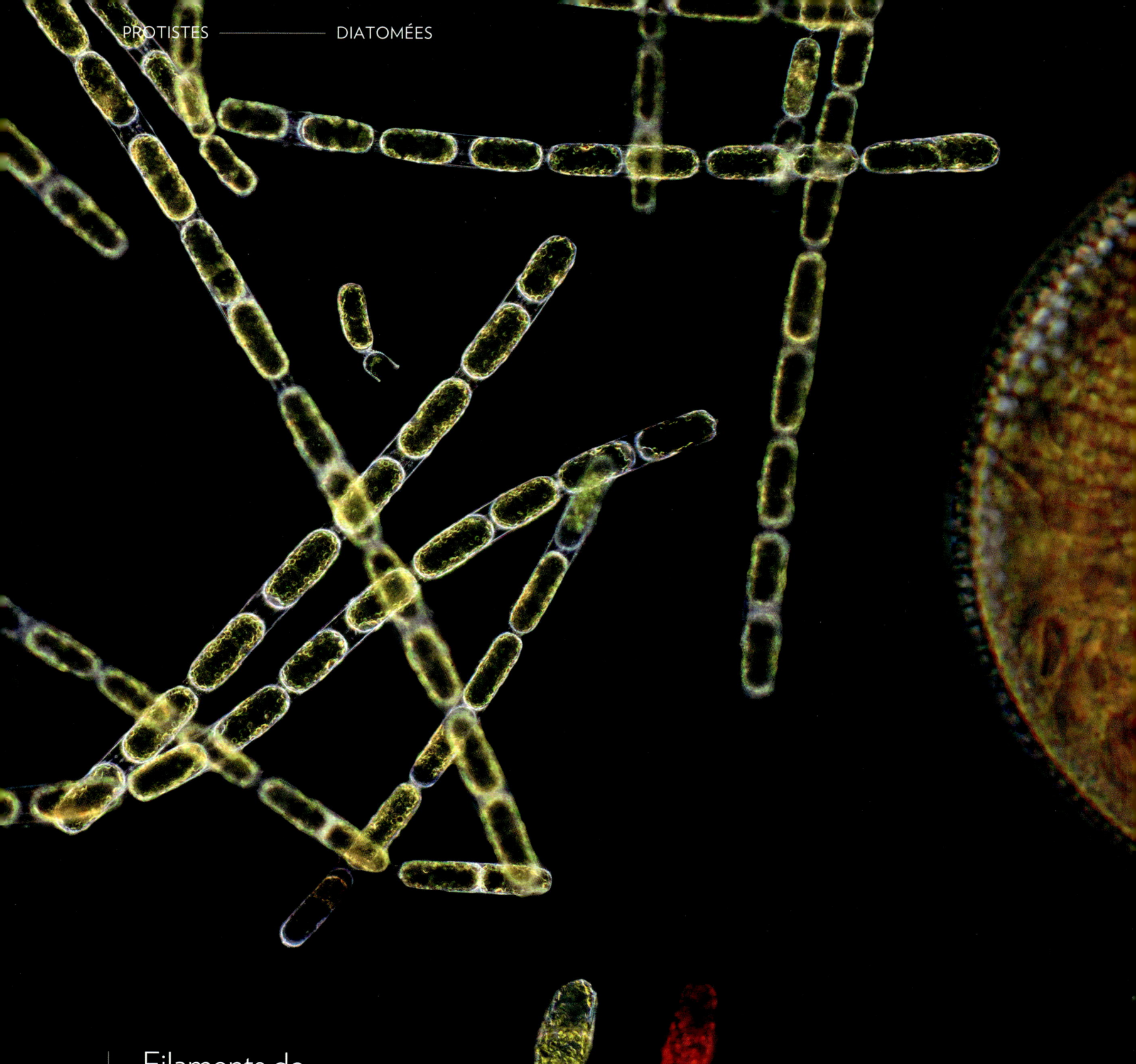

PROTISTES —————— DIATOMÉES

Filaments de diatomées en chaînes

Les diatomées centriques *Stephanopyxis palmeriana* forment de longs filaments mesurant une trentaine de microns de diamètre. En bas, les chloroplastes fluorescent en rouge. La diatomée du milieu est en train de se diviser.

ÉCHANTILLONS DE LA NCMA COLLECTION, BIGELOW LABORATORY, BOOTH BAY, USA.

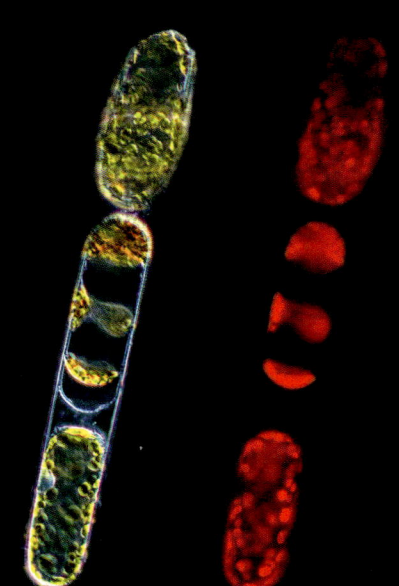

Coques de diatomées

La coque des diatomées, ou plus exactement leur enveloppe extracellulaire appelée frustule, est composée de deux thèques s'emboîtant l'une dans l'autre. Ces thèques sont constituées de silice hydratée $(SiO2)n (H2O)n$ faiblement cristallisée, et déposée sur une matrice protéique synthétisée par la cellule de diatomée. La structure ornementée et ajourée de la frustule est spécifique de chaque espèce et utilisée pour les déterminations d'espèces. Différentes diatomées centriques du genre *Coscinodiscus* figurent sur cette page.

À DROITE, PHOTO DE MICROSCOPIE ÉLECTRONIQUE À BALAYAGE DE NIELS KROEGER GEORGIA TECH. UNIVERSITY, USA, ET CHRIS BOWLER, ENS, PARIS.

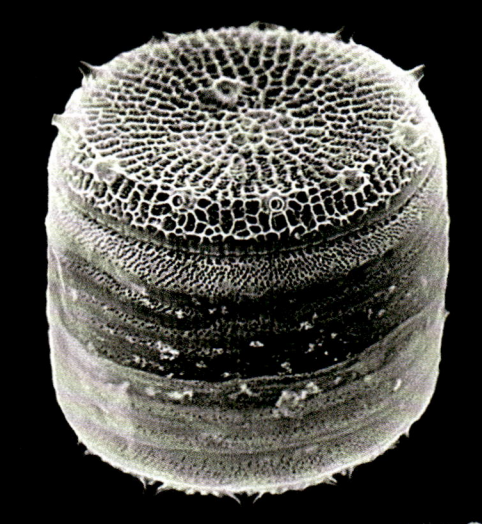

PROTISTES — DINOFLAGELLÉS

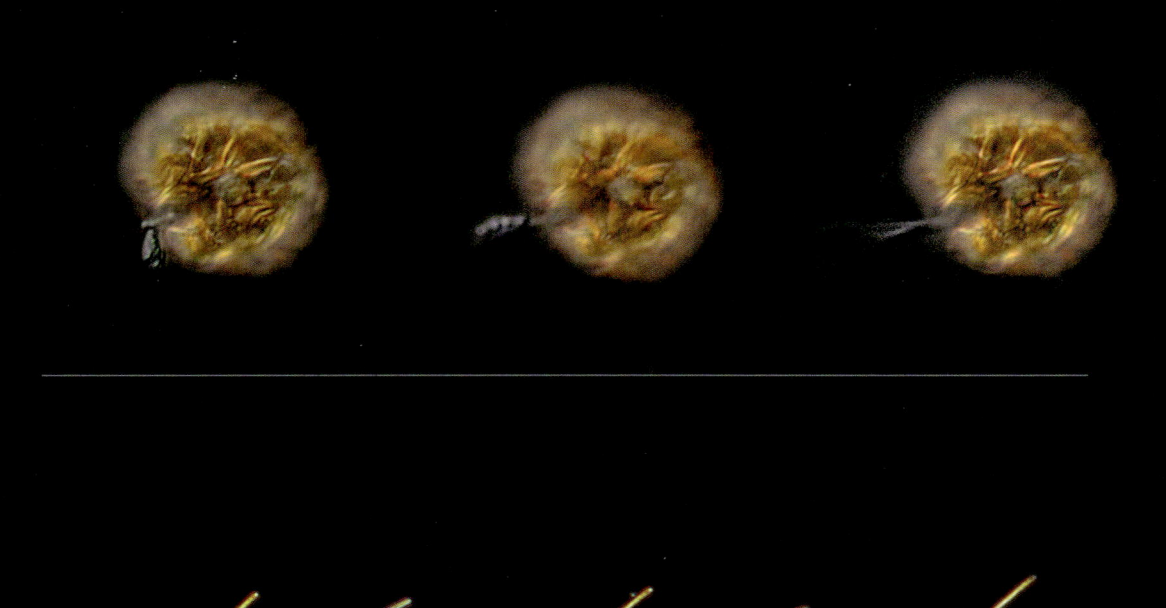

Motilité des dinoflagellés

En haut : *Alexandrium tamarense*, un dinoflagellé producteur de toxines paralysantes, prolifère souvent près des côtes sous forme d'eaux rouges. La cellule mesure de 25 à 50 microns et possède deux flagelles qui la tirent en avant.
Échantillons de la NCMA collection, Bigelow laboratory, Booth Bay, USA.

En dessous : Déplacement des dinoflagellés *Ceratium hexacanthum* en fin de division. Ils se déplacent à l'aide de deux flagelles chacun, un flagelle longitudinal visible sur l'image et un flagelle transversal, invisible ici, situé dans une rigole autour de la cellule. Le flagelle longitudinal propulse la cellule en avant alors que le flagelle transversal la fait tournoyer. Ce mouvement a inspiré le terme dinoflagellé (en grec *dino* = fouets tourbillonnants).
Échantillons de la MCCV : Mediterranean Culture Collection of Villefranche-sur-mer.

Au début de l'été 2012, les dinoflagellés étaient particulièrement abondants dans les filets de mailles 20 microns déployés en baie de Villefranche-sur-Mer.

Page de gauche : La majorité sont des dinoflagellés des genres *Protoperidinium* et *Dinophysis* mesurant entre 30 et 60 microns.

À droite : Différents dinoflagellés du genre *Ceratium*. Leur forme d'ancre est caractéristique du genre et certaines espèces mesurent plusieurs centaines de microns. De gauche à droite : *Ceratium massiliense*, *Ceratium symmetricum*, *Ceratium limulus*, *Ceratium longissimum*.

PROTISTES ——————— DINOFLAGELLÉS

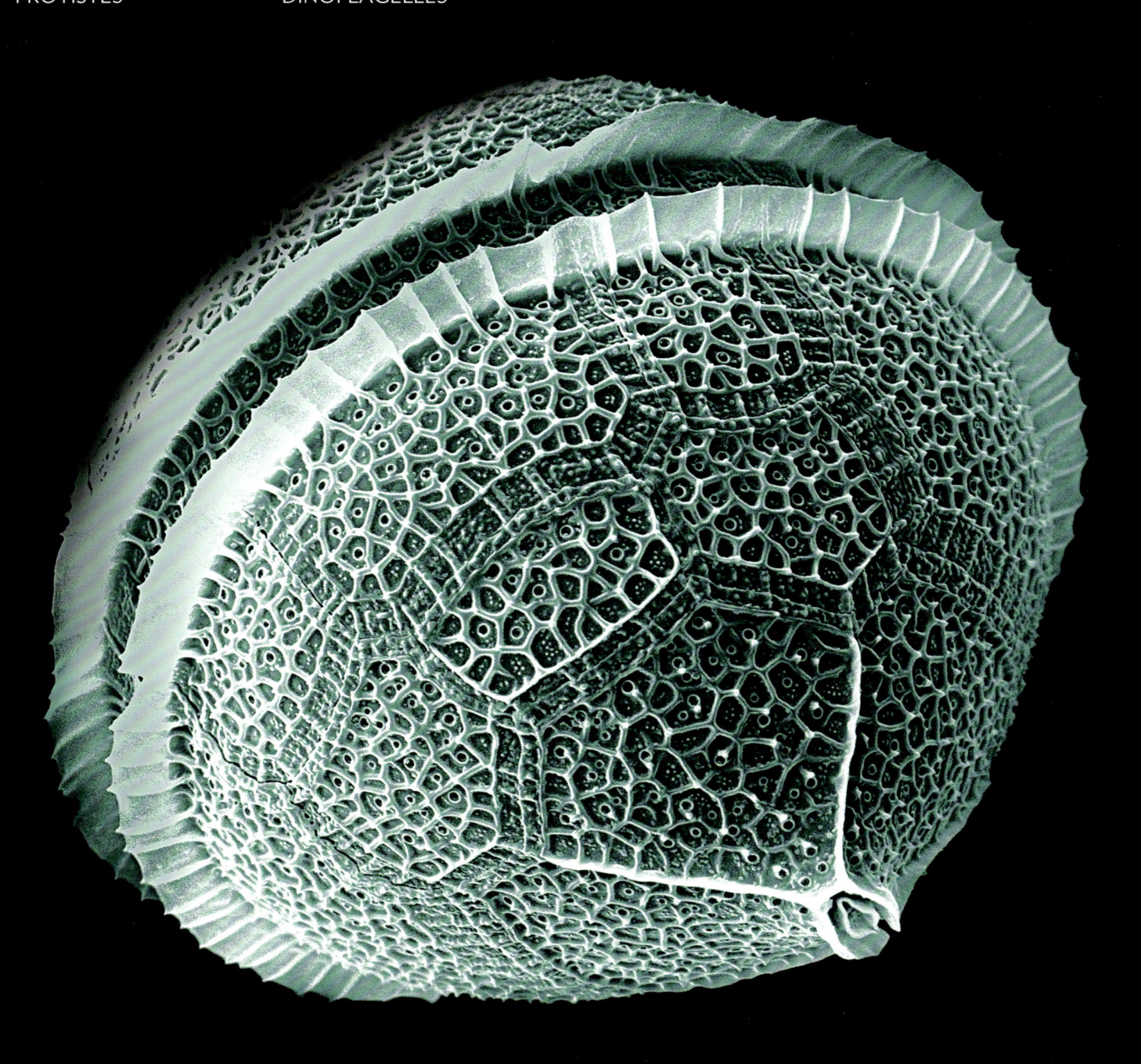

Des cuirasses en cellulose

La plupart des dinoflagellés, comme le *Protoperidinium* sp. du haut, construisent des enveloppes faites de plaques de cellulose appelées thèques. Ces plaques plus ou moins ornementées sont d'abord assemblées sous la surface de la cellule, à l'intérieur de vésicules aplaties, avant d'être sécrétées et assemblées à l'extérieur.

En haut : Photo de microscopie électronique à balayage, Margaux Charmichel, Station biologique de Roscoff, France.

À droite : Le dinoflagellé *Ceratium candelabrum* dont nous avons révélé la thèque à l'aide d'une molécule fluorescent en bleu. Les chloroplastes fluorescent en rouge.

Photo de microscopie optique confocale réalisée avec Christian Rouvière, CNRS, Observatoire Océanologique de Villefranche-sur-Mer.

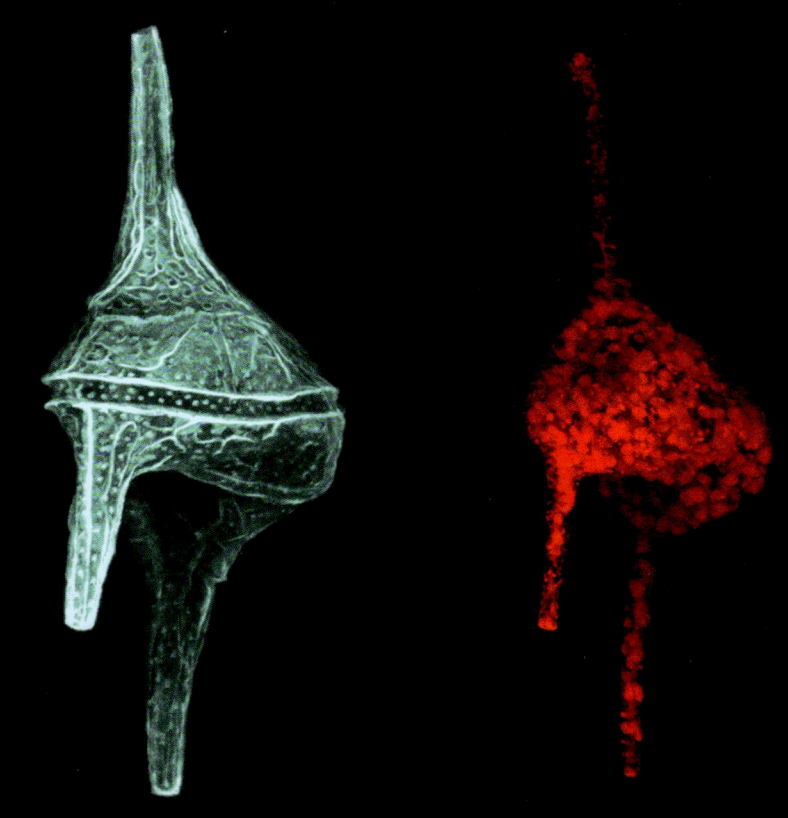

Capter la lumière avec des doigts

En culture, *Ceratium ranipes* adapte sa morphologie à la lumière. L'interprétation est que le dinoflagellé se fait « pousser des doigts » remplis de chloroplastes à chaque lever du soleil, optimisant ainsi ses capacités de photosynthèse ! Lorsque tombe la nuit, les doigts se rétractent, *Ceratium* rejoignant alors les profondeurs. On a longtemps considéré que ces deux formes de *Ceratium*, avec et sans doigts, correspondaient à deux espèces différentes, mais il s'agit en fait de l'adaptation d'une même espèce à son environnement.

Travaux et photos de microscopie électronique à balayage, M.F. Pizay, J. Dolan, R. Lemée, Observatoire Océanologique de Villefranche-sur-Mer.

« Chroniques du Plancton » *Ceratium*

PROTISTES ——————— DINOFLAGELLÉS

Cycles de vie des dinoflagellés

De nombreux dinoflagellés ont des cycles de vie complexes, changeant radicalement d'organisation et d'apparences. Sur cette page, des formes kystiques du genre *Dissodinium* résident à l'intérieur de coques oblongues. Les cellules flagellées de ce genre de dinoflagellé ressemblent aux *Alexandrium tamarense* de la page 65.

ÉCHANTILLON DE LA MCCV : MEDITERRANEAN CULTURE COLLECTION OF VILLEFRANCHE-SUR-MER.

PAGE DE DROITE : Le cycle de vie de *Pyrocystis lunula* inclut un stade dit « coccoïde », contenant à l'intérieur d'une coque des cellules sous forme kystiques et à différents stades de division. Des cellules flagellées sont périodiquement libérées. Cette espèce émet une belle lumière bleue lorsqu'elle est perturbée.

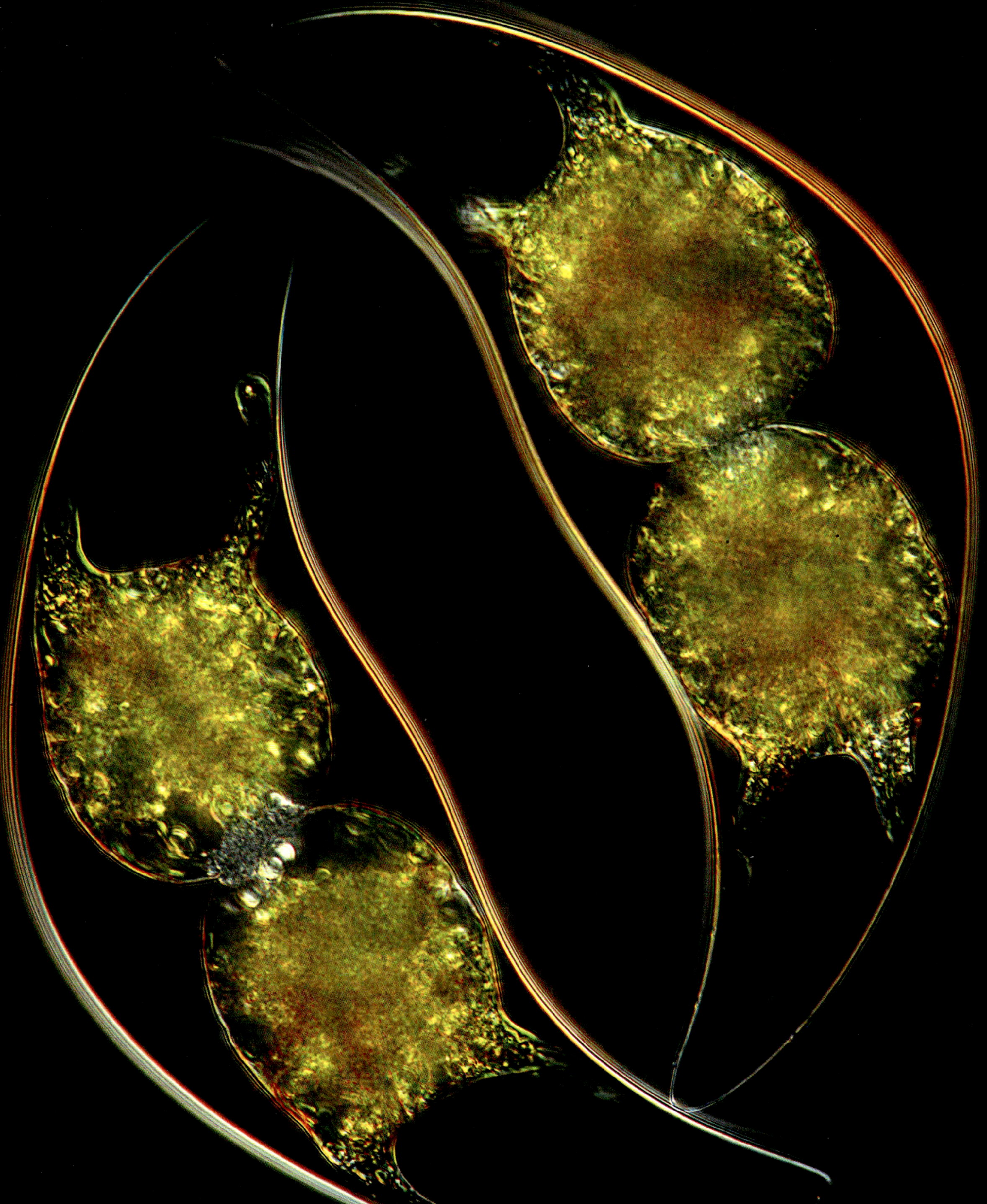

RADIOLAIRES, POLYCYSTINES ET ACANTHAIRES
VÉGÉTAUX ET ANIMAUX À LA FOIS

Les radiolaires incluent les polycystines et les acanthaires qui sont des protistes planctoniques. Constitués d'une seule cellule, ils sont pour la plupart microscopiques, mais il existe également des espèces visibles à l'œil nu. Ces grands radiolaires furent popularisés par Ernst Haeckel au XIXe siècle. Certains radiolaires polycystines vivent en colonies dans une gelée formant des sphères ou boudins translucides qui intriguent les plongeurs. La plupart des 1 000 espèces de radiolaires répertoriées construisent des squelettes en silice très élaborés. Leurs fossiles dans les sédiments, remontant à plus de 500 millions d'années, sont les témoins de l'évolution des océans et du climat. Ils sont utilisés pour déterminer l'origine des réserves d'hydrocarbures. La présence de radiolaires fossilisés dans l'Himalaya est aussi la meilleure preuve des remaniements des plaques tectoniques.

Pour former leurs remarquables structures en forme d'aiguilles et de boucliers ajourés, les acanthaires utilisent du sulfate de strontium à la place de la silice. Véritables amibes, les radiolaires irradient des extensions membranaires appelées « pseudopodes », « rhizopodes » et « axopodes », avec lesquelles ils explorent leur environnement et captent puis absorbent leurs proies, des bactéries, d'autres protistes ou de minuscules animaux.

Comme les coraux, plusieurs espèces de polycystines et d'acanthaires peuvent aussi se montrer coopératives et créer des symbioses durables en abritant de nombreuses micro-algues. Les radiolaires et leurs symbiontes sont ainsi des êtres hybrides à la fois animaux et végétaux. On pourrait presque appeler ces chimères des « végimaux ». Ils se maintiennent généralement dans les couches superficielles des océans ou s'agrègent à la surface, là où l'éclairement est maximal.

Exemple de végimaux, les *Collozoum* sont des radiolaires coloniaux constitués de milliers d'individus partageant une même enveloppe gélatineuse truffée de minuscules micro-algues. D'autres espèces de micro-algues communes (haptophytes) vivent à l'intérieur du cytoplasme du bel acanthaire *Lithoptera*. Ce véritable rapt de cellule est semble-t-il apparu au Jurassique il y a environ 150 à 200 millions d'années, une époque pendant laquelle l'océan était très pauvre en ressources nutritives.

Comme tous les végétaux, les algues symbiontes fabriquent de la matière organique par photosynthèse grâce à l'énergie du soleil, assurant l'alimentation de leurs hôtes radiolaires. En retour, l'hôte soigne ses algues en leur offrant des conditions optimales au niveau des apports en nutriments, de l'exposition au soleil et de la protection face à d'éventuels prédateurs et parasites. Ces harmonieuses coopérations permettent d'affronter les aléas des jungles ou déserts planctoniques !

« Chroniques du Plancton »
Végimaux

LES RADIOLAIRES POLYCYSTINES DE LA BAIE DE VILLEFRANCHE-SUR-MER
Une dizaine de radiolaires *Aulacantha scolymantha* (un phaeodaire), de diamètre proche du millimètre, en compagnie des deux grands radiolaires, *Thalassicolla pellucida* et *Thalassolampe margarodes*, pour lesquels nous proposons un zoom dans les pages suivantes. En bas à gauche, un radiolaire spumellaire collodaire, *Collozoum inerme*, constitué de multiples individus partageant une même enveloppe gélatineuse.

Collecte d'automne avec un filet de mailles 120 microns,
Photo Christian Sardet et Noé Sardet, Parafilms, Montréal.

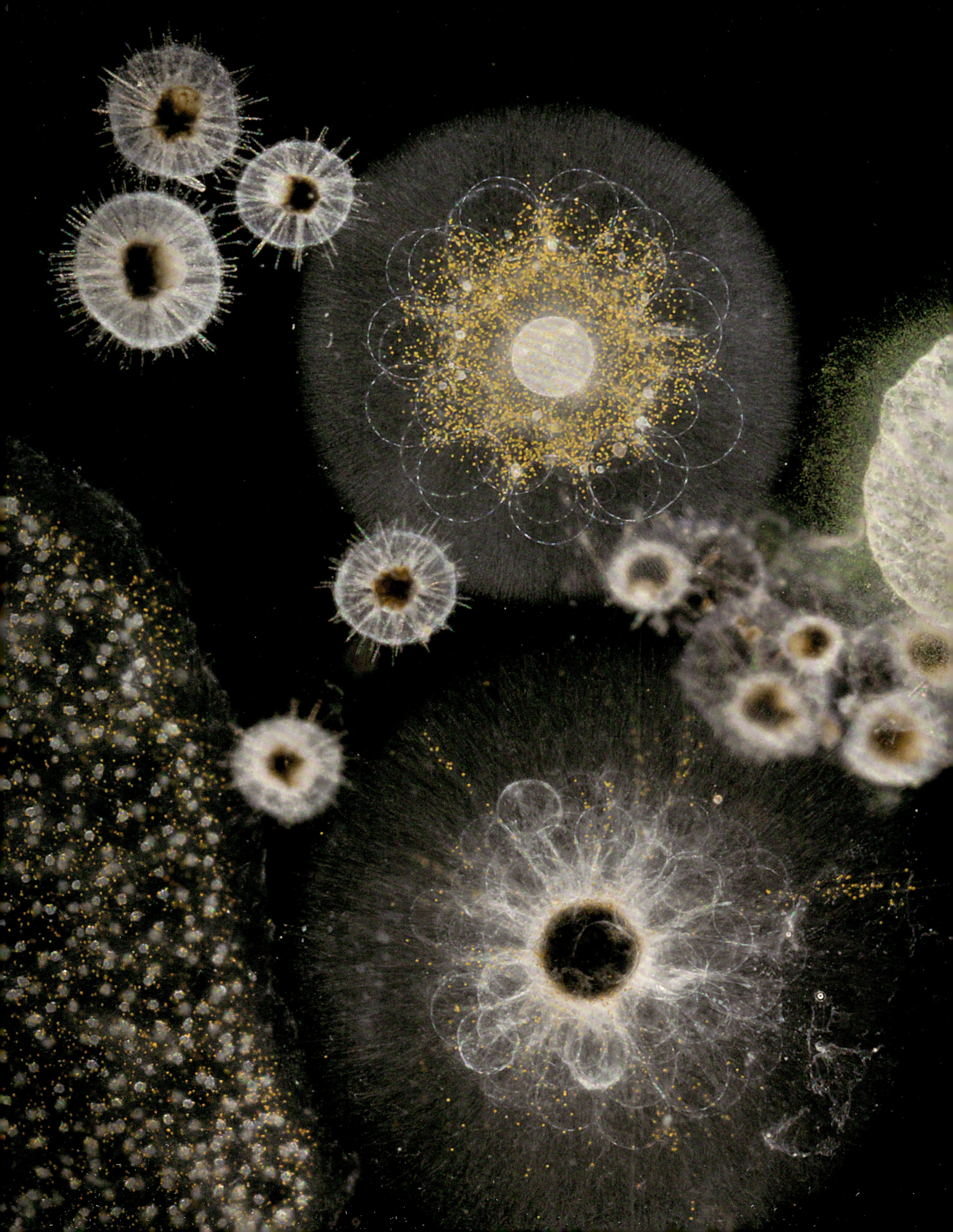

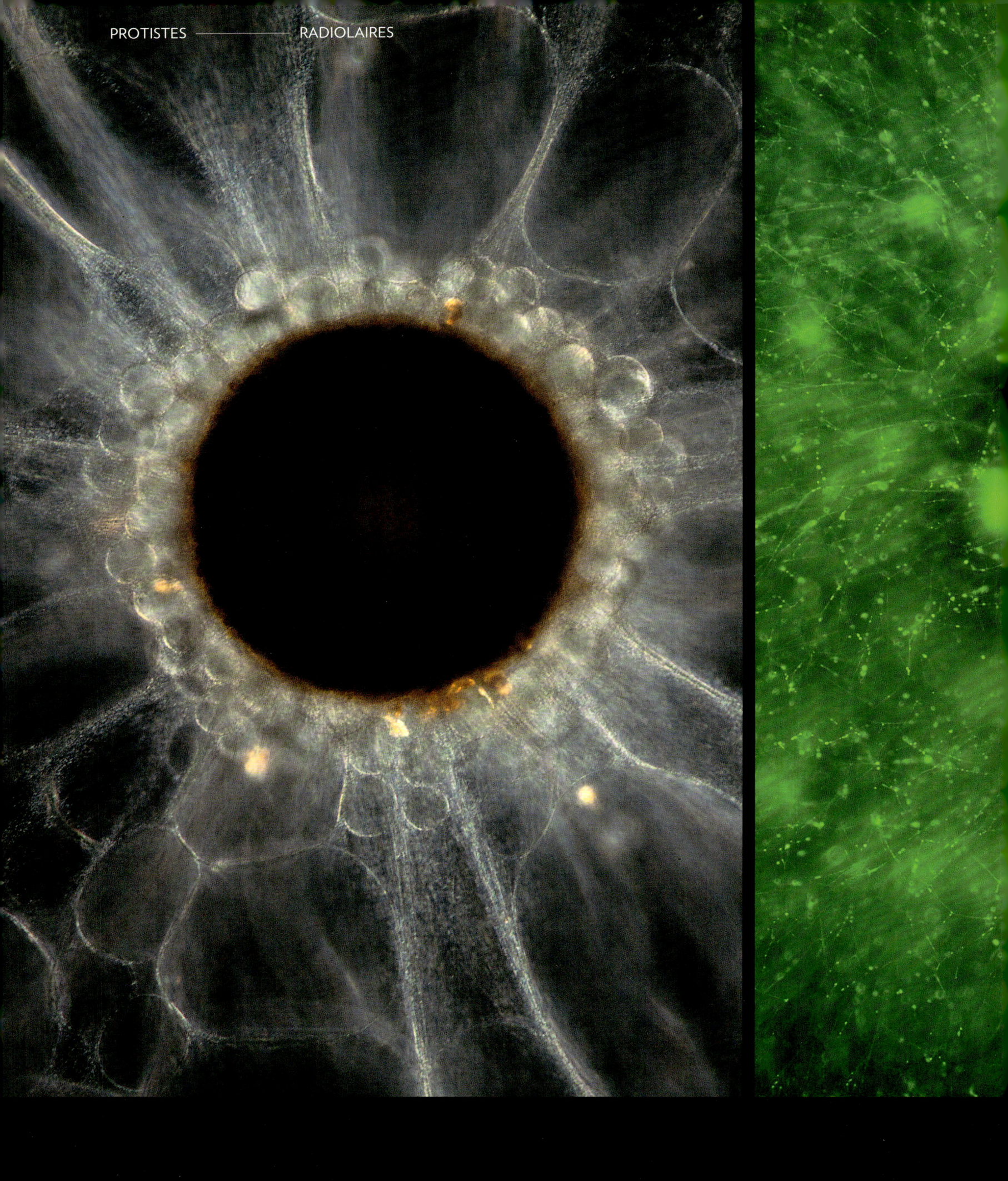

PROTISTES ———— RADIOLAIRES

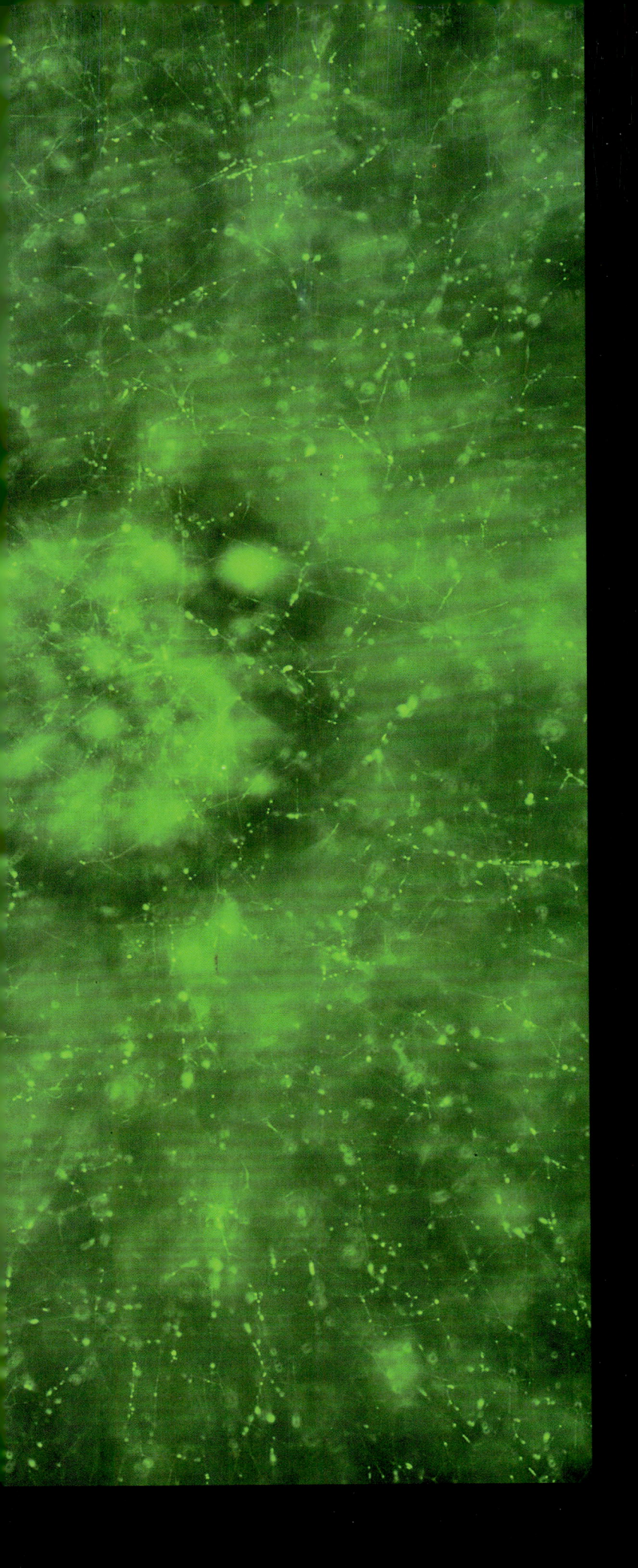

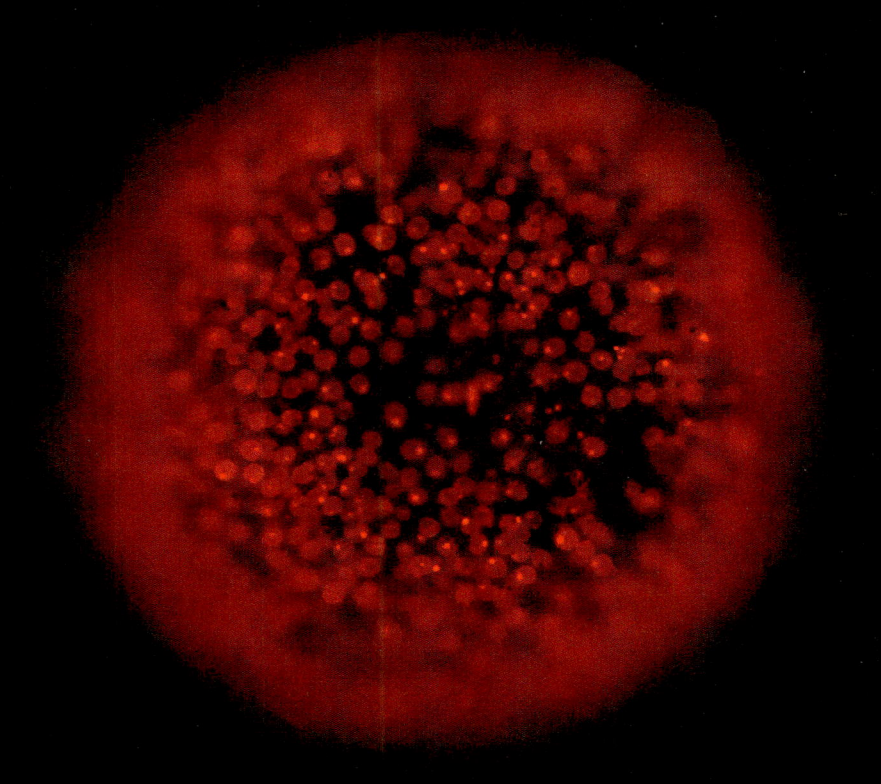

Plongée au cœur d'un radiolaire polycystine

La capsule centrale des radiolaires (à gauche) renferme un ou plusieurs noyaux inclus dans un cytoplasme intérieur appelé endoplasme. Le cytoplasme de cette grande cellule mesurant quelques millimètres est rempli de mitochondries et d'un fin réseau de réticulum endoplasmique révélé par des molécules qui fluorescent en vert (au centre). Chez certains radiolaires comme ce *Thallassolampe* sp. l'endoplasme contient de nombreuses algues symbiotiques dont les pigments chlorophylliens fluorescent en rouge (à droite).

Collecte d'automne dans la baie de Villefranche-sur-Mer avec un filet de mailles 120 microns.

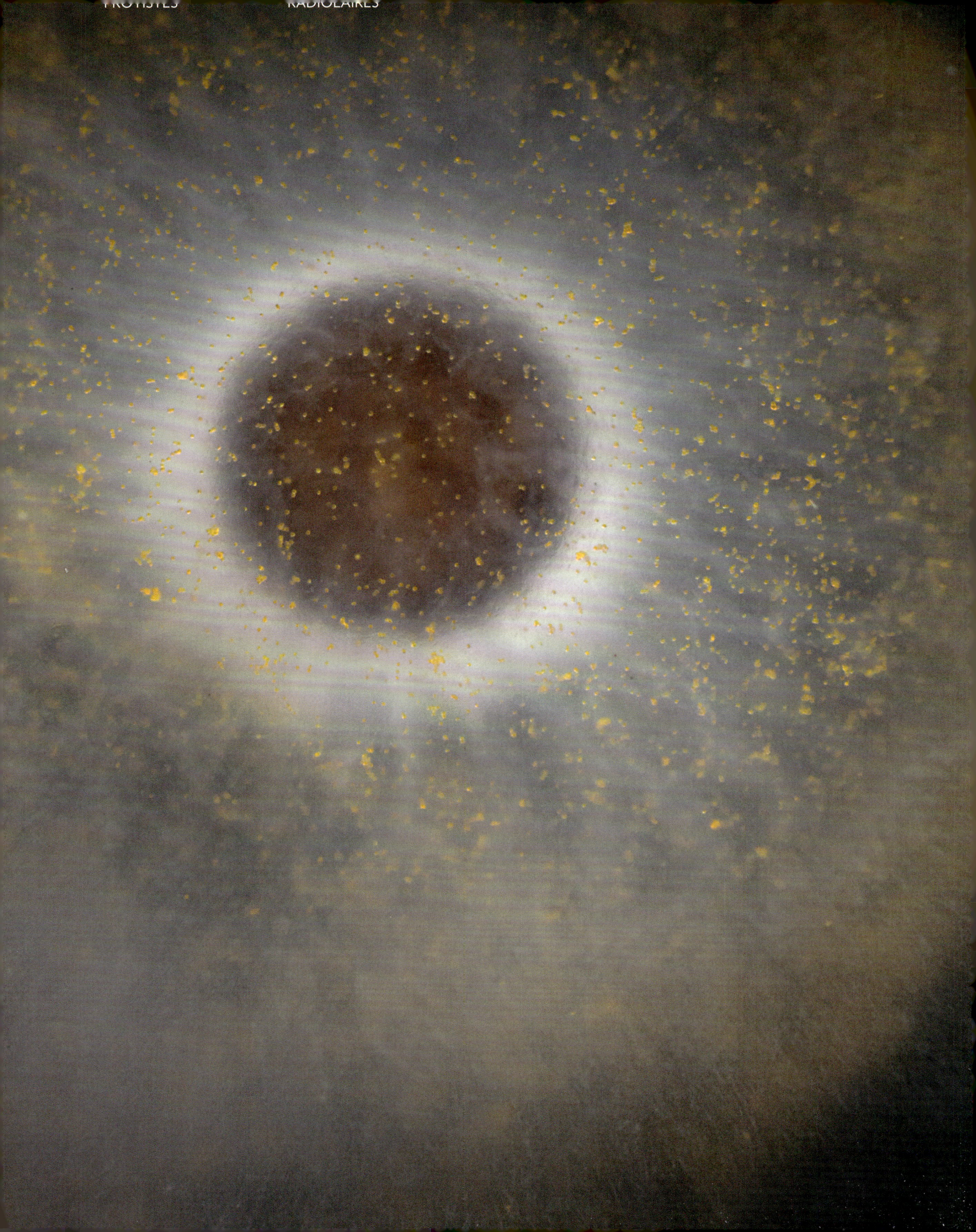

PROTISTES   RADIOLAIRES

Deux sortes de radiolaires

À GAUCHE : Un grand radiolaire *Thalassicola nucleata*, avec en son centre la capsule centrale renfermant le noyau.

À DROITE : Un radiolaire collodaire colonial constitué de multiples individus partageant une gelée commune, avec chacun leur capsule centrale.

Des micro-algues symbiotiques sont perceptibles (petits points ocre) dans les deux cas.

COLLECTE D'AUTOMNE DANS LA BAIE DE VILLEFRANCHE-SUR-MER AVEC UN FILET DE MAILLES 120 MICRONS. PHOTO CHRISTIAN SARDET ET NOÉ SARDET, PARAFILMS, MONTRÉAL.

PROTISTES ——————— RADIOLAIRES

Lors d'efflorescences, les radiolaires *Aulacantha scolymantha* sont si abondants dans les filets qu'ils s'agglutinent, entremêlant leurs épines de silice pour former des grappes. Les analyses récentes de l'ADN montrent que les *Aulacantha scolymantha* généralement considérés comme des radiolaires sont en fait des phaeodaires.

Plancton collecté au printemps en baie de Villefranche-sur-Mer avec un filet de mailles 120 microns. Photo Christian Sardet et Ulysse Sardet.

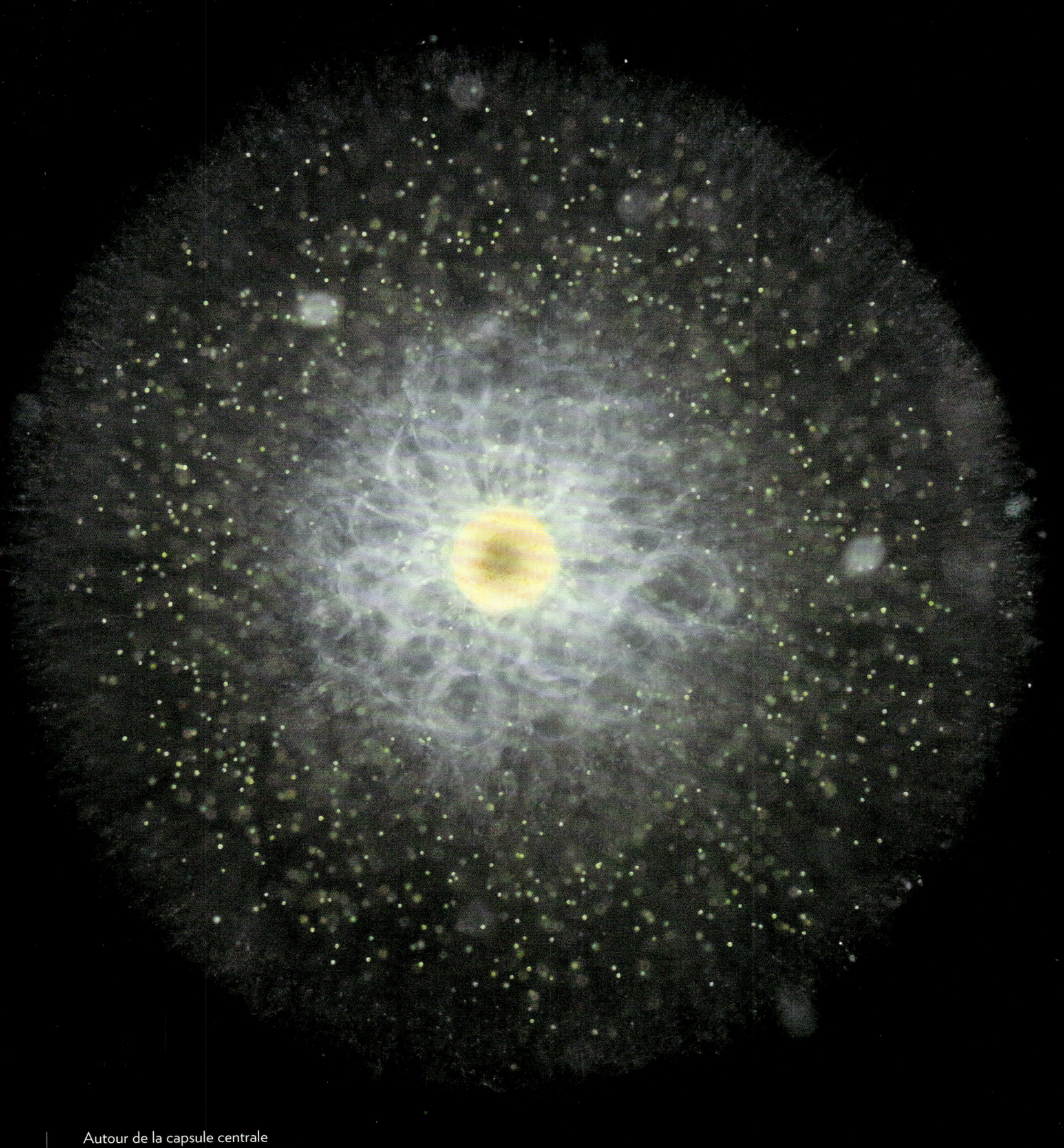

Autour de la capsule centrale (couleur ocre) de ce grand radiolaire collodaire, *Thalassolampe margarodes*, on distingue de larges vésicules. Ces vésicules, ainsi que la gelée et le squelette, régulent la flottabilité et constituent des réserves nutritives. Les petites particules de couleur jaune sont des micro-algues symbiotiques.

Collecte d'automne dans la baie de Villefranche-sur-Mer, avec un filet de mailles 120 microns. Photo Christian Sardet et Noé Sardet, Parafilms, Montréal.

PROTISTES —————— RADIOLAIRES

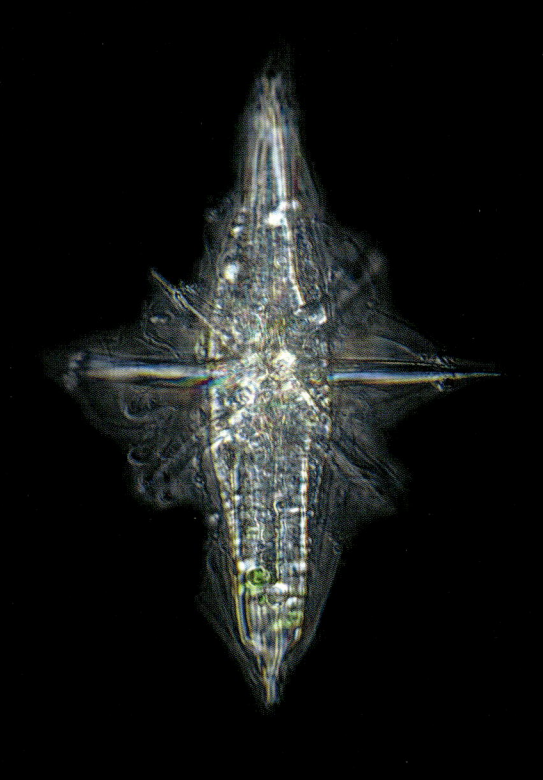

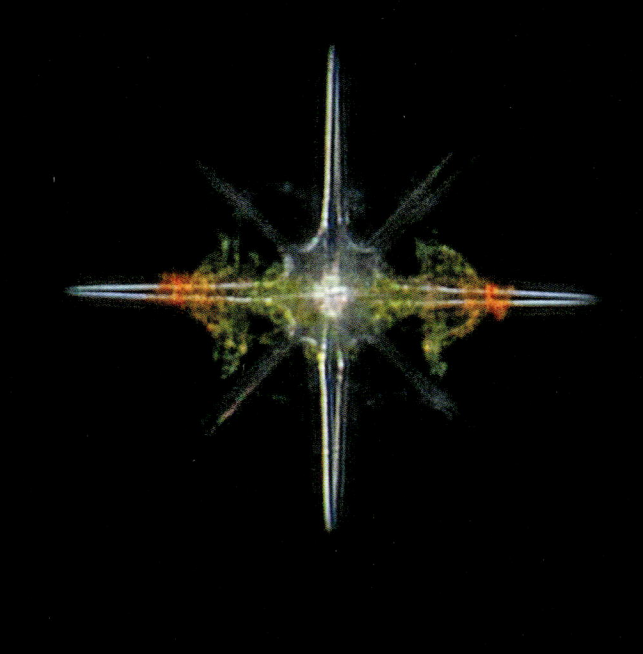

RADIOLAIRES ACANTHAIRES

Ces cinq acanthaires possèdent un squelette constitué, selon les espèces, de 10 ou de 20 épines en sulfate de strontium, appelés aussi spicules. Ces « spicules », qui représentent chacun un cristal, servent de point d'accroche aux filaments contractiles appelés « myonèmes » qui ont pour fonction de contracter ou d'étendre rapidement le cytoplasme autour de la capsule centrale.

De haut en bas et de gauche à droite : *Amphibelone* sp., *Acanthostaurus purpurascens*, *Heteracon* sp. stade de pré-enkystement, *Diploconus* sp., un chaunacanthide.

Plancton collecté au printemps dans la baie de Villefranche-sur-Mer.

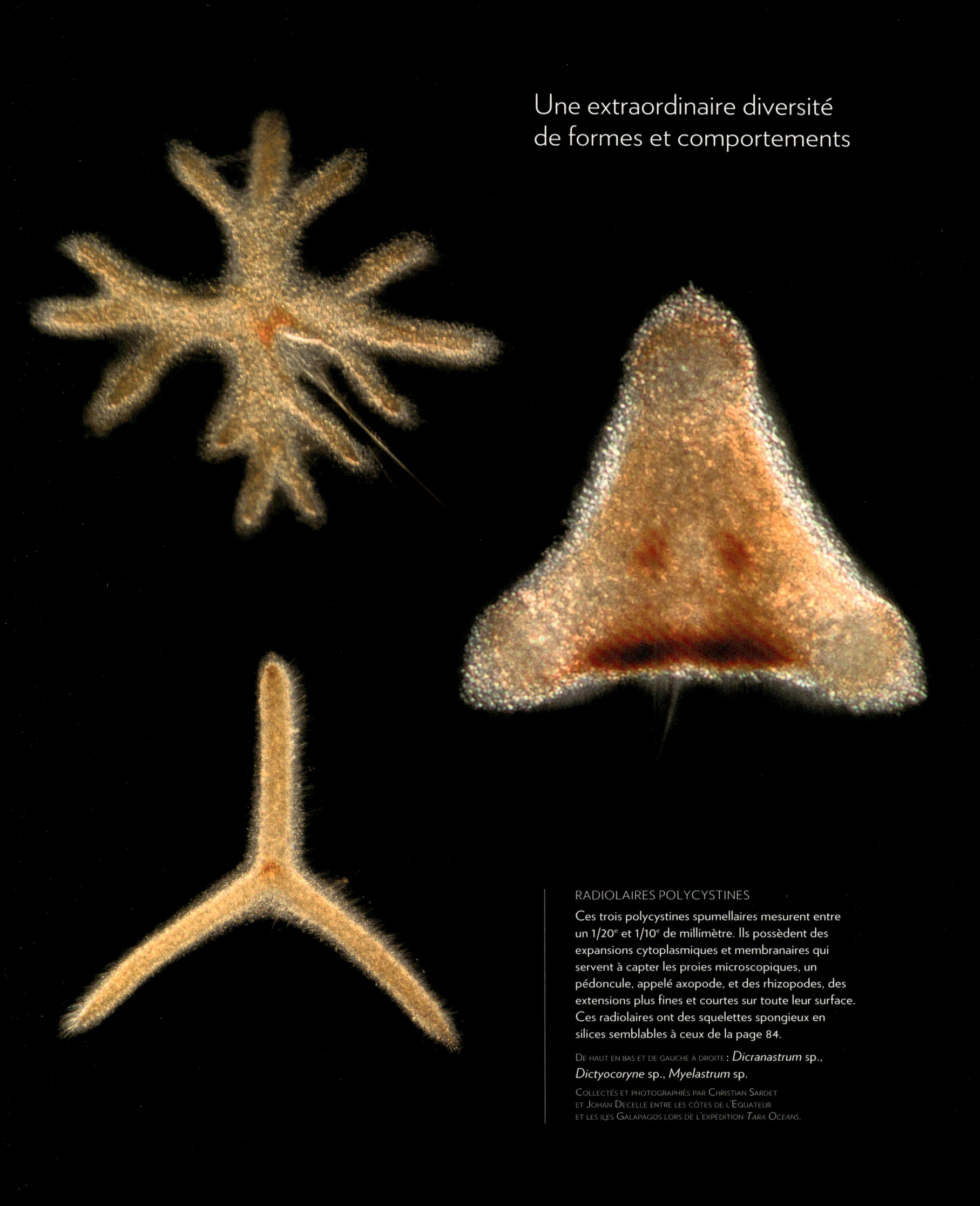

Une extraordinaire diversité de formes et comportements

RADIOLAIRES POLYCYSTINES

Ces trois polycystines spumellaires mesurent entre un 1/20ᵉ et 1/10ᵉ de millimètre. Ils possèdent des expansions cytoplasmiques et membranaires qui servent à capter les proies microscopiques, un pédoncule, appelé axopode, et des rhizopodes, des extensions plus fines et courtes sur toute leur surface. Ces radiolaires ont des squelettes spongieux en silices semblables à ceux de la page 84.

De haut en bas et de gauche à droite : *Dicranastrum* sp., *Dictyocoryne* sp., *Myelastrum* sp.

Collectés et photographiés par Christian Sardet et Johan Decelle entre les côtes de l'Equateur et les îles Galapagos lors de l'expédition *Tara Oceans*.

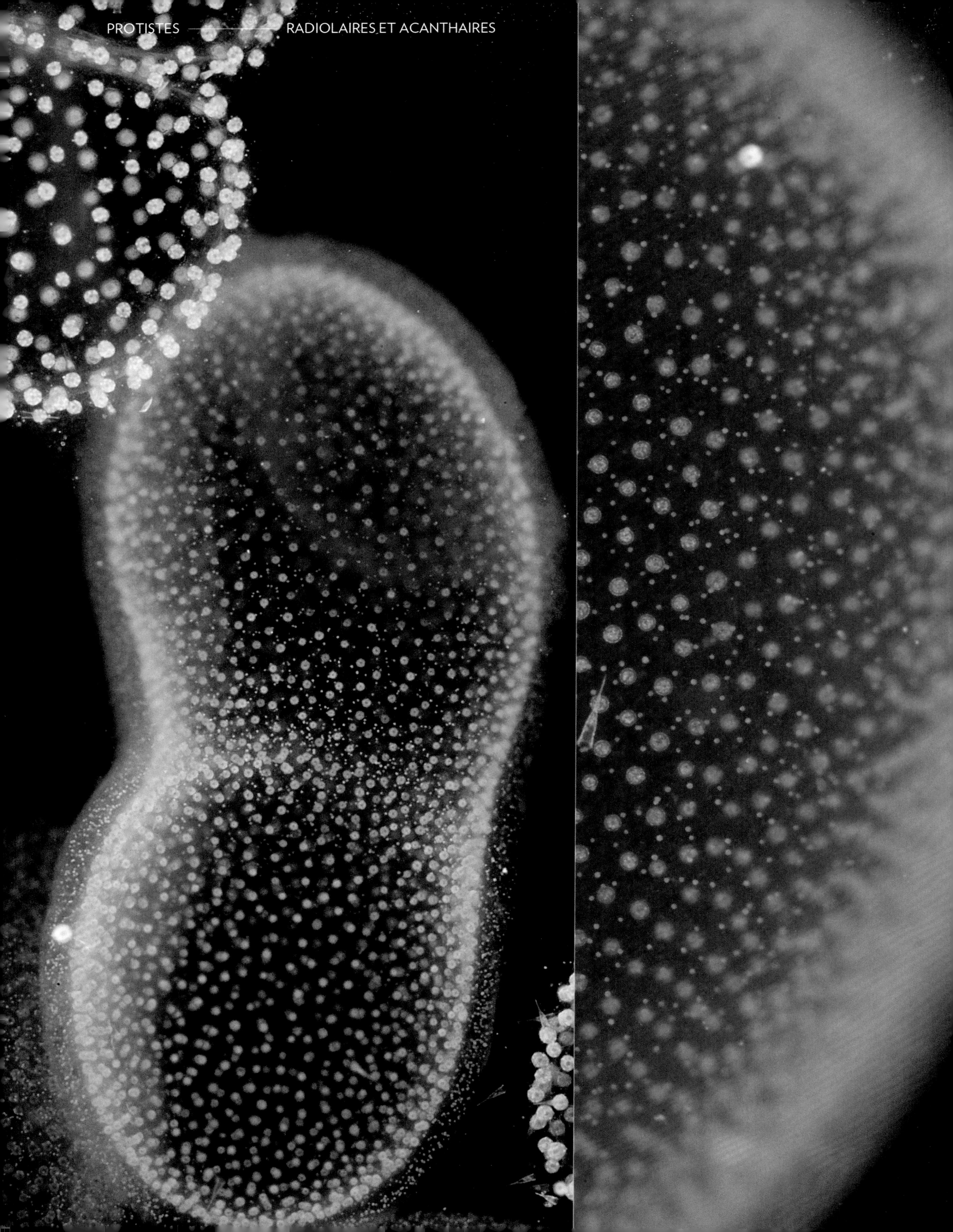

PROTISTES — RADIOLAIRES ET ACANTHAIRES

Dans la gelée d'un radiolaire colonial

Les radiolaires *Collozoum* sp. vivent en colonies en forme de sphères ou boudins mesurant de quelques centimètres à un mètre. Les capsules centrales de chaque individu de la colonie apparaissent comme autant de sphères blanchâtres dans la gelée commune. Les petites particules ocrées sont des micro-algues symbiotiques.

En bas, à droite : Gros plan sur un jeune acanthaire *Lithoptera fenestrata*. Il est englué dans la gelée d'un radiolaire colonial en haut de l'image.

Plancton collecté lors d'une efflorescence hivernale de ces radiolaires en baie de Villefranche-sur-Mer.

PROTISTES ———— ACANTHAIRES

L'acanthaire *Lithoptera*

Décrit pour la première fois à la fin du XIXe siècle, ce *Lithoptera fenestrata*, dont le nom de genre signifie littéralement « aile de pierre », a été collecté en hiver dans la baie de Villefranche-sur-Mer. Mesurant un demi-millimètre, il dérive majestueusement en s'appuyant sur son squelette minéral de sulfate de strontium qui croît avec l'âge. Cet être unicellulaire vit de un à plusieurs mois en sustentation dans l'océan.

Ci-dessus : Le cytoplasme avec ses extensions plus ou moins rigides qui explorent l'environnement en quête de proies. Les quatre masses jaunes sont des algues symbiotiques, des haptophycées du genre *Phaeocystis* vivant à l'intérieur du cytoplasme de l'acanthaire.

Ci-contre : La micro-algue *Phaeocystis* sp. en culture avec ses deux flagelles.

Photographié dans un microscope électronique à balayage par Johan Decelle et Fabrice Not, SBR-CNRS/UPMC, Roscoff.

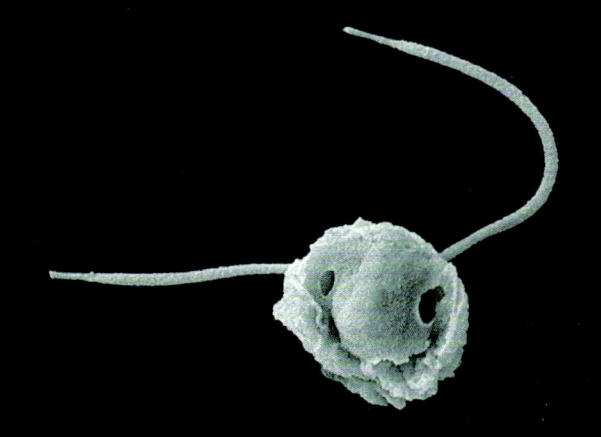

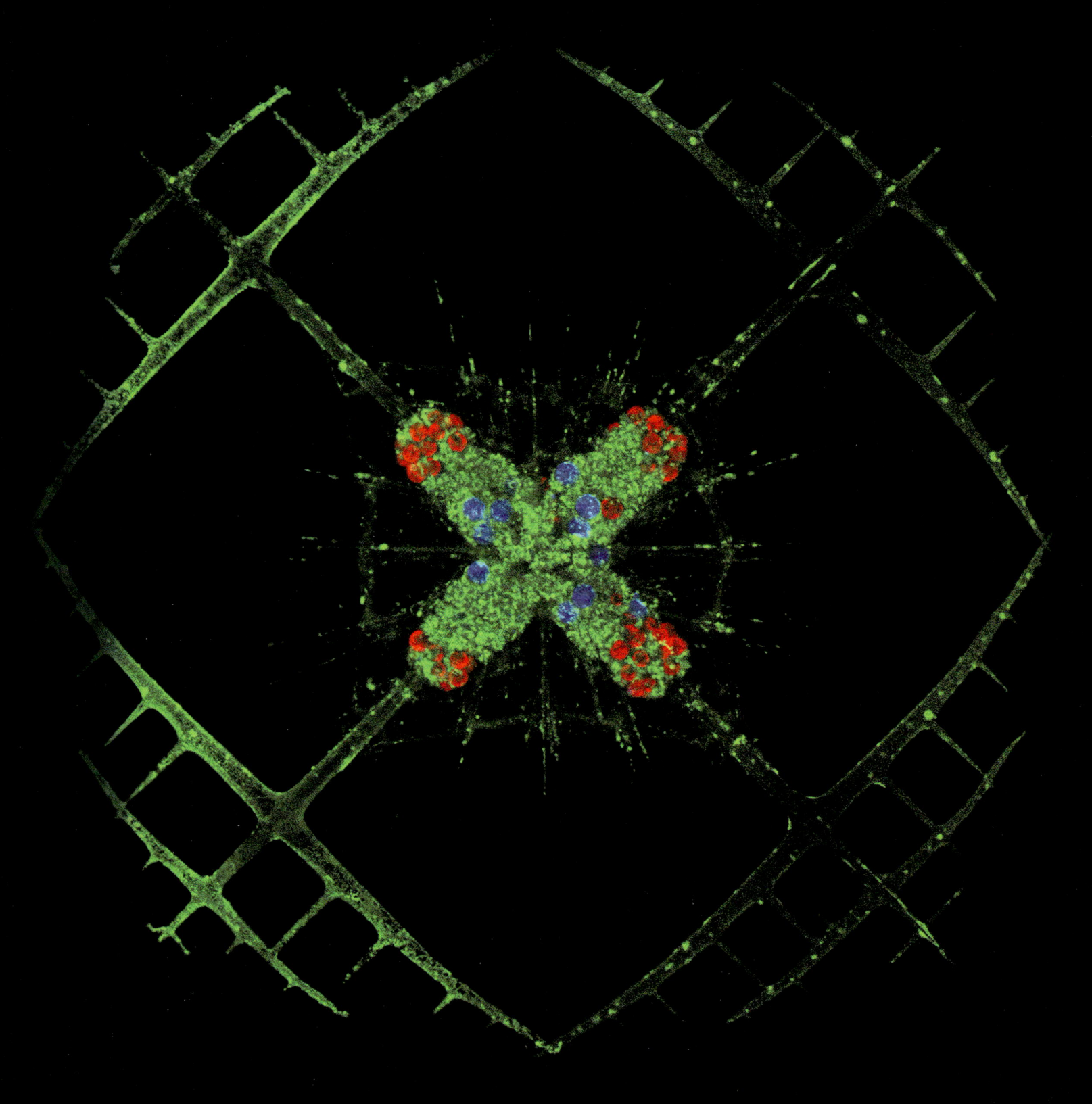

UN SQUELETTE INTRACELLULAIRE EN STRONTIUM

La membrane de cet acanthaire entoure complètement le squelette en sulfate de strontium fabriqué à l'intérieur de la cellule. Le cytoplasme et les extensions membranaires sont révélés par une molécule fluorescente verte. Les chloroplastes des micro-algues symbiotiques du genre *Phaeocystis* fluorescent ici en rouge. Les noyaux de l'acanthaire fluorescent en bleu. Collecté en hiver dans la baie de Villefranche-sur-Mer.

À droite : Le squelette de strontium d'un *Lithoptera* sp.

Photographiés dans un microscope confocal (en haut) et dans un microscope électronique à balayage (a droite) par Sébastien Colin, Johan Decelle, Fabrice Not, Colomban De Vargas, SBR-CNRS/UPMC, Roscoff.

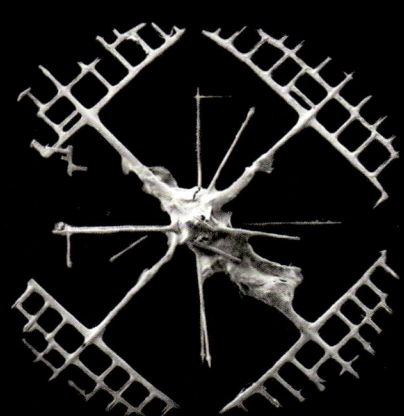

PROTISTES — RADIOLAIRES ET ACANTHAIRES

D'extraordinaires squelettes de silice

Le squelette de silice des radiolaires polycystines est réticulé et possède soit une symétrie axiale [Nassellaires (1,4)] ou sphérique [Spumellaires 2,3,5)]. Les fossiles de radiolaires sont étudiés par les paléontologues pour identifier les couches géologiques et les gisements d'hydrocarbures.

CETTE PAGE EST UN HOMMAGE À JEAN ET MONIQUE CACHON QUI ONT ÉTUDIÉS DE 1960 À 1990 LES RADIOLAIRES À VILLEFRANCHE-SUR-MER ET RÉALISÉS CES PHOTOS AU MICROSCOPE ÉLECTRONIQUE À BALAYAGE. LA PHOTO 5 EST UNE CONTRIBUTION DE FABRICE NOT ET JOHAN DECELLE, SBR-CNRS/UPMC, ROSCOFF. 1) *Pterocanium* sp. 2) *Tetrapyle* sp. 3) *Hexalonche* sp. 4) *Litharachnium* sp. 5) *Didymospyris* sp.

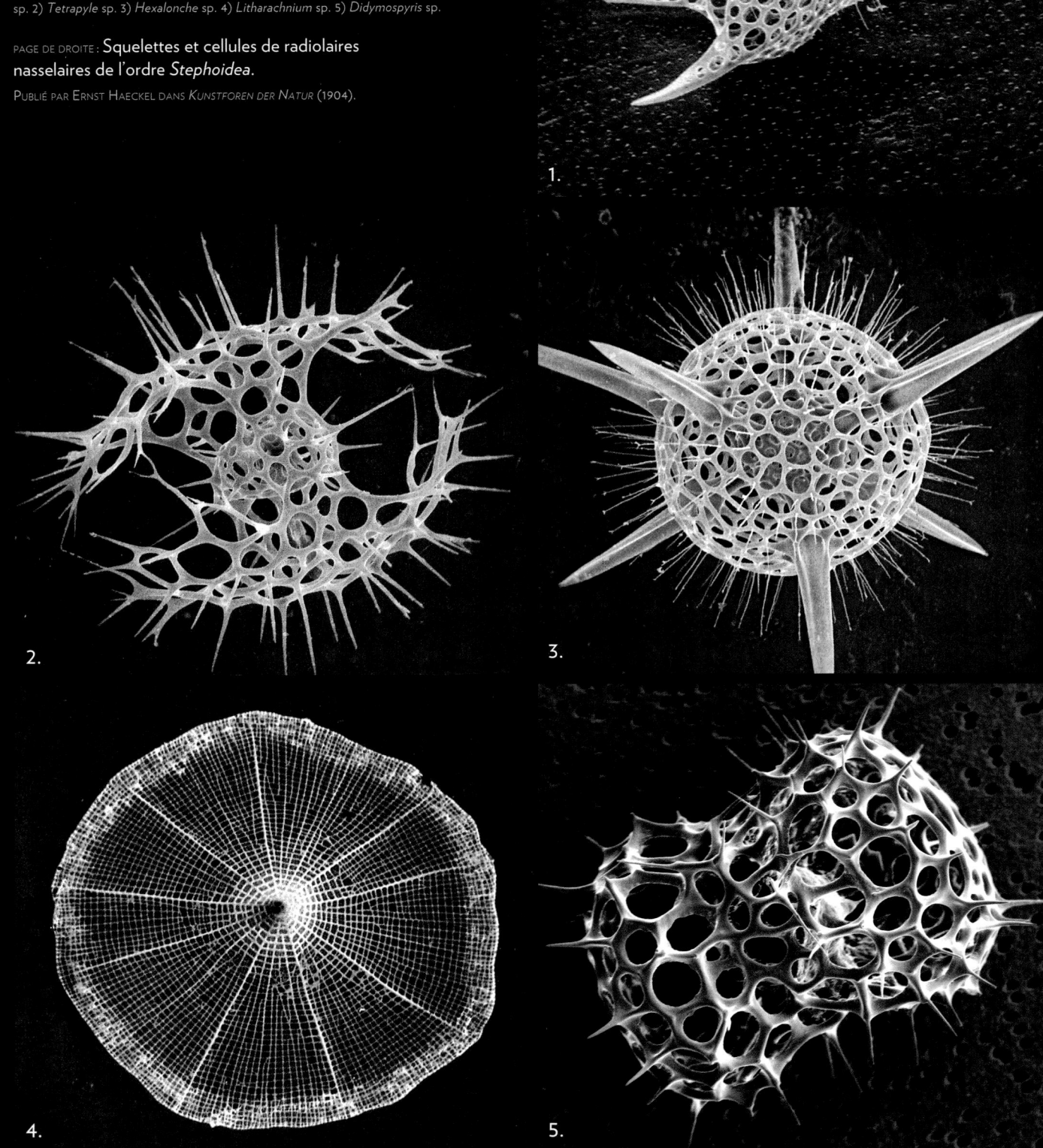

PAGE DE DROITE : Squelettes et cellules de radiolaires nasselaires de l'ordre *Stephoidea*.

PUBLIÉ PAR ERNST HAECKEL DANS *KUNSTFOREN DER NATUR* (1904).

85

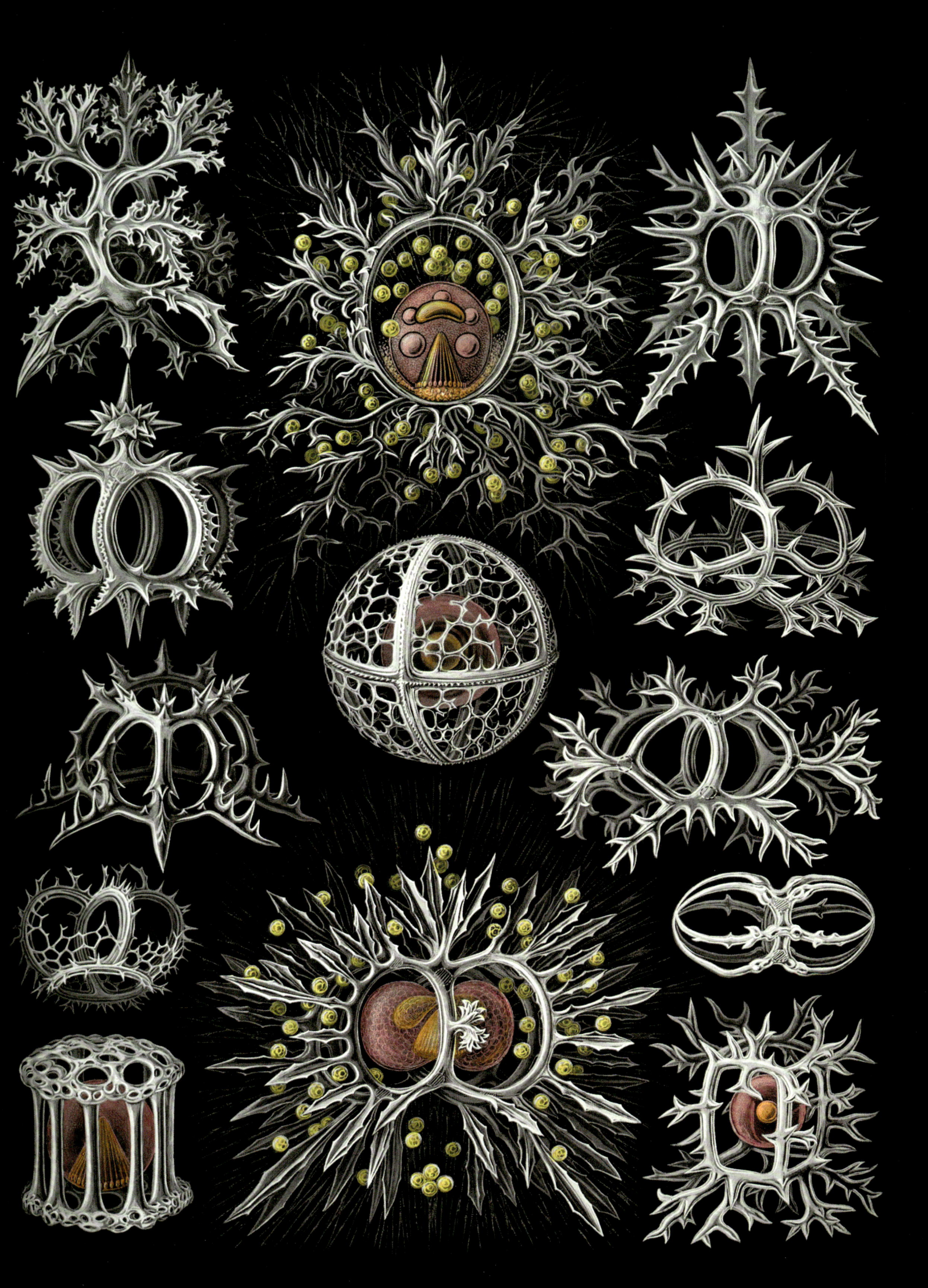

CILIÉS TINTINNIDES et CHOANOFLAGELLÉS
MOTILITÉ ET MULTICELLULARITÉ

Une pléiade de cellules du corps des animaux est ciliée, et nous savons tous que les spermatozoïdes se déplacent avec un flagelle. Les cils et flagelles partagent une même structure multitubulaire interne, remarquablement conservée au cours de l'évolution. Cils et flagelles sont aussi omniprésents chez les unicellulaires. Ils perçoivent et transmettent les signaux de l'environnement, créant des mouvements et courants essentiels aux déplacements et à la nutrition des cellules.
Si les conditions sont favorables à leur développement, un litre d'eau de mer peut renfermer jusqu'à plusieurs millions de ces protistes ciliés et flagellés.

Les ciliés comprennent une dizaine de milliers d'espèces qui habitent les milieux humides. Mesurant de $1/10^e$ à $1/100^e$ de millimètre, ils possèdent généralement des corolles de cils près d'une sorte de bouche appelée « cytostome » et, à leur surface, des rangées de cils dont les mouvements sont coordonnés. Ciliés et flagellés jouent un rôle important dans la chaîne alimentaire, assumant une fonction de broutage des petites cellules, bactéries et protistes de petite taille. En retour, ils sont la proie de protistes plus gros, et du zooplancton.

Parmi les ciliés marins, les tintinnides sont les plus surprenants car les centaines d'espèces répertoriées dans les océans et les sédiments possèdent de remarquables tuniques. On appelle ces tuniques des « lorica », un nom emprunté aux armures des soldats romains. Formées d'une armature protéique, les lorica ont des formes de trompettes, d'amphores, ou de vases, et certaines sont joliment décorées de particules.
Le protiste cilié est attaché au fond, à l'intérieur de sa demeure. Il se contracte ou s'étire, sortant sa corolle de cils hors de la lorica pour se déplacer et, ce faisant, il crée des courants qui guident les proies vers sa bouche. S'il y a danger, le cilié se rétracte rapidement à l'intérieur de sa loge.
Les tintinnides sont des protistes versatiles. Ils ont plusieurs noyaux, peuvent échanger des gènes par conjugaison (une fusion d'individus compatibles) et se divisent par scissions.

Parmi les flagellés, les plus intéressants sont probablement les choanoflagellés. On connaît une centaine d'espèces marines. Elles sont toutes caractérisées par la présence d'un flagelle dont le mouvement crée une aspiration qui entraîne les bactéries au niveau d'une collerette. Cette collerette entourant le flagelle est pleine de filaments musculaires contractiles assurant capture et ingestion des proies. En outre, certains « choanoflagellés » sécrètent une élégante loge ou thèque.
Du point de vue de l'évolution, les choanoflagellés, qui ressemblent étrangement aux « choanocytes » — les cellules nourricières des éponges — sont considérés comme le groupe frère des animaux. Les choanoflagellés sont peut-être même à l'origine de la multicellularité qui caractérise les animaux et les plantes. Par exemple, les petites cellules individuelles de l'espèce *Salpingoeca rosetta* ont la capacité de former des colonies en s'associant en rosettes par le côté opposé au flagelle. On s'est récemment aperçu que cette capacité à former des communautés était régulée par des molécules sécrétées par une bactérie. Se pourrait-il que les abondantes bactéries des océans aient présidé à l'émergence des premiers animaux ?

CILIÉ TINTINNIDE DANS SA LORICA
Ce tintinnide, *Rhabdonella spiralis*, a été découvert en 1881 par Hermann Fol, l'un des fondateurs de la station marine de Villefranche-sur-Mer.
À GAUCHE : L'animal est au fond de sa lorica.
À DROITE : L'animal est à l'embouchure, et a déployé sa corolle ciliée.
CONTRIBUTION DE JOHN DOLAN, CNRS/OBSERVATOIRE OCÉANOLOGIQUE DE VILLEFRANCHE-SUR-MER, DONT UNE PARTIE DE LA COLLECTION DE PHOTOS DE TINTINNIDES FIGURE DANS CE CHAPITRE.

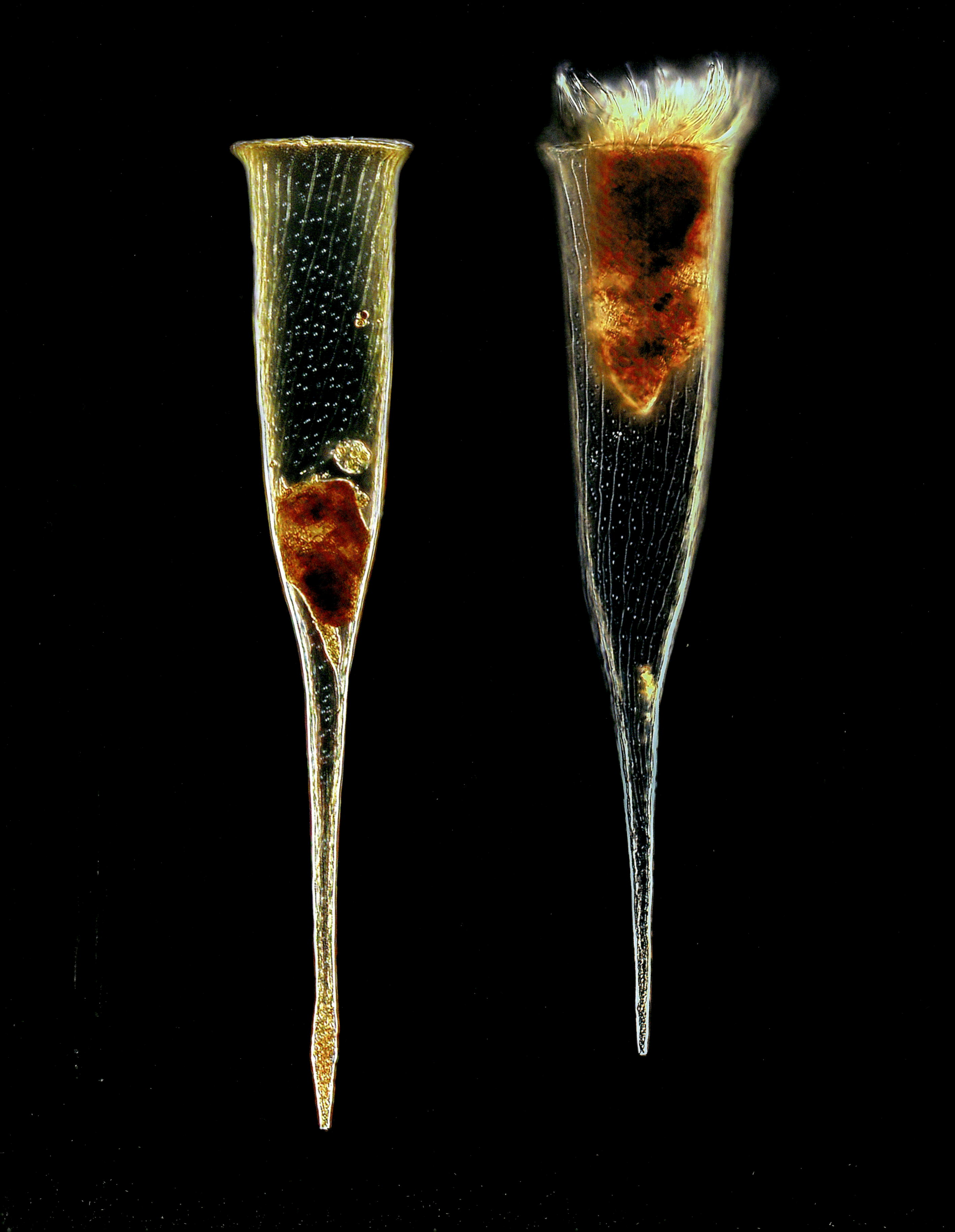

CILIÉS ——— TINTINNIDES

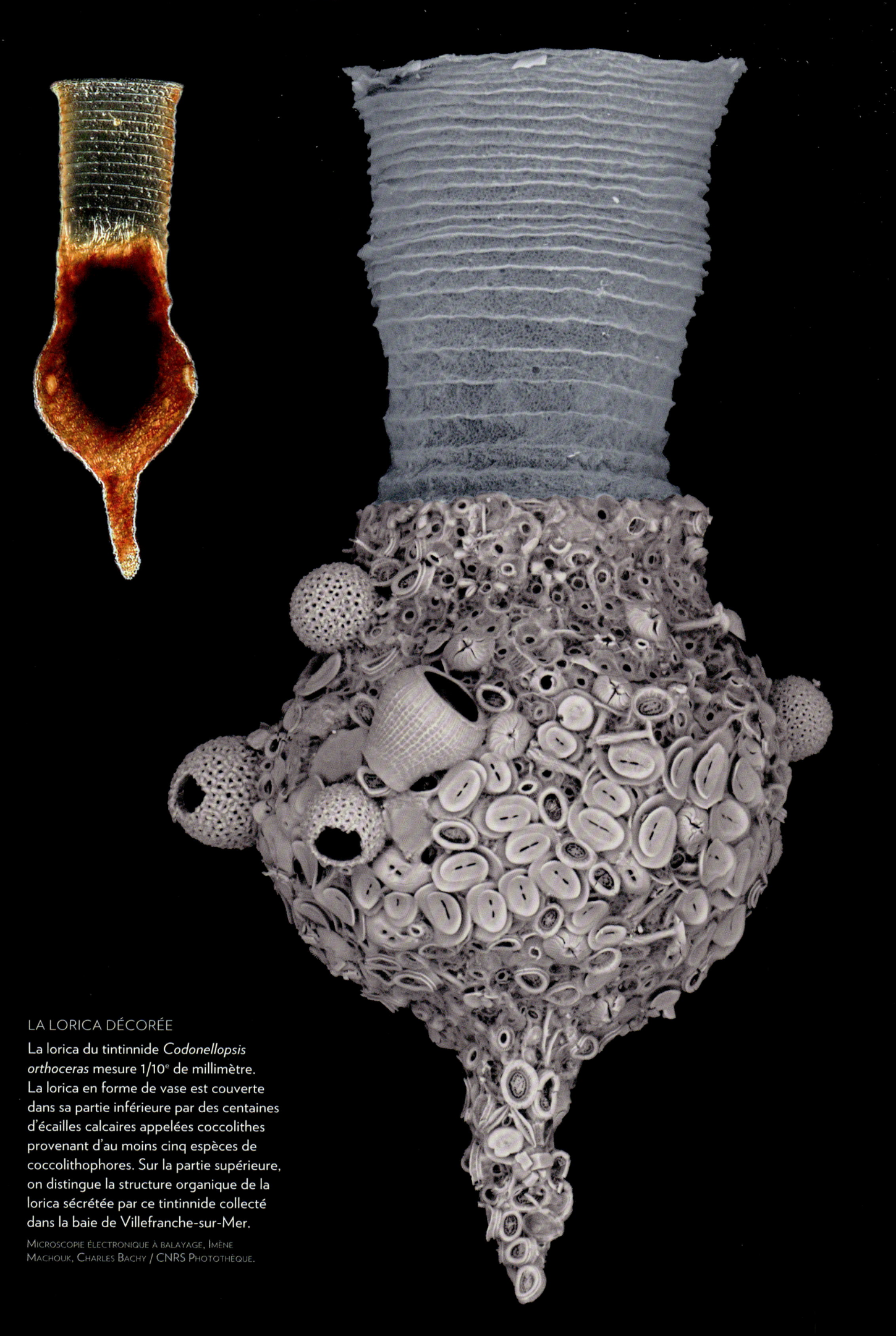

LA LORICA DÉCORÉE

La lorica du tintinnide *Codonellopsis orthoceras* mesure 1/10e de millimètre. La lorica en forme de vase est couverte dans sa partie inférieure par des centaines d'écailles calcaires appelées coccolithes provenant d'au moins cinq espèces de coccolithophores. Sur la partie supérieure, on distingue la structure organique de la lorica sécrétée par ce tintinnide collecté dans la baie de Villefranche-sur-Mer.

MICROSCOPIE ÉLECTRONIQUE À BALAYAGE, IMÈNE MACHOUK, CHARLES BACHY / CNRS PHOTOTHÈQUE.

Le tintinnide fabrique et décore sa lorica

Différentes espèces de tintinnides fabriquent des lorica dans lesquelles ils peuvent se réfugier. Les lorica ont des formes caractéristiques de l'espèce. Certaines, ressemblant à des amphores, sont opaques et décorées (de gauche à droite *Codonellopsis schabi*, *Stenosomella ventricosa*, *Dictyocysta lepida*), alors que d'autres ressemblent à des trompes transparentes nues (*Xystonella lohmanni*, *Salpingella acuminata*, *Rhizodomus tagatzi*). On suppose que ces lorica protègent l'animal de la prédation.

CONTRIBUTION DE JOHN DOLAN, CNRS/OBSERVATOIRE OCÉANOLOGIQUE DE VILLEFRANCHE-SUR-MER.

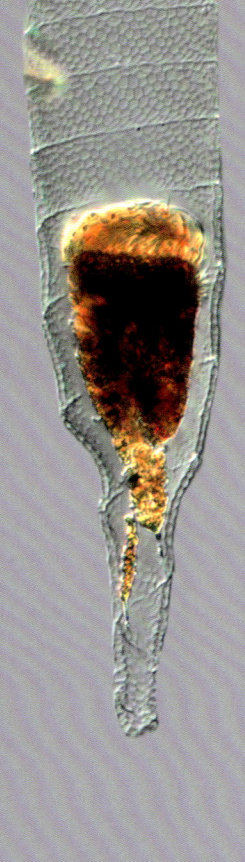

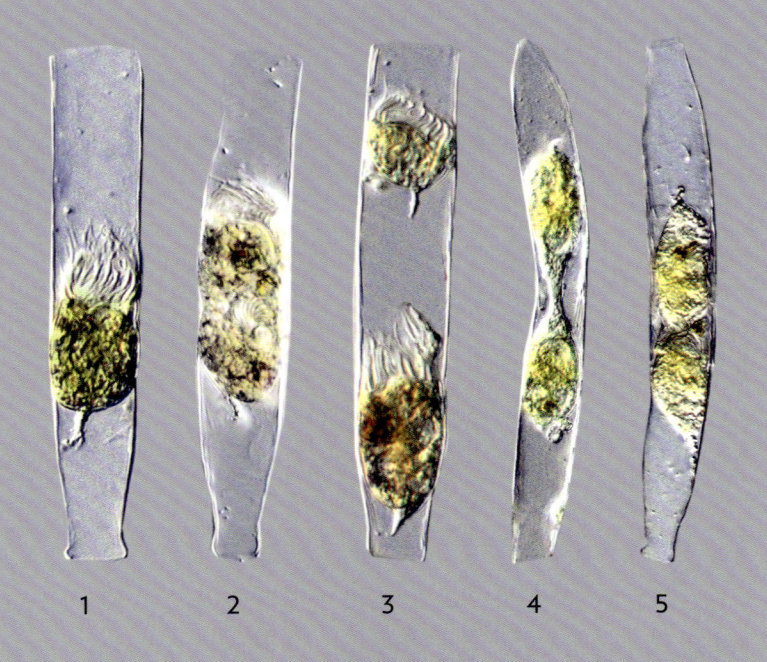

Reproduction, scission et conjugaison

Le cycle de vie de ce tintinnide, *Eutintinnus inquilinus*, est observé à travers sa lorica transparente :

1. Le tintinnide avec sa corolle de cils dans sa lorica.
2. Il commence à se reproduire par scission en deux individus.
3. Il s'est divisé. La nouvelle cellule en haut va sortir pour se construire une lorica.
4. Un stade de début de conjugaison entre deux individus.
5. Les deux individus échangent du matériel génétique à travers un pont cytoplasmique.

CONTRIBUTION DE JOHN DOLAN, CNRS/OBSERVATOIRE OCÉANOLOGIQUE DE VILLEFRANCHE-SUR-MER.

CILIÉS — CHOANOFLAGELLÉS

Choanoflagellés avec ou sans lorica

Les choanoflagellés sont des protistes de petite taille, quelques microns tout au plus. On compte trois grandes familles comprenant environ 150 espèces, la plupart marines. Les choanoflagellés des familles de *Salpingoecidae* et *Anthocidae* fabriquent de simples thèques ou lorica couvrant l'extérieur de la cellule. Dans la famille des *Anthocidae*, les lorica sont renforcées par des côtes en silice comme chez ce *Plathypleura infundibuliformis*. Cette structure siliceuse dentelée mesure une dizaine de microns. Elle sert de filtre pour les particules attirées par les courants créés par le flagelle de l'animal situé au fond de la lorica.

COLLECTÉ DANS LE GULF STREAM, PRÈS DES COTES DE FLORIDE. PHOTO EN MICROSCOPIE ÉLECTRONIQUE, PER FLOOD / BATHYBIOLOGICA.

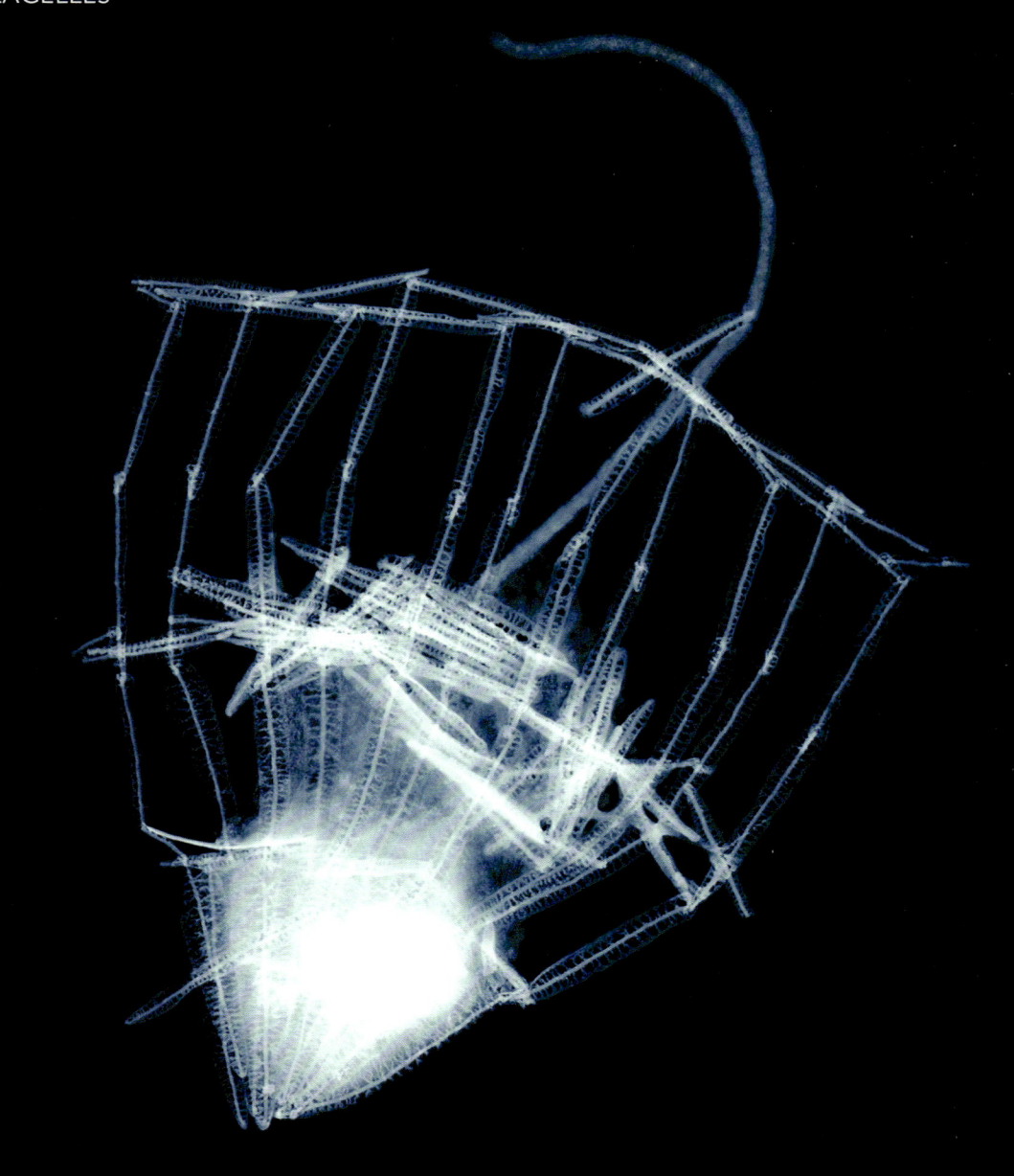

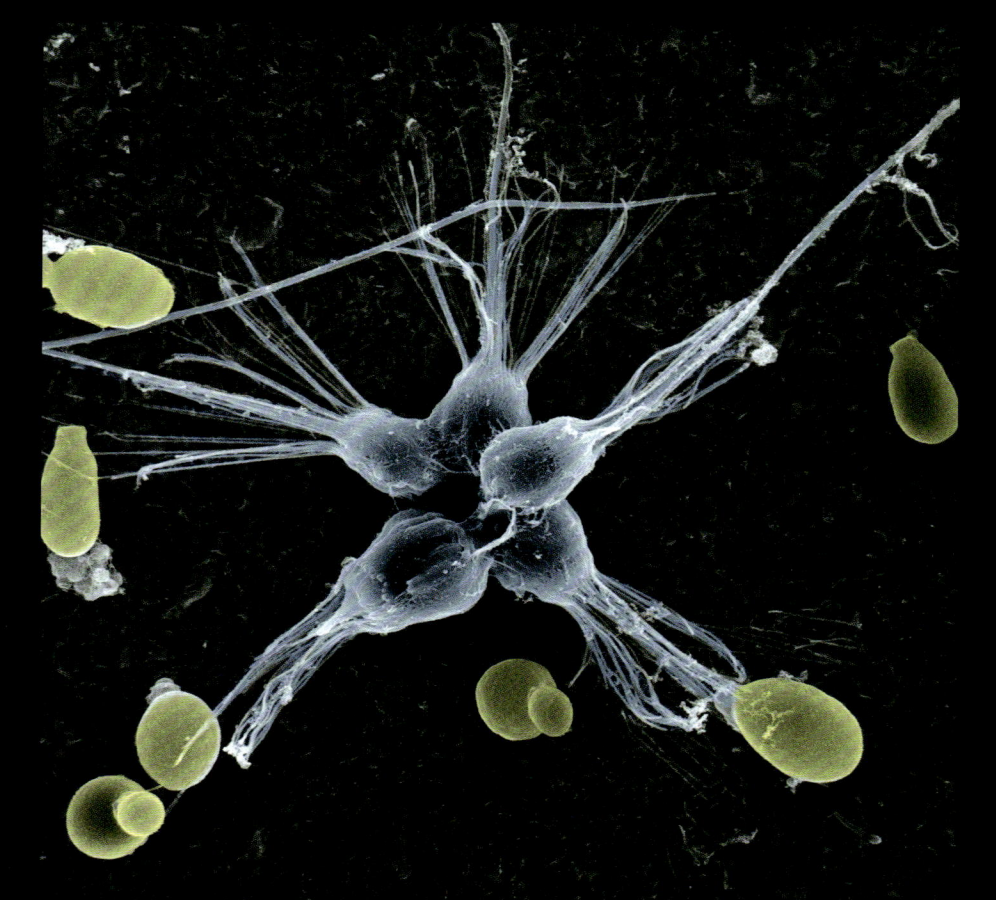

À l'origine de la multicellularité

Les cellules de choanoflagellés sont caractérisées par une corolle de microvillosités en doigt de gant entourant un long flagelle. Ces microvillosités sont dynamiques grâce à la présence d'actines, des protéines ressemblant à celles de nos muscles. Cette structure leur sert pour se mouvoir et se nourrir. Les individus vivent en solitaire, parfois se fixent (à droite), ou se regroupent en colonies. Peut-être sont-ils à l'origine de la multicellularité. Les cellules de cette espèce, *Salpingoeca rosetta*, restent accolées par le côté opposé à celui portant le flagelle après division par scission. Les petites cellules colorisées en jaune sont des levures bourgeonnantes mesurant 2 à 3 microns.

PHOTOS EN MICROSCOPIE ÉLECTRONIQUE À BALAYAGE DE MARK DAYEL. MARK@DAYEL.COM

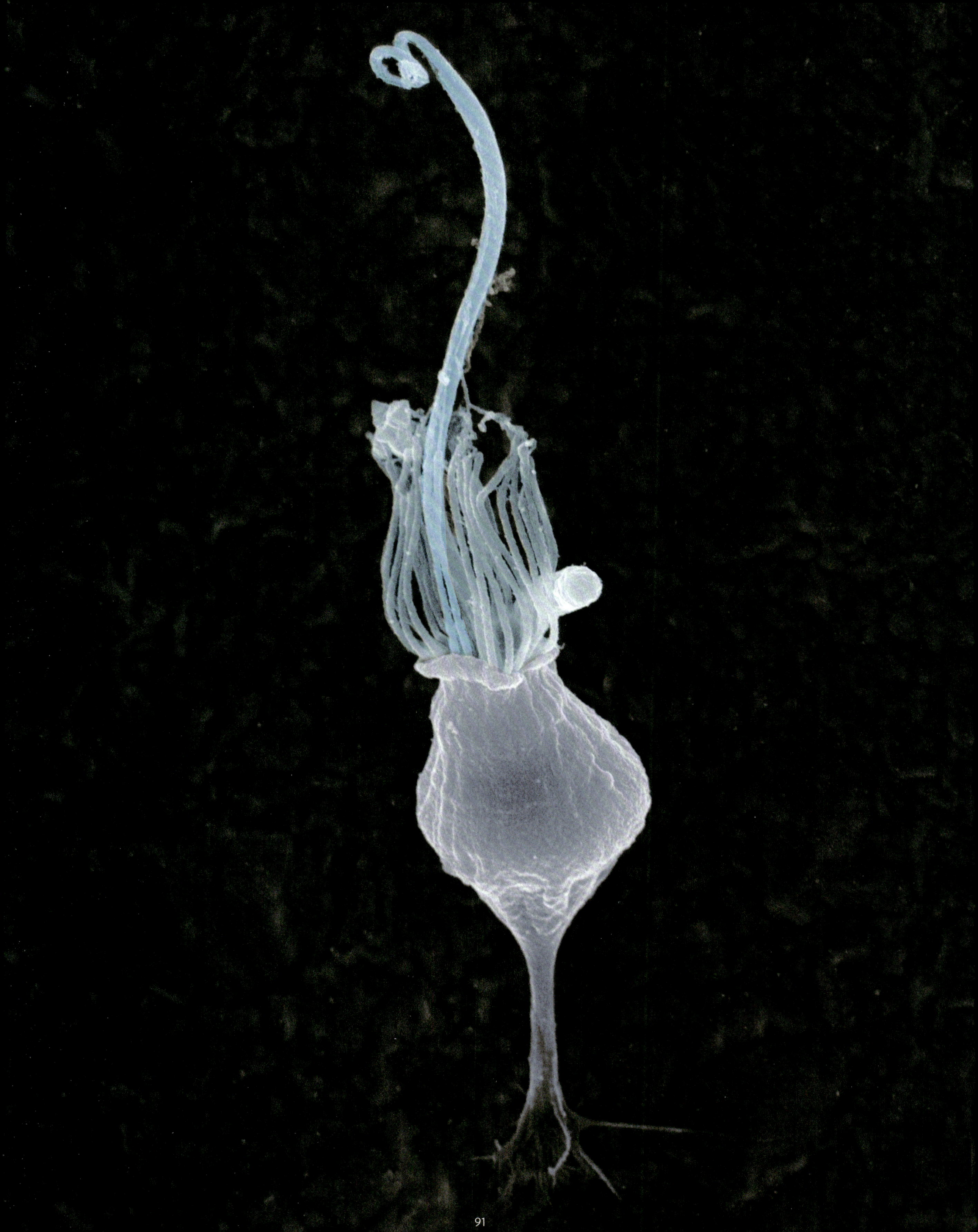

1 cm

CNIDAIRES et CTÉNOPHORES
Formes ancestrales

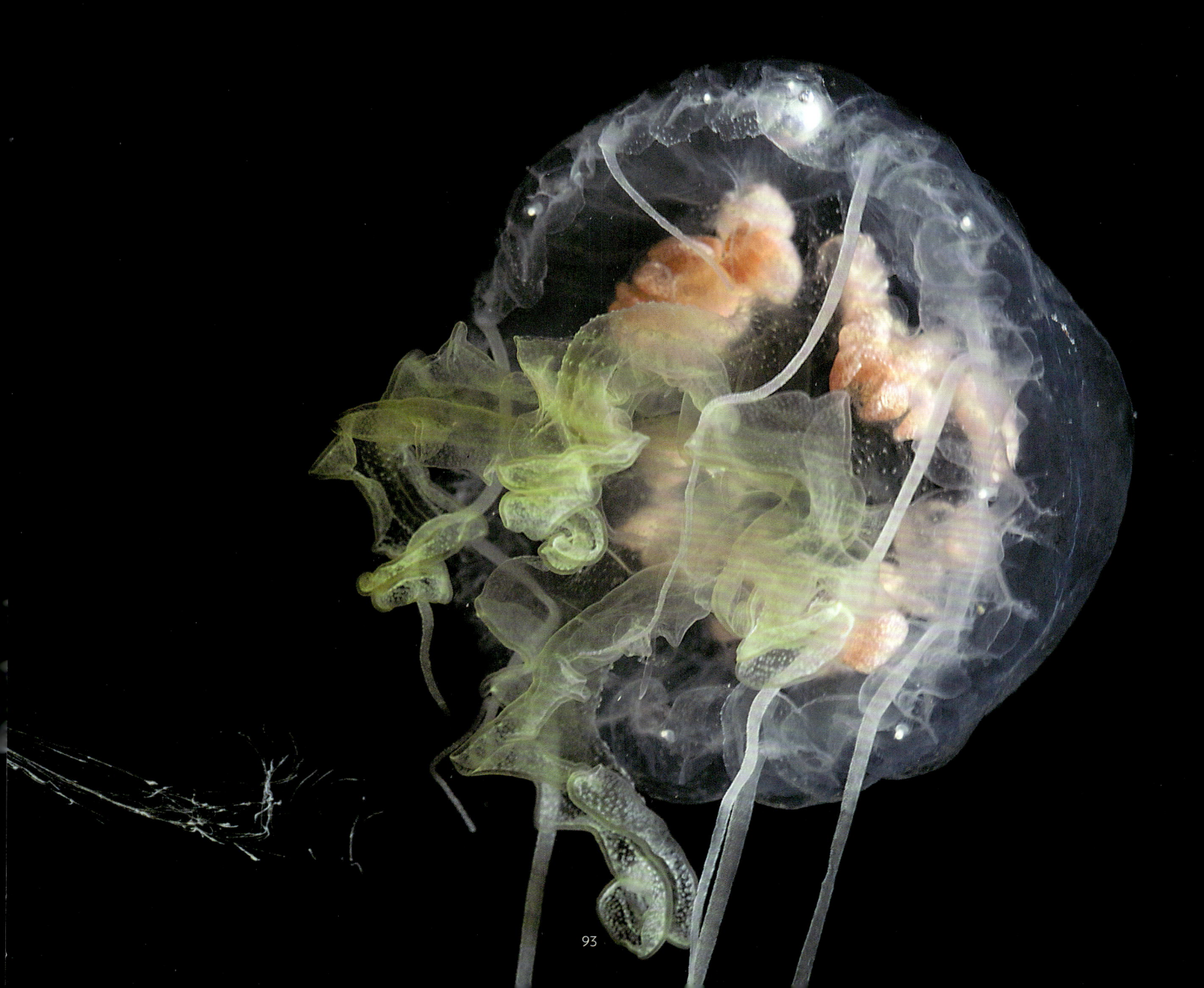

CTÉNOPHORES
CARNIVORES PORTEURS DE PEIGNES

On en connaît 200 espèces, presque toutes planctoniques et souvent rencontrées dans les abysses. Ils sont souvent confondus avec les méduses car les cténophores sont transparents, gélatineux et pour la plupart portent des tentacules. Mais, à bien les regarder, on est vite intrigué par les vagues de reflets aux couleurs arc-en-ciel qui parcourent leurs corps. Les cténophores (du grec *ctenos* = peigne et *phoros* = porteur) sont porteurs de huit rangées de peignes constitués de milliers de longs cils accolés les uns aux autres qui diffractent la lumière en vagues iridescentes comme à travers des prismes. Ces peignes sont les « palettes natatoires » qui propulsent l'animal, lui permettant de se mouvoir rapidement et de faire de spectaculaires acrobaties. La championne dans ce domaine est l'élégante et longiligne *Cestus veneris*, la « ceinture de Vénus ».

PHOTO CRISTOF GERIGK.

L'équilibre et le sens de l'orientation des cténaires sont liés à la présence, à l'opposé de la bouche, d'un petit organe appelé « statocyste ». Ce statocyste utilise des grains de carbonate de calcium pour percevoir la gravité. Il transmet les informations aux réseaux de neurones sensoriels et moteurs. Ce système nerveux élémentaire est responsable d'un petit répertoire de comportements de nage, prédation, nutrition et reproduction. Le statocyste des cténaires préfigure les « otolithes », ces organes sensoriels spécialisés dans la perception de la gravité chez tous les animaux, y compris chez les humains dotés d'oreilles internes contenant cils et grains calciques.

Contrairement aux méduses, les filaments pêcheurs des cténophores ne possèdent pas de cellules urticantes. Ils ne piquent pas, ils collent. Les cellules collantes appelées « colloblastes » ornent les filaments des cténaires, attrapant de petits organismes du plancton. Le cténaire à tentacules *Pleurobrachia*, dite la « groseille de mer », étend et contracte vigoureusement deux longs filaments ramifiés alors que le cténaire lobé *Leucothea*, plus lent et plus grand, pêche à la traîne, rabattant les proies grâce à deux larges lobes. Par contre, les cténaires nus du genre *Beroe* ne collent pas, ils mordent et gobent. Avec leurs dents coupantes faites de paquets de cils et leurs bouches extensibles, ils engouffrent parfois des cténaires beaucoup plus gros qu'eux !

Chez les cténophores, on mélange souvent les sexes et la plupart sont hermaphrodites. Chaque individu fabrique et porte à la fois des œufs et des spermatozoïdes dans des canaux situés sous les rangées de cils. Les gamètes sont libérées dans la mer chaque jour en grand nombre. En général, plusieurs spermatozoïdes pénètrent dans l'œuf mais un seul est choisi pour accomplir la fusion des chromosomes mâles et femelles. S'ensuivent la division et le développement rapide d'une larve de cténophore tentaculé, ou d'un *Beroe* miniature.

« Chroniques du Plancton »
Cténophores

CEINTURE DE VÉNUS
Les contorsions de *Cestus veneris* captées en plongée par l'objectif du photographe Christof Gerigk près des Îles Galapagos lors du passage de l'expédition *Tara Oceans*.

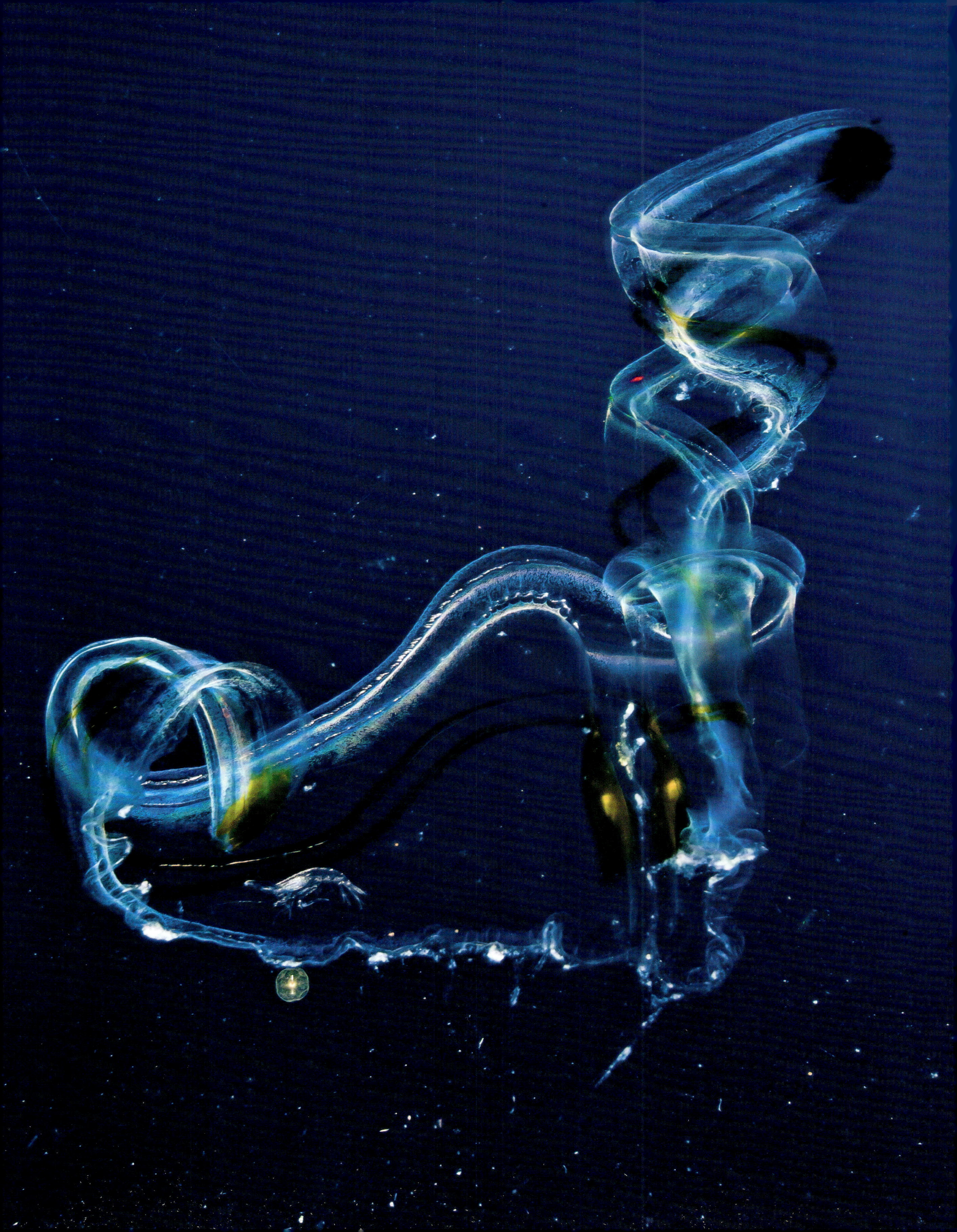

CNIDAIRES ——— CTÉNOPHORES

Ocyropsis maculata est un cténophore lobé avec quatre taches, deux sur chaque lobe charnu.

PHOTOGRAPHIÉ AU LARGE DE LA CÔTE ATLANTIQUE DES USA PAR CASEY DUNN, BROWN UNIVERSITY, USA.

Beroe ovata juvénile. Ce cténophore nu mange d'autres cténophores, dont ses propres congénères.

COLLECTÉ EN BAIE DE VILLEFRANCHE-SUR-MER ET PHOTOGRAPHIÉ PAR CLAUDE CARRÉ, UPMC.

Beroe forskalii, un cténophore nu, dépourvu de tentacules. Il attaque et mange d'autres cténophores.
Photographié au large de la côte Atlantique des USA par Casey Dunn, Brown University, USA.

Pleurobrachia sp., la « groseille de mer », est un cténophore tentaculé. Il déploie deux longs tentacules pour pêcher de petits crustacés.
Collecté en baie de Villefranche-sur-Mer et photographié par Claude Carré, UPMC.

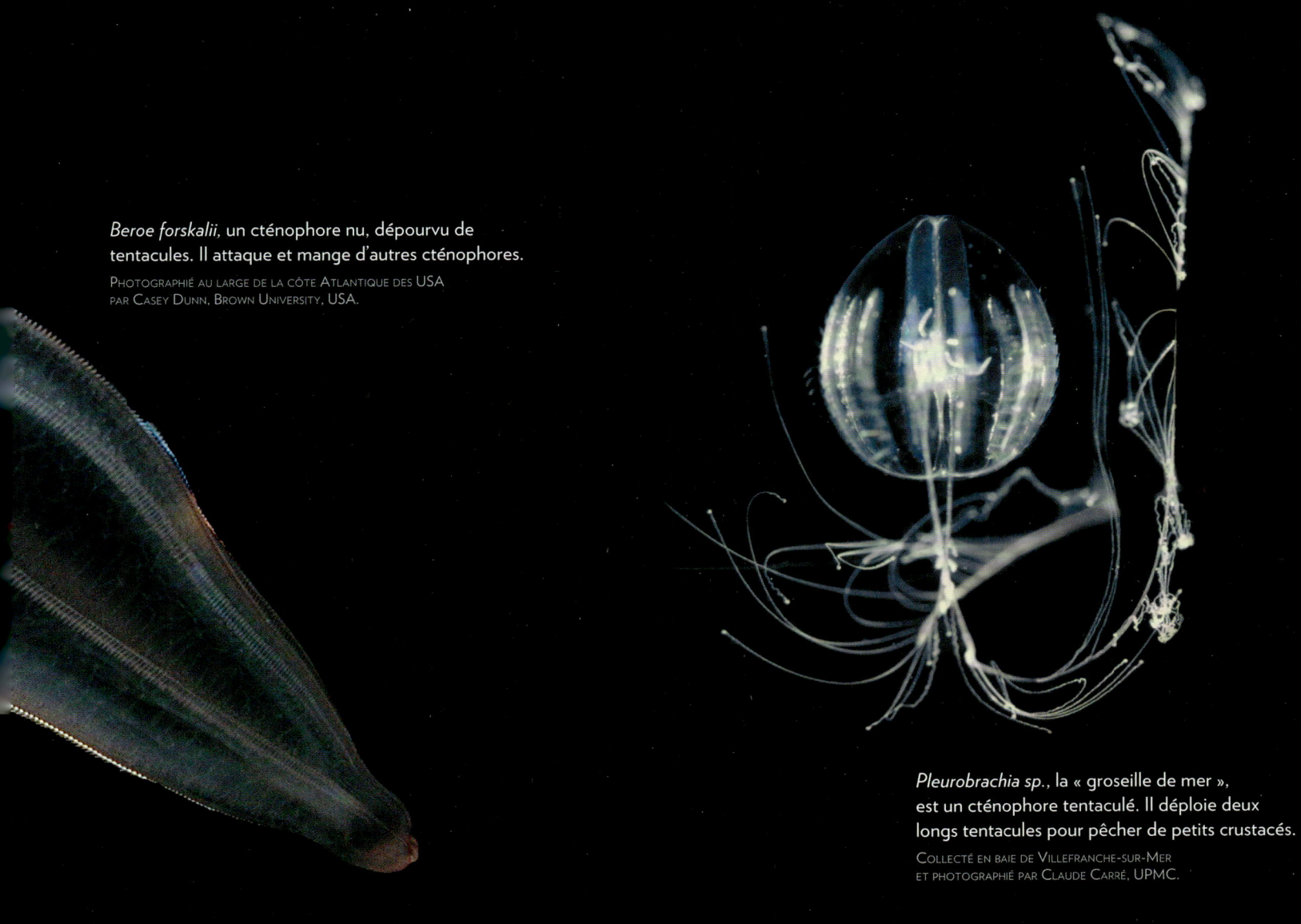

Aulicoctena sp. vit dans les grands fonds. Sa couleur sombre contraste avec celle plus claire des espèces de surface.
Collecté et photographié dans un canyon au large de Monterey, Californie, par Casey Dunn, Brown University, USA.

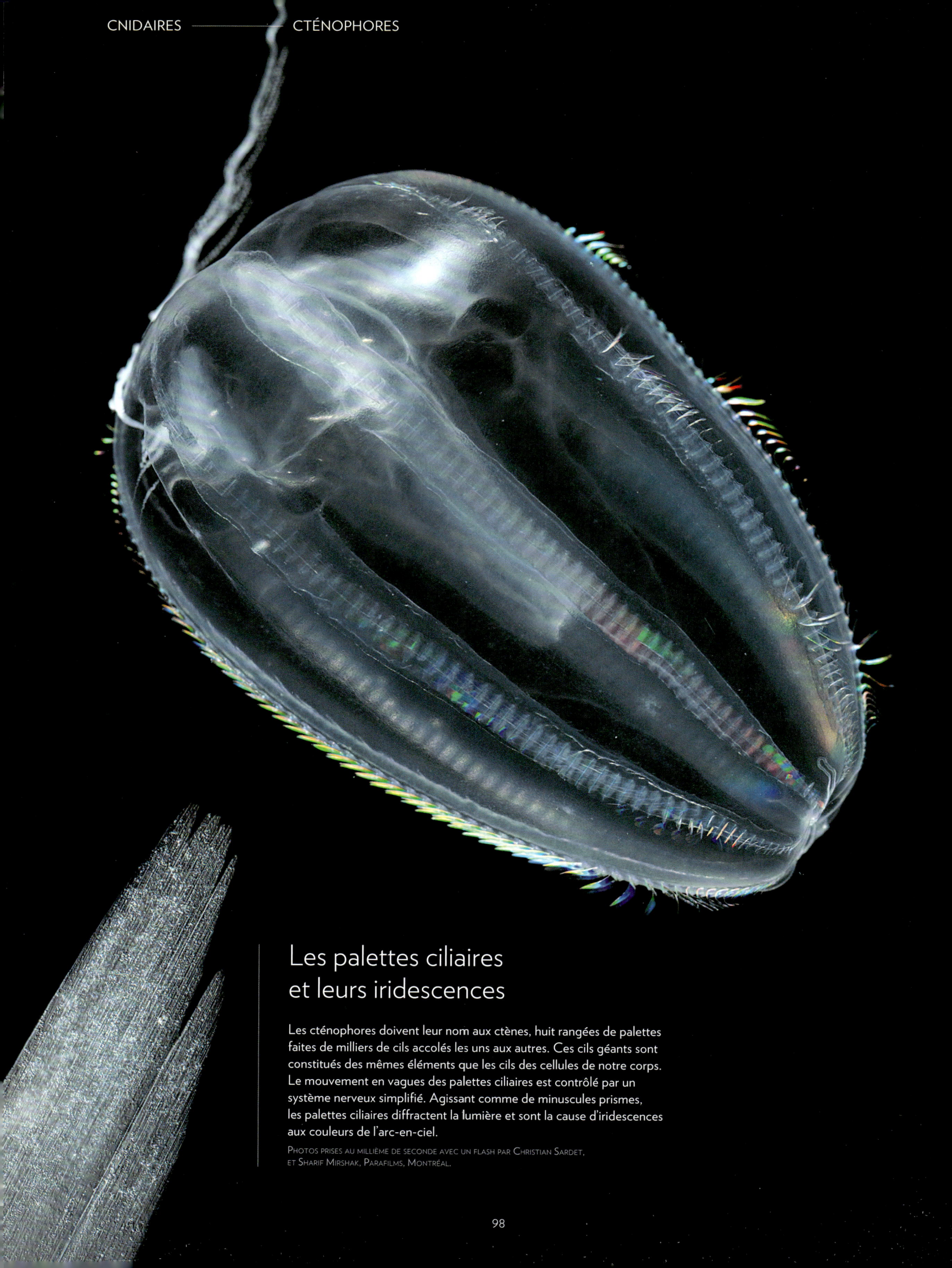

CNIDAIRES — CTÉNOPHORES

Les palettes ciliaires et leurs iridescences

Les cténophores doivent leur nom aux ctènes, huit rangées de palettes faites de milliers de cils accolés les uns aux autres. Ces cils géants sont constitués des mêmes éléments que les cils des cellules de notre corps. Le mouvement en vagues des palettes ciliaires est contrôlé par un système nerveux simplifié. Agissant comme de minuscules prismes, les palettes ciliaires diffractent la lumière et sont la cause d'iridescences aux couleurs de l'arc-en-ciel.

Photos prises au millième de seconde avec un flash par Christian Sardet, et Sharif Mirshak, Parafilms, Montréal.

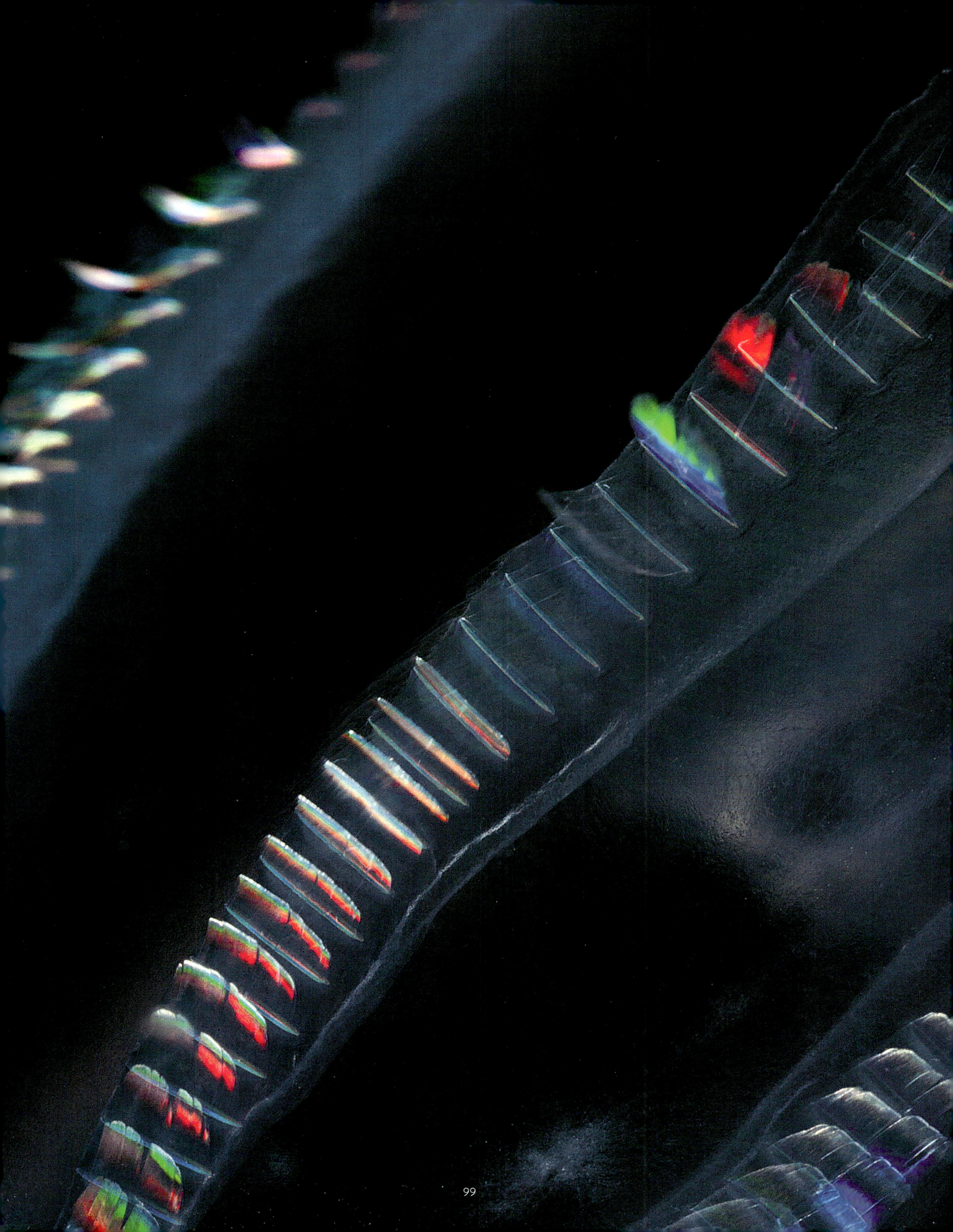

Le sens de l'équilibre

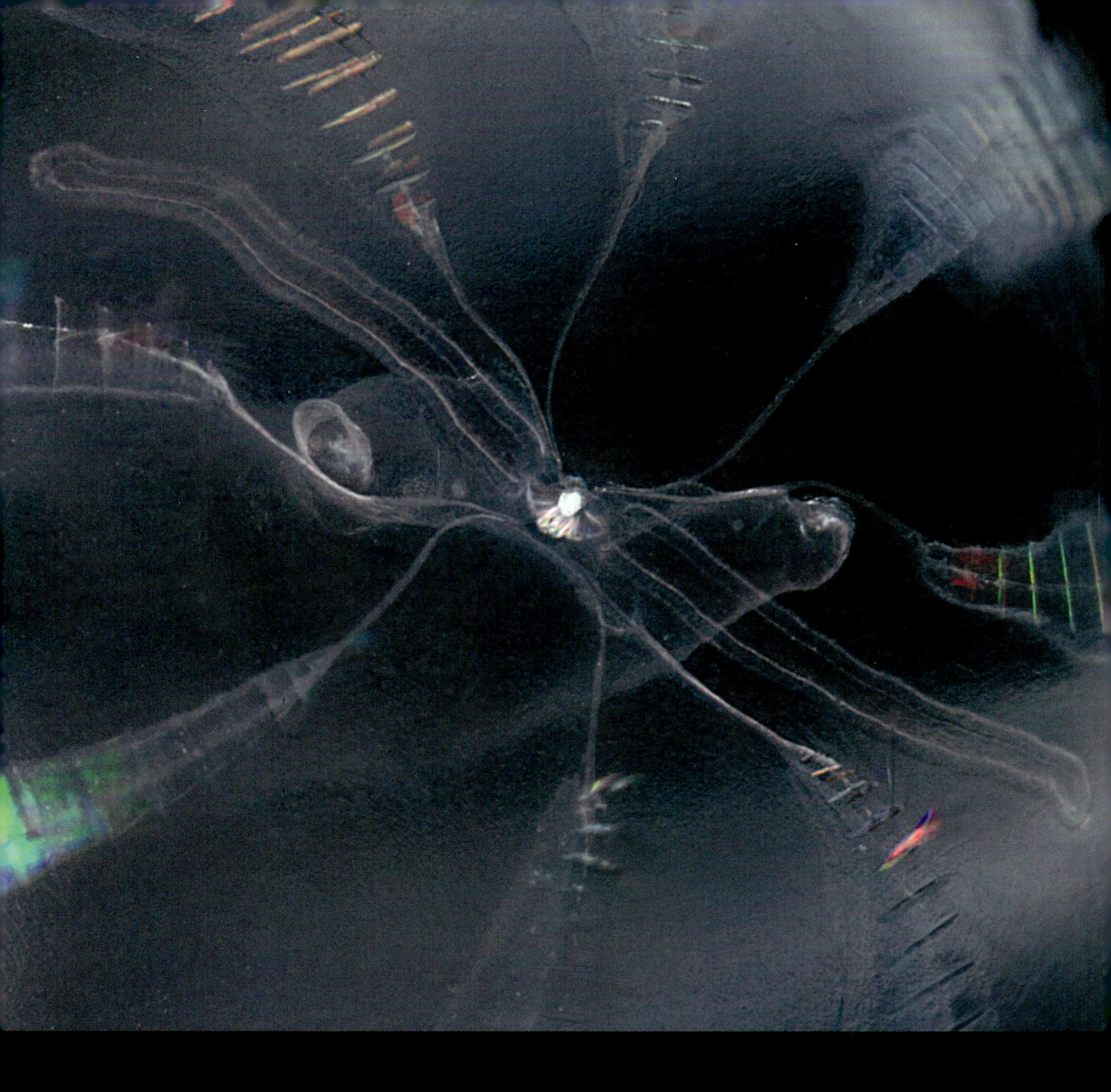

Le sens de l'équilibre et de l'orientation chez les cténophores est assuré par un statocyste. Le statocyste comprend une sphère appelée « statolythe » remplie de grains de carbonate de calcium et quatre piliers de balanciers ciliés (PHOTO DE DROITE). Les mouvements des grains calciques sont détectés par le statocyste qui transmet ces signaux au réseau de cellules nerveuses et aux palettes ciliaires.

PHOTOS PRISES AVEC SHARIF MIRSHAK, PARAFILMS, MONTRÉAL.

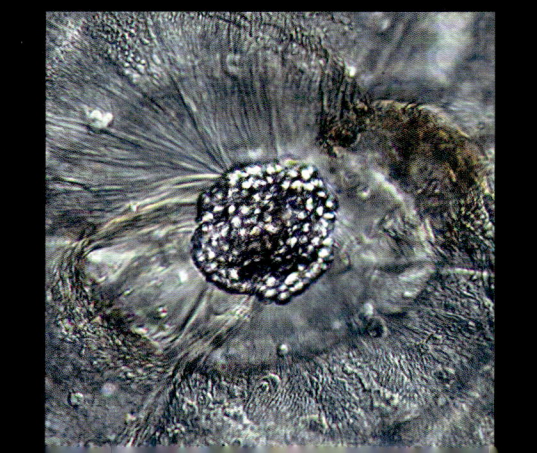

Pêcher ou mordre

Ci-dessus : Les cténophores nus, bien que dépourvus de tentacules, sont aussi des carnivores. Le cténophore nu juvénile s'attaque à un cténophore tentaculé juvénile plus gros que lui.
Filmé et photographié à Shimoda, Japon.

À droite : Un gros plan sur des tentacules couverts de cellules collantes appelées colloblastes. Ces cellules permettent aux cténophores tentaculés de pêcher des crustacés et des larves.

Ci-dessous : Alors que nous filmions la scène, le cténophore nu *Beroe ovata* et le cténophore tentaculé plus gros *Leucothea multicornis*, étaient paisiblement côte à côte. Tout à coup, le petit *Beroe* a mordu et avalé une partie du *Leucothea*.
Filmé et photographié à Villefranche-sur-Mer avec Noé Sardet.

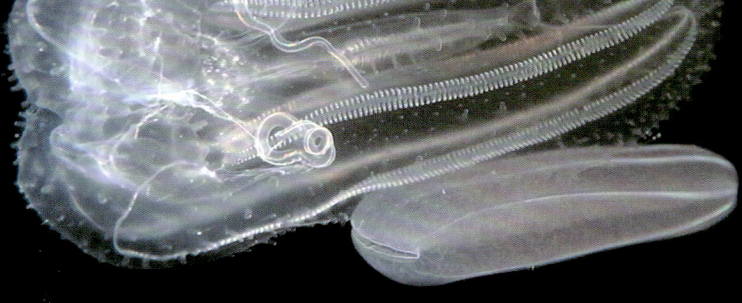

MÉDUSES
CHAMPIONNES DE L'ADAPTATION

Les méduses sont les animaux du plancton que vous connaissez le mieux, et pour cause… Certaines, comme les *Pelagia*, connues sous le nom de « piqueurs mauves », infligent de vilaines brûlures. D'autres, telles que *Chironex*, célèbre « méduse-boîte », sont redoutables. Leurs cellules urticantes injectent de puissantes toxines causant plus de morts que les requins. C'est à la présence de ces cellules urticantes, appelées « cnidocytes », que les méduses doivent leur appartenance à l'embranchement des cnidaires, comprenant également les siphonophores, les anémones et les coraux. Les méduses et leurs larves appelées « éphyrules » dérivent avec les courants et sont les plus grands prédateurs du plancton avec les siphonophores et les cténophores. Ces carnivores sont en compétition avec les poissons et les mammifères marins pour le zooplancton dont elles se nourrissent.

Certaines méduses, comme la *Nomura* en mer de Chine, sont si grosses qu'elles occasionnent des chavirages des bateaux de pêche à la remontée des filets. Mais la plupart des 3 500 espèces de méduses répertoriées sont à peine visibles à l'œil nu, ou sont carrément microscopiques. Cela peut être pratique pour la recherche. Ainsi les *Clytia*, des leptoméduses de la taille d'une petite pièce de monnaie, s'élèvent facilement. La maîtrise de leur cycle de vie en laboratoire permet d'en savoir toujours plus sur la biologie des méduses et leurs extraordinaires capacités de survie et d'adaptation, allant de la reproduction sexuée au bourgeonnement, à la régénération, et peut-être même en ce qui concerne la petite méduse *Turritopsis nutricula*, à l'immortalité.

Les *Clytia*, comme la grande majorité des méduses, bourgeonnent à partir de colonies de polypes fixés sur des algues, des rochers ou des coquillages. Les polypes nourriciers, des pédoncules surmontés de sacs gélatineux, nourrissent la colonie en rabattant la nourriture vers leurs bouches à l'aide de tentacules. D'autres polypes, les polypes reproducteurs, forment de petits bourgeons donnant naissance à plusieurs générations de minuscules méduses. Les *Clytia* ayant bourgeonné se détachent, puis se laissent dériver pour capturer leurs premières proies. Chaque jour, à l'aube, sous l'ombrelle gélatineuse des *Clytia* mâles et femelles, de petits sacs libèrent soit des spermatozoïdes, soit des ovules. L'ovule fécondé en pleine mer se transforme alors en un embryon puis en une larve en forme d'ogive appelée larve « planula ». La planula nage, mue par une fine couche de cils, puis se fixe pour former une nouvelle colonie de polypes qui, à son tour, bourgeonnera des méduses.

Certaines méduses ne passent pas par une phase polype et ne bourgeonnent pas. Quelques espèces comme les *Pelagia* et les *Liriope* se reproduisent uniquement par voie sexuée. Les *Pelagia* femelles et les *Pelagia* mâles émettent œufs et spermatozoïdes en grand nombre. Les œufs fécondés se divisent, forment des embryons qui s'allongent et deviennent des larves planula. Chaque planula grossit en forme de petit bonnet avec une bouche et huit lobes. Peu à peu, les tentacules se dessinent, les organes sensoriels se développent et quatre grands bras poussent autour de la bouche pour donner un nouveau piqueur mauve.

« Chroniques du Plancton »
Clytia : micro-méduse de recherche

« Chroniques du Plancton »
Pelagia : méduses redoutées

LA PLUS GRANDE MÉDUSE DE MÉDITERRANÉE

L'ombrelle de *Rhizostoma pulmo* peut approcher le mètre. Le nom de cette méduse scyphozoaire vient des mots grecs *riza* = bras, *stoma* = bouche et *pulmo* = poumon, le tout signifiant « bras buccaux en forme de poumons ».

PHOTOGRAPHIÉE EN PLONGÉE EN RADE DE VILLEFRANCHE-SUR-MER AVEC SHARIF MIRSHAK, PARAFILMS, MONTRÉAL.

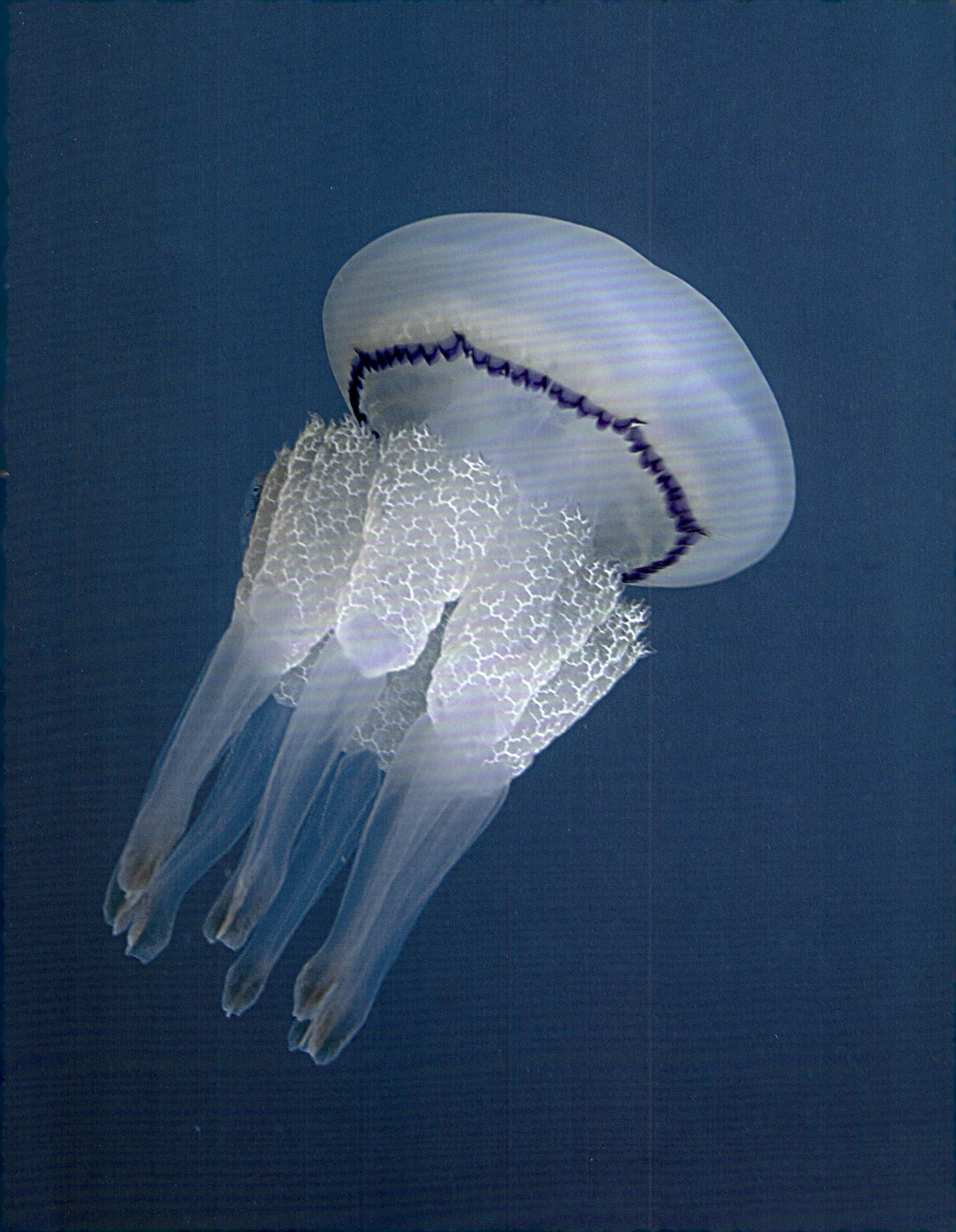

CNIDAIRES — MÉDUSES

Pelagia, de l'œuf à la méduse

Contrairement à la plupart des méduses, les *Pelagia* ne se reproduisent pas par bourgeonnement à partir d'un polype mais par développement direct en méduse à partir d'un œuf fécondé. Les méduses adultes, mâles et femelles, vivent en essaims produisant de larges quantités de gamètes. L'œuf, fécondé en pleine mer, se divise rapidement, devenant, en une demi-journée, une larve planula en forme d'ogive. Après quelques jours, la larve éphyrule possède huit lobes et huit points ocrés brillants qui sont les « ropalies » concentrant plusieurs organes récepteurs. L'éphyrule mange de petits crustacés et grandit. Quatre bras buccaux, huit tentacules et des ébauches de gonades apparaissent après quelques semaines et le cycle est bouclé.

Méduses élevées par Martina Ferraris à l'Observatoire Océanologique de Villefranche-sur-Mer.

MUSCLE DE MÉDUSE

L'éphyrule possède une ceinture de cellules musculaires à la base des huit lobes. Ici la molécule principale des muscles de méduse, appelée actine et identique à celle de nos muscles, est révélée par une molécule fluorescente rouge.

Méduse élevée, préparée pour l'observation en fluorescence et photographiée à Villefranche-sur-Mer par Rebecca Helm, Brown University, USA.

MÉDUSE FEMELLE

On aperçoit sous l'ombrelle d'une méduse *Pelagia noctiluca* quatre gonades femelles de couleur rose, quatre bras buccaux, et huit tentacules. Chacune des huit petites masses brunes à la périphérie de l'ombrelle regroupe plusieurs organes sensoriels : une fossette olfactive, un organe visuel (ocelle) et un organe d'équilibration (statocyste).

Clytia, de l'œuf, au polype, à la méduse

Clytia hemisphaerica est une petite hydroméduse. Elle se reproduit en passant par un stade polype qui bourgeonne des *Clytia* miniatures (voir image par image, en bas de la page 107).

Chez *Clytia*, les quatre gonades mâles et les quatre gonades femelles (gros plans à droite) libèrent chaque matin à la levée du jour des spermatozoïdes et des ovocytes (voir l'image sous la légende).

La fécondation en pleine eau produit des embryons qui se divisent rapidement. En une journée, les embryons se développent pour devenir une planula ovoïde ciliée. La larve planula se fixe par une extrémité et donne naissance à une nouvelle colonie de polypes en quelques jours.

MÉDUSES ÉLEVÉES AU LABORATOIRE PAR TSUYOSHI MOMOSE ET EVELYN HOULISTON, LABORATOIRE BIODEV, OBSERVATOIRE OCÉANOLOGIQUE DE VILLEFRANCHE-SUR-MER.

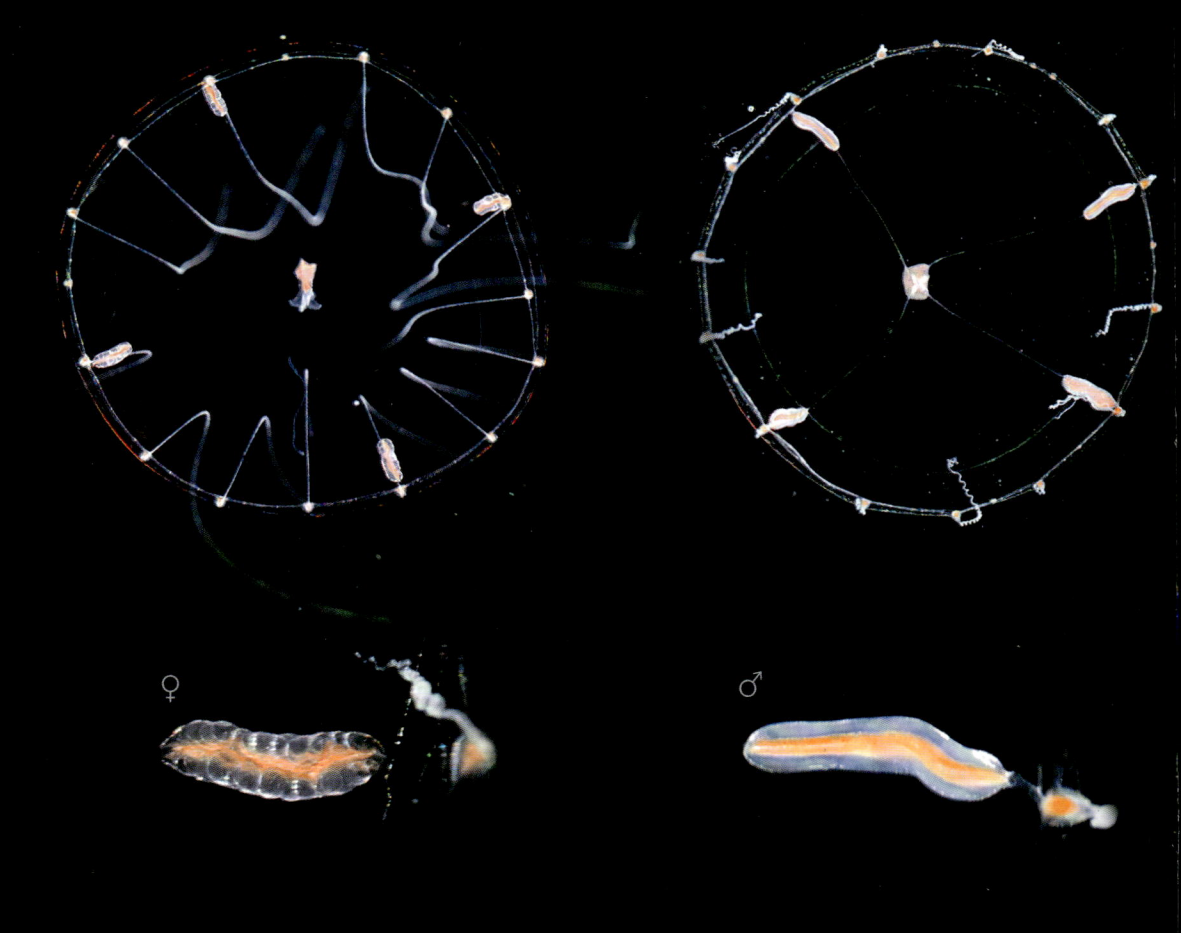

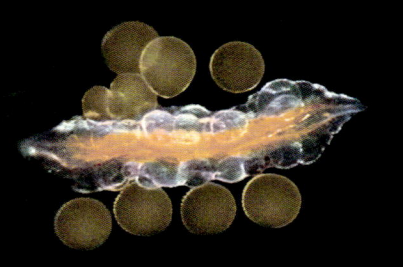

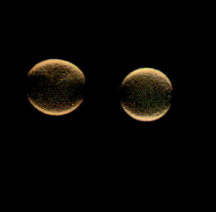

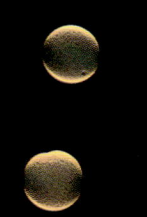

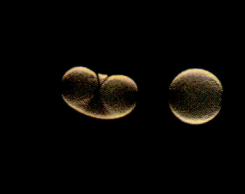

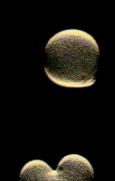

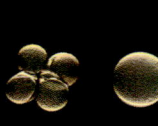

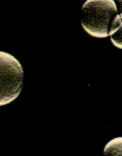

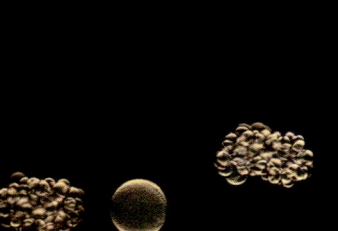

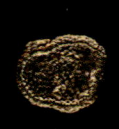

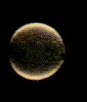

MICRO-MÉDUSE DE LABORATOIRE

Ces dix dernières années, des laboratoires ont cherché à développer un organisme modèle parmi les méduses pour l'analyse des processus cellulaires et moléculaires fondamentaux. *Clytia* s'est révélée être une méduse de choix. Elle s'élève facilement en laboratoire, et les gènes qui président à son développement ont été identifiés par le laboratoire de biologie du développement à Villefranche-sur-Mer. Son génome est en voie de séquençage.

Photo de méduse élevée au laboratoire par Tsuyoshi Momose, laboratoire BioDev, Observatoire Océanologique de Villefranche-sur-Mer.

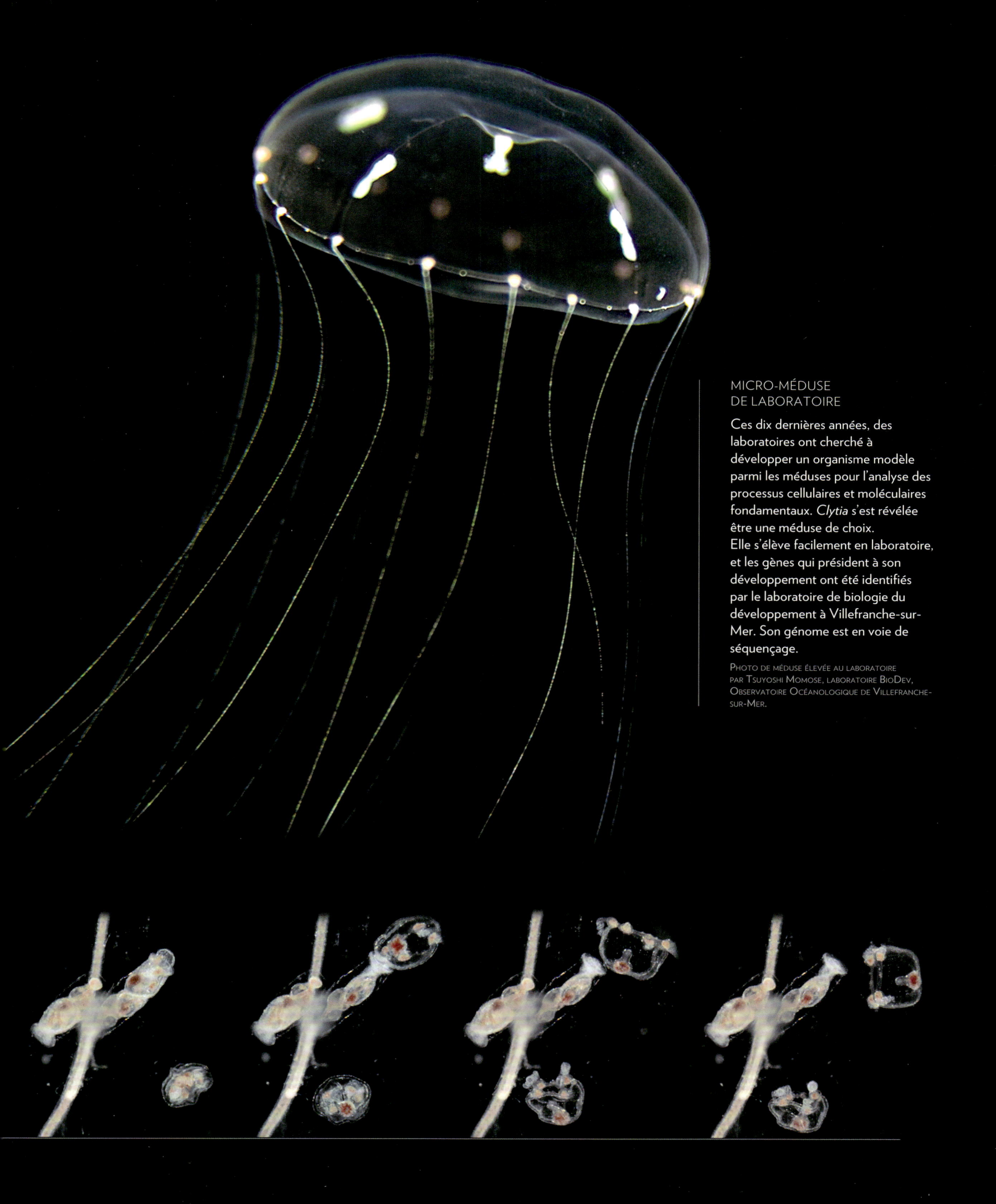

CNIDAIRES ——— MÉDUSES

Le festin d'une méduse

Contrairement à *Pelagia* dont la bouche et l'estomac sont proches du centre de l'ombrelle, la bouche et l'estomac vert fluo de la *Liriope tetraphylla* sont déportés au bout d'un long pédoncule central utilisé comme une trompe. Un matin, à la station marine de l'Université Tsukuba à Shimoda, j'ai filmé et photographié deux heures durant la capture et l'ingestion d'une larve de poisson par une *Liriope*. D'abord capturée par le tentacule d'une première *Liriope*, la proie a ensuite été convoitée par une autre *Liriope*. La bouche de la *Liriope* victorieuse s'est ensuite progressivement élargie jusqu'à envelopper toute la proie et émerger de l'autre côté. Une fois les sucs du petit poisson absorbés, la *Liriope* a rejeté un résidu de proie.

109

CNIDAIRES ——— MÉDUSES

Méduse immortelle ?

Cette petite méduse s'appelle *Turritopsis nutricula*. La méduse du même genre, *Turritopsis dohrnii,* a été célébrée par les médias. Elle est considérée comme un exemple d'organisme immortel. Seule dans sa catégorie pour l'instant, elle peut effectuer un développement à l'envers, car elle est capable de se re-transformer en polype.

Collectée en plongée par David Luquet, Observatoire Océanologique de Villefranche-sur-Mer.

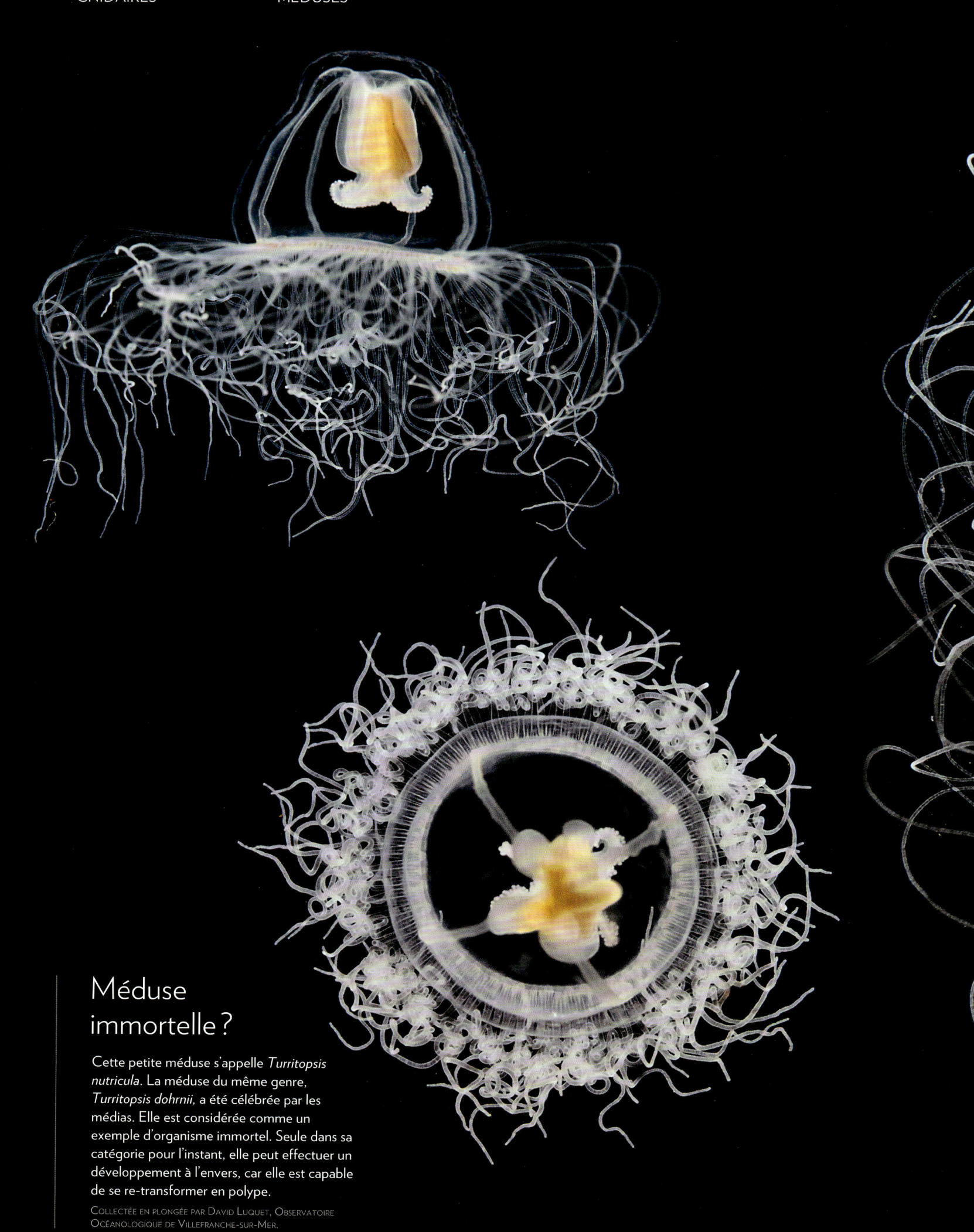

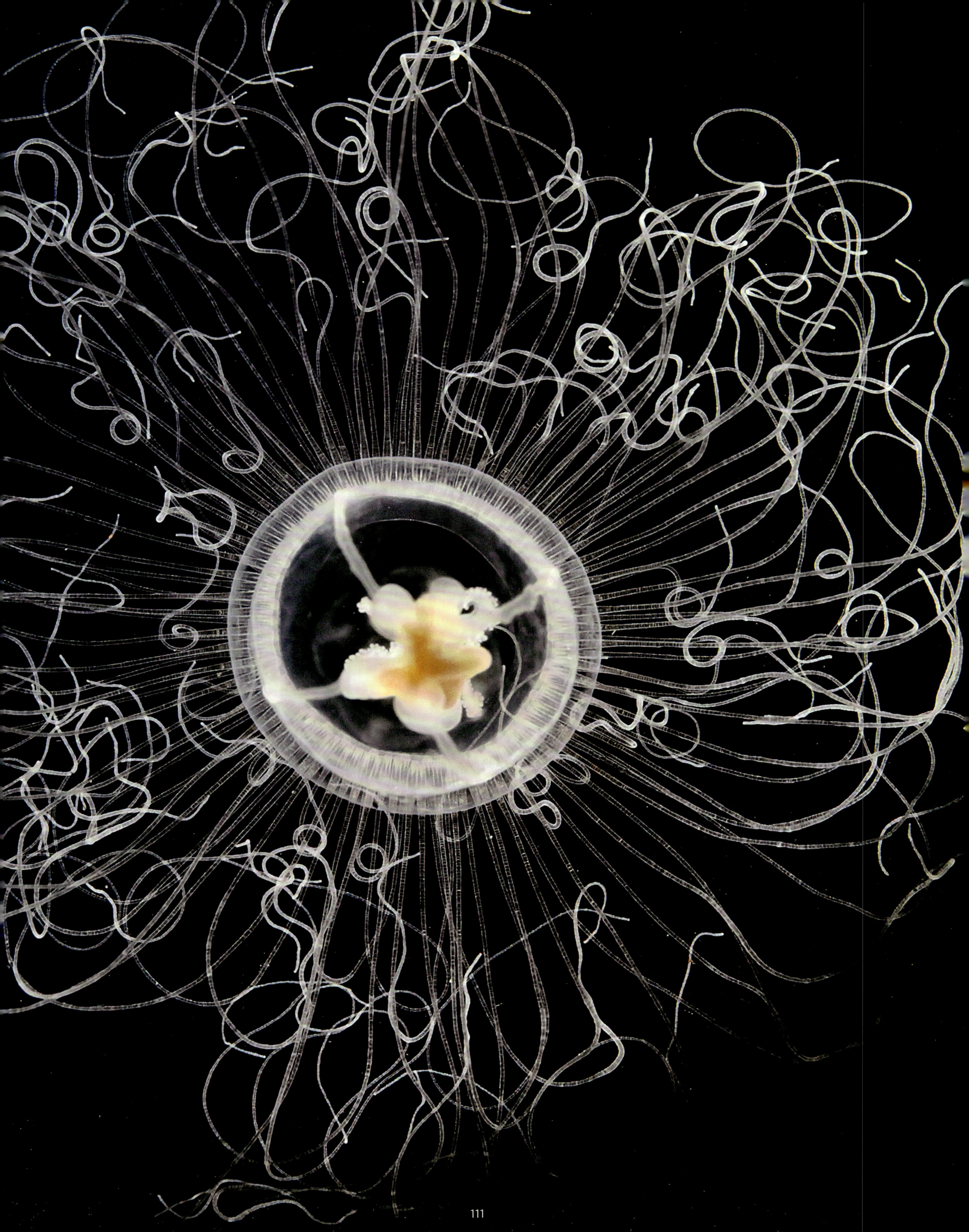

SIPHONOPHORES
LES PLUS LONGS ANIMAUX AU MONDE

Si les baleines sont les plus gros animaux au monde, les plus longs sont sans aucun doute les siphonophores. *Praya*, un siphonophore « calycophore » et *Apolemia*, un siphonophore « physonecte », dépassent les 30 mètres. Flottant en surface, la célèbre galère portugaise *Physalia* (un siphonophore « cystonecte ») traîne ses longs et toxiques filaments sur des dizaines de mètres. Les siphonophores calycophores, plus petits et en forme de fusée, tels les *Chelophyes*, étendent aussi leurs filaments sur de grandes longueurs.

Les 175 espèces de siphonophores décrites sont presque toutes planctoniques et carnivores. Elles font partie des cnidaires comme les méduses, anémones et coraux. À l'instar des coraux, les siphonophores sont des organismes coloniaux. Mais si les colonies de coraux sont composées d'individus polypes tous identiques, les siphonophores sont constitués d'individus spécialisés appelés « zoïdes ». Ces zoïdes ont des formes de polypes ou de méduses. Ils possèdent tous le même génome et proviennent du même embryon. Cependant, et c'est ce qui différencie les siphonophores de tous les autres animaux, les zoïdes assument différentes fonctions au sein de la colonie. Les siphonophores bourgeonnent constamment de nouveaux zoïdes, allongeant la colonie ou remplaçant les parties libérées ou dévorées.

Les zoïdes et leurs organes sont reliés entre eux par une sorte de long cordon ombilical appelé « stolon ». Plusieurs types de zoïdes, arrangés en séquences répétitives au long du stolon, assurent la nutrition, la flottaison, le déplacement ou la reproduction de la colonie. Ainsi les unités nourricières appelées « gastrozoïdes » étendent leurs longs filaments pêcheurs en de parfaits filets. Couverts de cellules urticantes, les filaments harponnent et immobilisent des crustacés, des mollusques, des larves, et même des poissons. Les filaments pêcheurs, en se rétractant, ramènent les proies vers les bouches et estomacs du gastrozoïde, et nourrissent toute la colonie *via* le stolon. Au bout du stolon, un zoïde flotteur rempli de gaz appelé « pneumatophore », et des cloches natatoires pulsatiles, « les nectophores », ressemblant à des méduses, propulsent le siphonophore en quête de nourriture. Les siphonophores calycophores, plus petits, ne possèdent pas de flotteur. Ils fusent par contractions de leurs nectophores et libèrent des paquets de zoïdes appelés « cormidies ». Ces cormidies libérées deviennent des « eudoxies » portant des gamètes mâles et femelles assurant la reproduction sexuée.

Les zoïdes reproducteurs — gonozoïdes mâles et femelles ressemblant à de petites méduses — sont libérés en pleine eau et expulsent des paquets d'ovocytes ou de spermatozoïdes. Comment font-ils pour se rencontrer et assurer la reproduction ? De façon étonnante, les ovocytes émettent des molécules attirant les spermatozoïdes de la bonne espèce autour du site de fécondation. L'ovocyte fécondé se divise et devient un embryon. L'embryon bourgeonne ses premiers zoïdes et perpétuant ainsi l'espèce et son organisation coloniale.

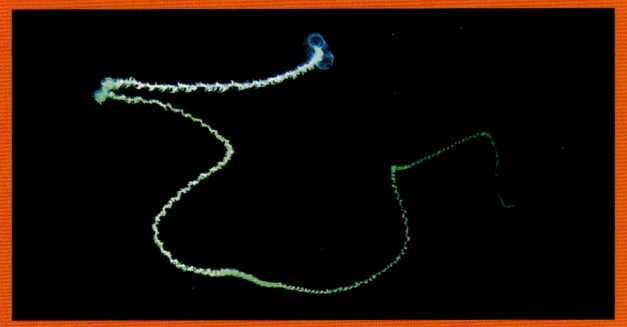

PHOTO DAVID WROBEL.

« Chroniques du Plancton »
Siphonophores

UN SIPHONOPHORE PHYSONECTE

Ce siphonophore, *Nanomia cara*, a été collecté à 600 mètres de profondeur par le submersible « Johnson Sea Link II » dans le golfe du Maine, au large des côtes nord-américaines. Le siphonophore qui peut mesurer de 20 cm à 2 mètres a déployé ses filaments pêcheurs. On aperçoit une proie, le copépode *Calanus norwegicus*, en bas à droite.

PHOTOGRAPHIÉ PAR PER FLOOD, BATHYBIOLOGICA A/S.

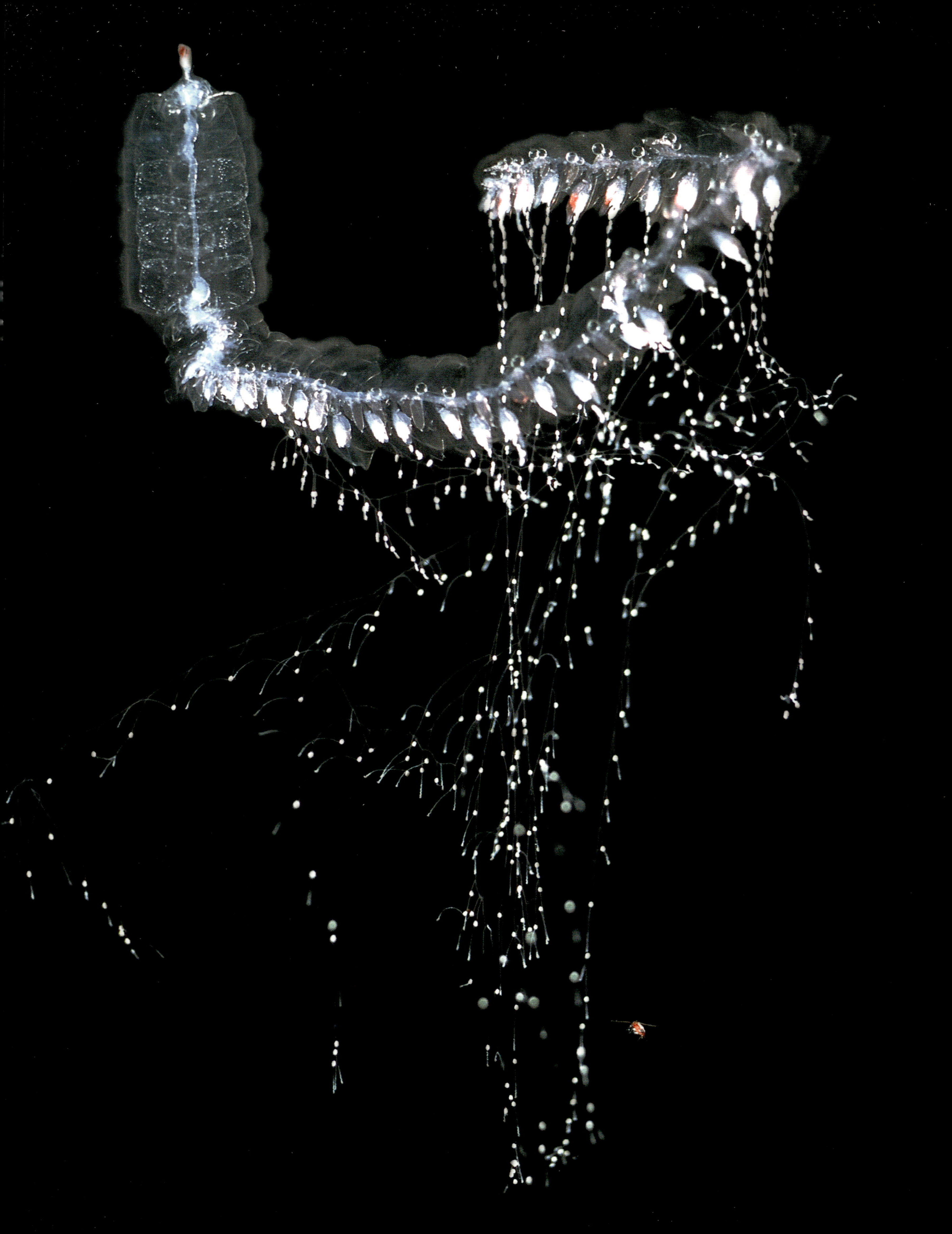

CNIDAIRES ——— SIPHONOPHORES

Lensia conoidea est un petit siphonophore qui possède deux cloches natatoires contractiles en forme de fusée propulsant l'animal. Au-dessous des cloches, le « siphosome » constitué des zoïdes reproducteurs et des zoïdes nourriciers qui peuvent déployer de longs filaments pêcheurs, ici contractés (voir pages 116-117).
Collecté en baie de Villefranche-sur-Mer.

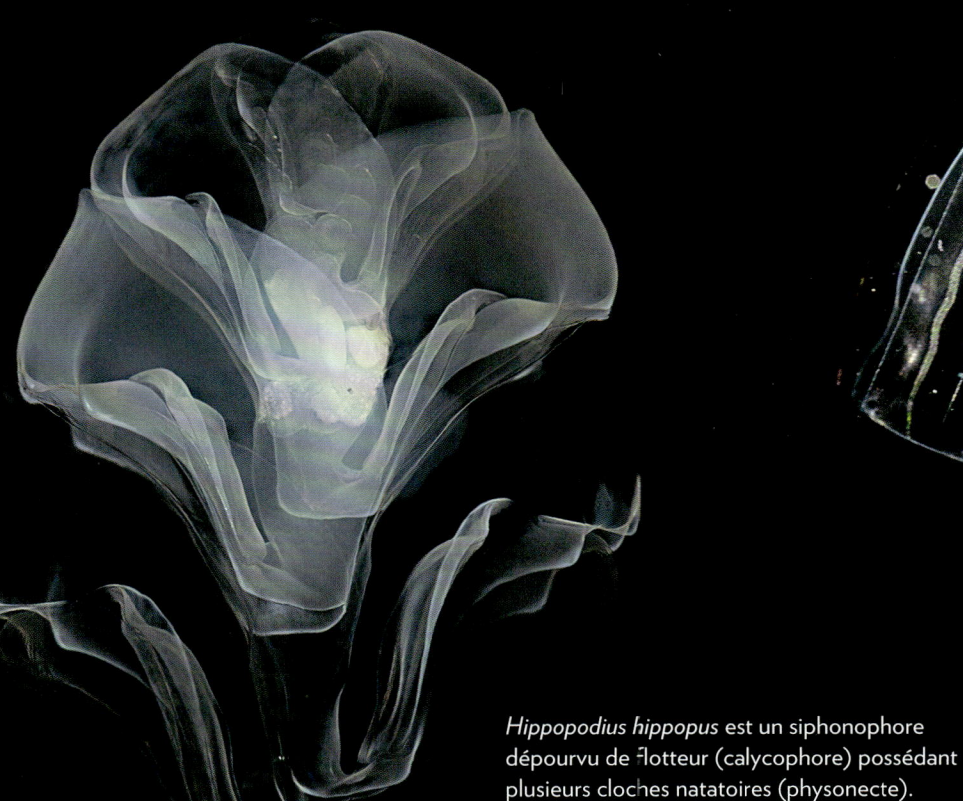

Hippopodius hippopus est un siphonophore dépourvu de flotteur (calycophore) possédant plusieurs cloches natatoires (physonecte). Il mesure 3 à 5 cm. Ses cloches natatoires sont transparentes mais deviennent opaques au moindre stimulus, ce qui constitue probablement un mécanisme de défense. Chez l'individu en bas, les cloches postérieures sont encore transparentes et les cloches antérieures sont en voie d'opacification.
Collecté et photographié à Villefranche-sur-Mer par Stefan Siebert, Brown University, USA.

Apolemia lanosa est un grand siphonophore physonecte. À l'extrémité supérieure, ses cloches natatoires translucides pulsatiles entraînent un siphosome dont les gastrozoïdes et filaments pêcheurs sont contractés en une spirale. On aperçoit des petites sphères blanches qui sont des œufs dans des zoïdes reproducteurs femelles. Ce spécimen, photographié dans un canyon de la baie de Monterey, mesure quelques mètres mais les plus grands peuvent atteindre 30 mètres.
Photographié par le submersible Tiburon de MBARI à 1 000 mètres de profondeur.

Marrus orthocanna est un siphonophore physonecte. Celui-ci a été collecté par submersible dans le golfe du Maine à grande profondeur. À l'extrémité supérieure, un pneumatophore rouge rempli de gaz, prolongé par des nectophores translucides spécialisés dans la locomotion, puis un siphosome dont les gastrozoïdes sont partiellement déployés.
Photographié par Casey Dunn, Brown University, USA.

CNIDAIRES ——————— SIPHONOPHORES

Siphonophore calycophore

Mesurant 1 à 2 cm, *Chelophyes appendiculata* nage rapidement, propulsé par la contraction de ses deux cloches natatoires en forme de fusée. Les filaments pêcheurs et leurs boutons urticants contractés apparaissent ici en rose. Ils font partie du siphosome et de ses zoïdes nourriciers (appelés gastrozoïdes) organisés en chapelet au long d'un stolon. *Chelophyes*, comme le *Lensia* à droite, peut déployer ses cellules urticantes au bout de longs filaments pêcheurs pour capturer des proies.

COLLECTÉ EN BAIE DE VILLEFRANCHE-SUR-MER.

Siphonophore pêcheur

Les siphonophores calycophores, comme ce *Lensia conoidea* (présenté en gros plan page 114), déploient de longs filaments pêcheurs pour piéger de petits crustacés présents ici sous forme de particules blanchâtres. Les proies sont remontées par contraction des filaments jusqu'aux bouches des zoïdes nourriciers.

COLLECTÉ EN BAIE DE VILLEFRANCHE-SUR-MER.

CNIDAIRES — SIPHONOPHORES

Physophora, la « danseuse de mer »

Physophora hydrostatica est un élégant siphonophore mesurant 10 à 20 cm.
De haut en bas : On distingue une petite ampoule gazeuse (le pneumatophore) puis deux rangées de cloches natatoires (les nectophores), puis une remarquable couronne de gros polypes rose orangé (les dactylozoïdes). Les dactylozoïdes possèdent à leurs extrémités des boutons urticants à vocation défensive. Sous cette couronne, un siphosome comprenant de nombreux gonozoïdes et gastrozoïdes organisés en paquets. Ci-dessous, en gros plan : des structures spiralées urticantes des filaments pêcheurs, les « tentilles ».
Photographié en baie de Monterey, Californie, par David Wrobel.

Forksalia, un siphonophore commun en Méditerranée

Ci-dessus : Les filaments pêcheurs sont couverts de boutons urticants — les structures spiralées rouges et blanches. Les différents types de cellules urticantes injectent des toxines et enlacent les proies. Les proies, crustacés, larves ou petits poissons sont ramenés vers les bouches des polypes nourriciers (les gastrozoïdes).
On distingue, sur la photo du milieu, deux gastrozoïdes vides au milieu de filaments pêcheurs. Sur la photo de droite, les deux gastrozoïdes ont triplé de volume après l'ingestion de petits poissons dont on distingue encore les yeux verts.

Ci-contre : Les filaments pêcheurs sont contractés. Lorsque le stolon et les filaments sont en extension, *Forskalia edwardsi* peut dépasser plusieurs mètres.

Collecté en baie de Villefranche-sur-Mer.
Photo du haut à droite : Noé Sardet, Parafilms, Montréal.

CNIDAIRES — SIPHONOPHORES

Reproduction et attraction

PAGE DE GAUCHE : Les siphonophores se reproduisent de façon sexuée en produisant des gamètes mâles et femelles. Ces gamètes sont générés à l'intérieur de gonophores mâles et femelles qui ont l'allure de petites méduses.

PAGE DE DROITE : À droite, une eudoxie libérée par le siphonophore *Abylopsis tetragona*. Dans la partie supérieure, un oléocyste lobé avec des gouttelettes d'huile. Au centre, le zoïde nourricier vert et orange. Sur les côtés, les gonophores, organes reproducteurs mâle (à gauche) et femelle (à droite), dans lequel on aperçoit une douzaine d'ovocytes. Lorsque les spermatozoïdes et ovocytes sont expulsés, un nuage de spermatozoïdes se forme rapidement autour d'un pôle de l'ovocyte pour le féconder. Cette attraction envers l'œuf (en bas de page) est révélatrice d'un phénomène de chimiotactisme. Il permet aux spermatozoïdes dilués en pleine mer de retrouver et de féconder les œufs de la même espèce. Collecté en baie de Villefranche-sur-Mer.

SUR CETTE PAGE FIGURENT DEUX SIPHONOPHORES JUVÉNILES COLLECTÉS ET PHOTOGRAPHIÉS PRÈS DES ÎLES GALAPAGOS LORS DU PASSAGE DE L'EXPÉDITION *TARA OCEANS*.

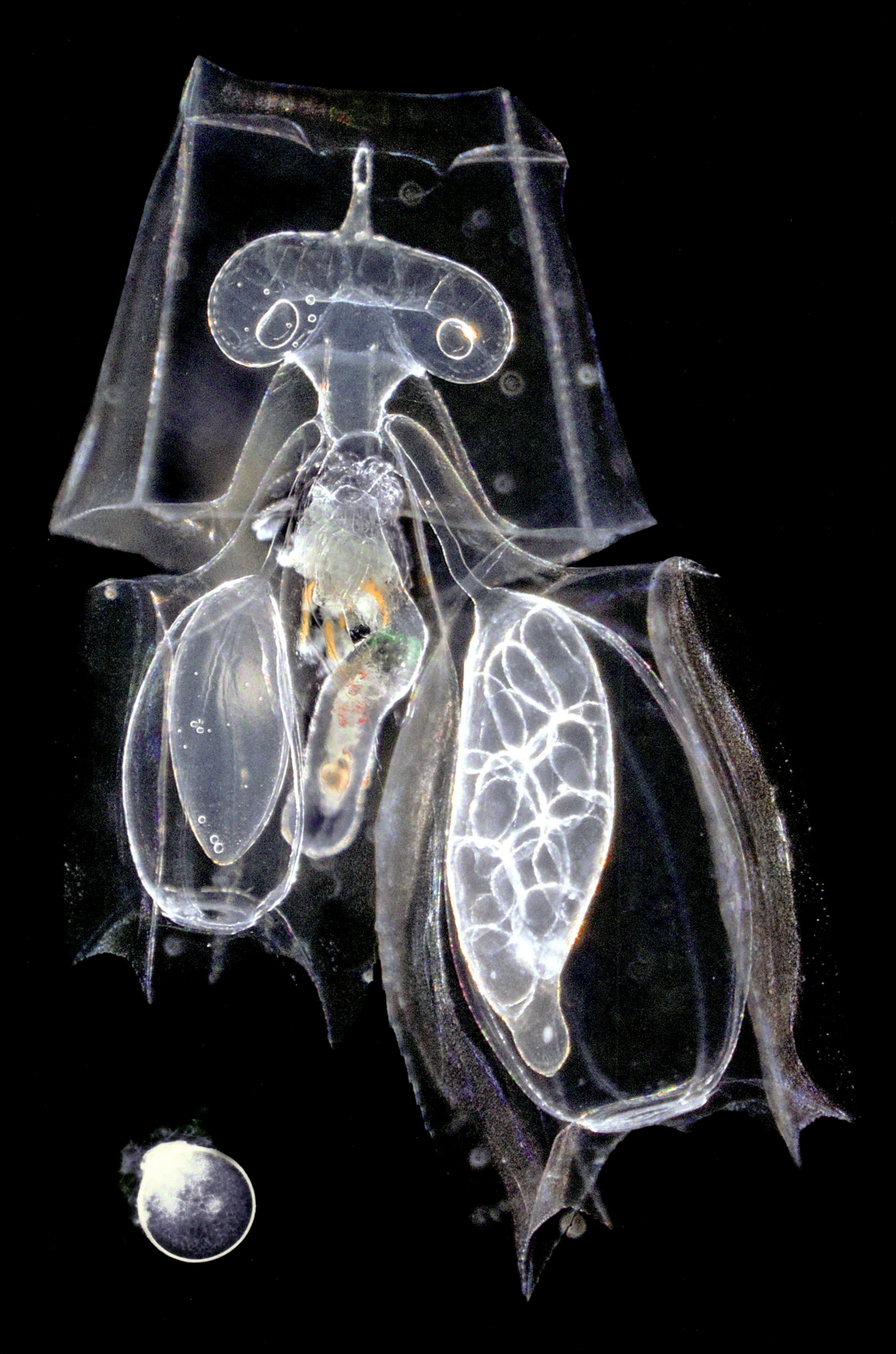

VELELLES, PORPITES et PHYSALIES
VOILIERS PLANCTONIQUES

Peut-être en naviguant, avez-vous déjà aperçu de minuscules voiliers bleutés. Velelles, porpites et physalies voguent en surface dans les mers chaudes. Avec leurs voiles triangulaires transparentes et flotteurs couleur bleu vif, les velelles ressemblent à des voiliers miniatures. Dans les populations de velelles, la voile est disposée obliquement à droite ou à gauche… si bien que les petits voiliers sont dispersés aux quatre vents. Comme leurs cousins cnidaires du plancton, méduses et siphonophores, les velelles pullulent souvent au printemps. Poussées près des côtes, ces proliférations de « méduses violettes » ou « barques de la Saint Jean » échouent sur les plages, formant des franges bleues.

Les petites velelles et porpites, et les dangereuses physalies, sont en fait des organismes coloniaux constitués de multiples individus de type polype fixés sous un flotteur rempli de gaz. Sous le flotteur, la physalie, surnommée la « galère portugaise », traîne sur des dizaines de mètres des filaments truffés de cellules urticantes, harponnant et paralysant poissons et zooplancton. Ramenés près de la bouche des gastrozoïdes, les proies sont mangées, nourrissant toute la colonie.

La physalie peut même vider son flotteur pour plonger sous la surface loin de ses prédateurs — les tortues ou les élégants « dragons bleus », des nudibranches du genre *Glaucus*. Ces voraces mollusques prélèvent les cellules urticantes des physalies dont ils se nourrissent et les mettent à leur service. Et *Tremoctopus*, la « pieuvre couverture » (naturellement immunisée contre les toxines de la physalie) lui chipe ses longs filaments pour sa propre défense.

Chez la velelle, de courts tentacules et polypes reproducteurs entourent un gros polype nourricier. Les *Velella velella* se nourrissent d'œufs de poissons, de larves, de petits gélatineux et de crustacés. Les velelles sont elles-mêmes la proie des « poissons-lune » *Mola mola* ou des mollusques violets *Janthina janthina* qui chassent en surface, blottis sous leur tapis de bulles.

Les polypes reproducteurs de la velelle bourgeonnent de microscopiques méduses mâles ou femelles tachetées d'algues symbiotiques jaunâtres. Relâchées, les méduses assurant la reproduction sexuée descendent dans les profondeurs, produisant œufs et spermatozoïdes. Après une fécondation et un développement encore mal connus, les larves viendront flotter à la surface, devenant velelles à leur tour.

Photo Monique Picard.

« Chroniques du Plancton »
Velelles

VELELLE VUE DU CIEL

Ce pourrait être la vision d'un oiseau s'approchant de la surface. Cette *Velella velella* mesure 3 cm et possède une voile surmontant un flotteur et une couronne de tentacules de couleur bleue. Au centre, à travers le flotteur, on distingue des centaines de polypes gonozoïdes. À gauche sur l'une de ses tentacules, la velelle semble avoir capturé un foraminifère.

Collecté au printemps en baie de Villefranche-sur-Mer.
Photo Christian Sardet et Sharif Mirshak, Parafilms, Montréal.

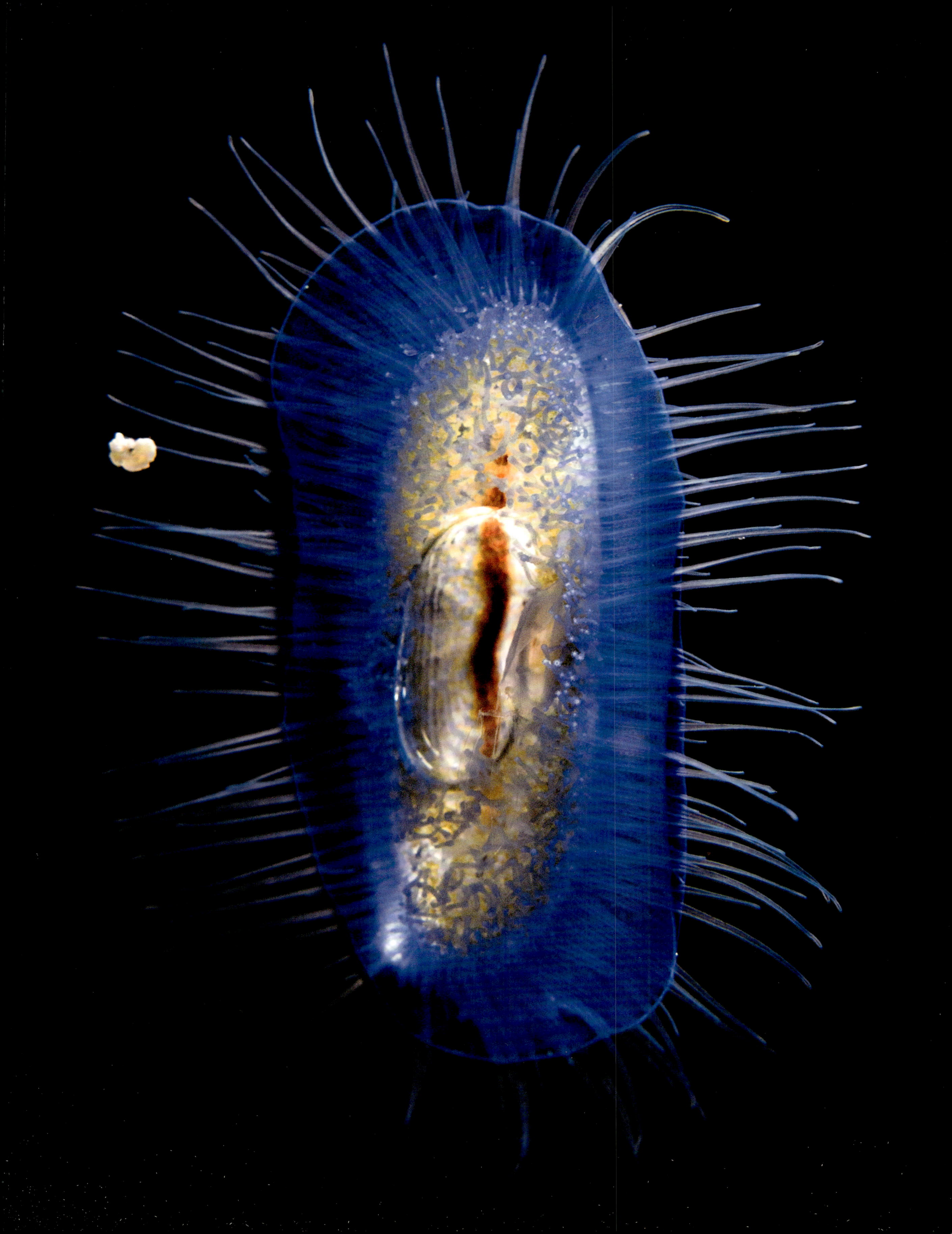

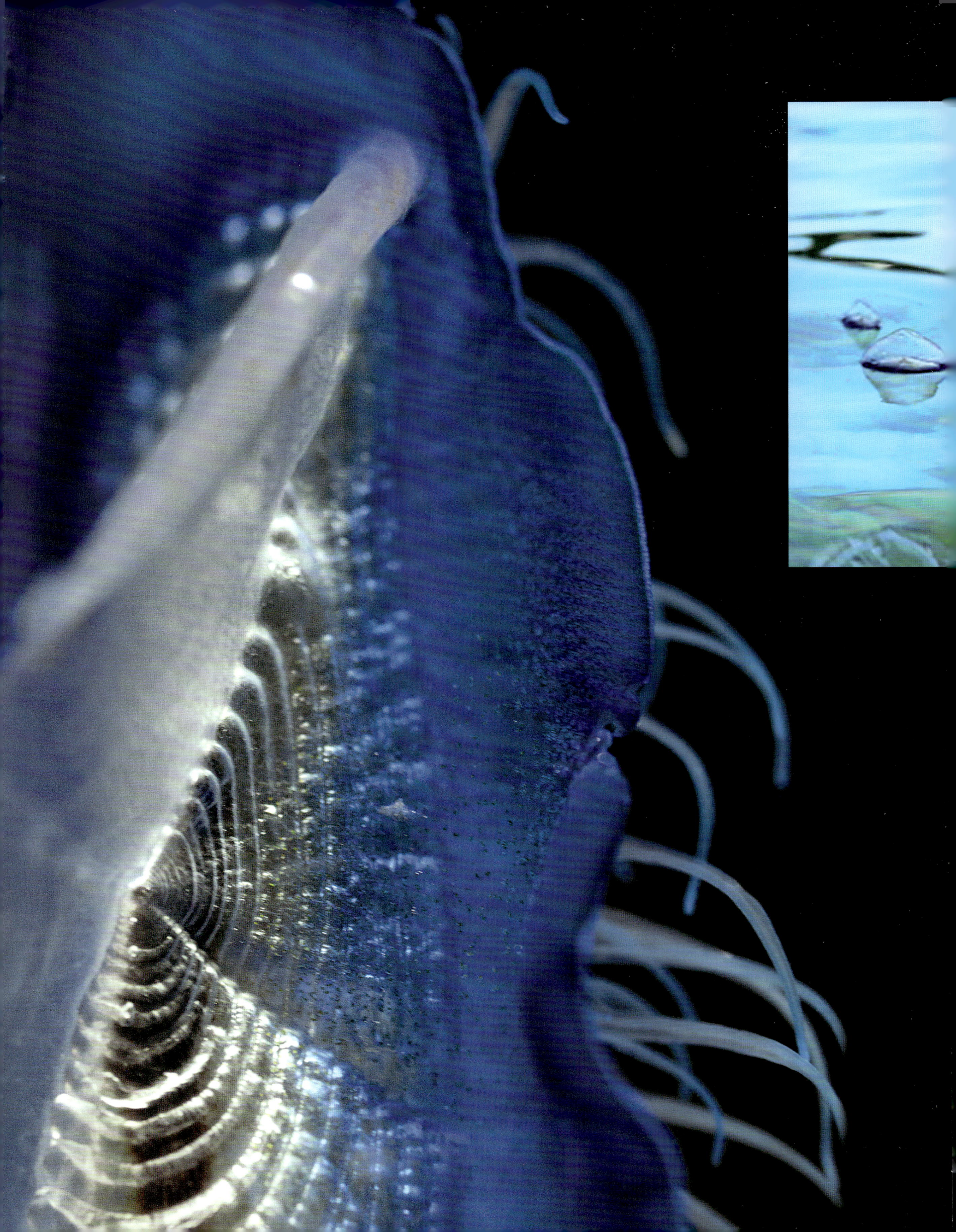

Velelles, symphonie en bleu

La couleur bleue intense des velelles est due à la présence des protéines pigmentées dans les tissus couvrant le flotteur rempli d'air et les tentacules (photo page 124). La voile triangulaire semi-rigide et les boudins du flotteur sont sous-tendus par un squelette chitineux. Après les échouages printaniers de velelles, ces squelettes semblent des bouts de papiers bleus puis blancs, virevoltant au vent sur les plages.

À GAUCHE : Deux velelles vues de côté, et par-dessous. La couleur jaune est due aux polypes reproducteurs bourgeonnant des petites méduses qui vont assurer la reproduction.

COLLECTÉ AU PRINTEMPS EN BAIE DE VILLEFRANCHE-SUR-MER. PHOTOS CHRISTIAN SARDET ET SHARIF MIRSHAK (EN PLONGEUR CI-DESSUS), PARAFILMS, MONTRÉAL.

CNIDAIRES ——— VELLELES

Cycle de vie

Chez les velelles, la reproduction est assurée par des petites méduses dites « chrysomitres » qui bourgeonnent et sont libérées à partir de centaines de polypes reproducteurs situés sous le flotteur et entourés de tentacules bleus (photo page 127).
Les chrysomitres possèdent quatre canaux radiaires dont la couleur jaune révèle la présence de zooxanthelles symbiotiques.
En haut, une velelle juvénile.

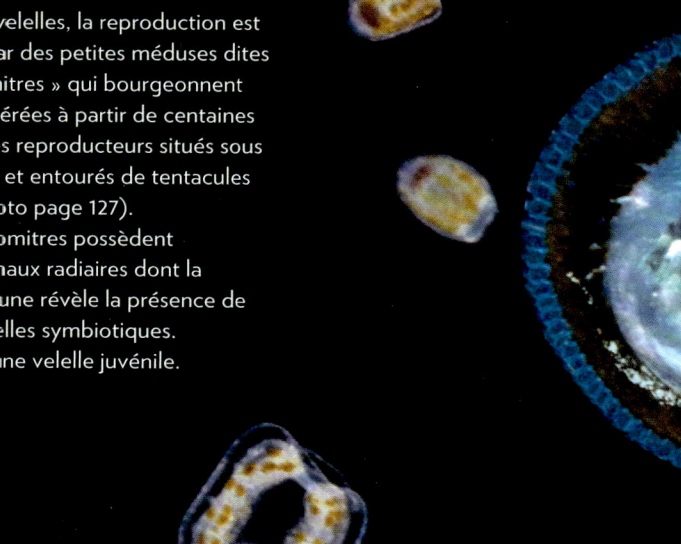

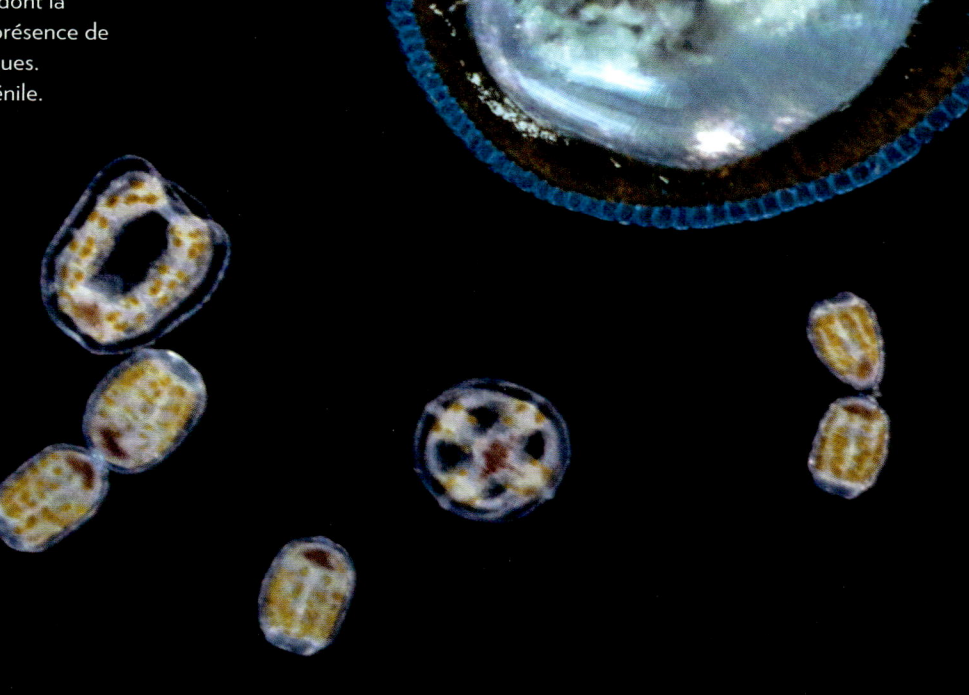

La méduse chrysomitre est décorée de nombreux boutons de couleur jaune — des accumulations d'algues symbiotiques (zooxanthelles) — qui fournissent des nutriments à leurs hôtes méduses. La reproduction n'est pas connue avec certitude. On pense que les méduses chrysomitres coulent et produisent leurs gamètes mâles ou femelles dans les profondeurs. Après fécondation, une larve dite « conaria » se développe (photos du bas). La larve conaria possède un sac gastrique de couleur orange, et sur le dessus, l'ébauche du futur flotteur.

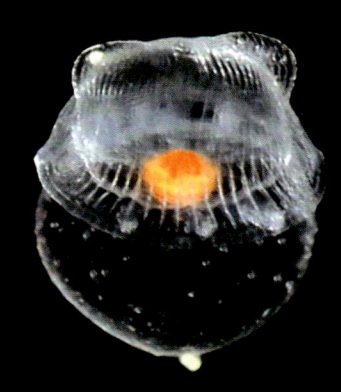

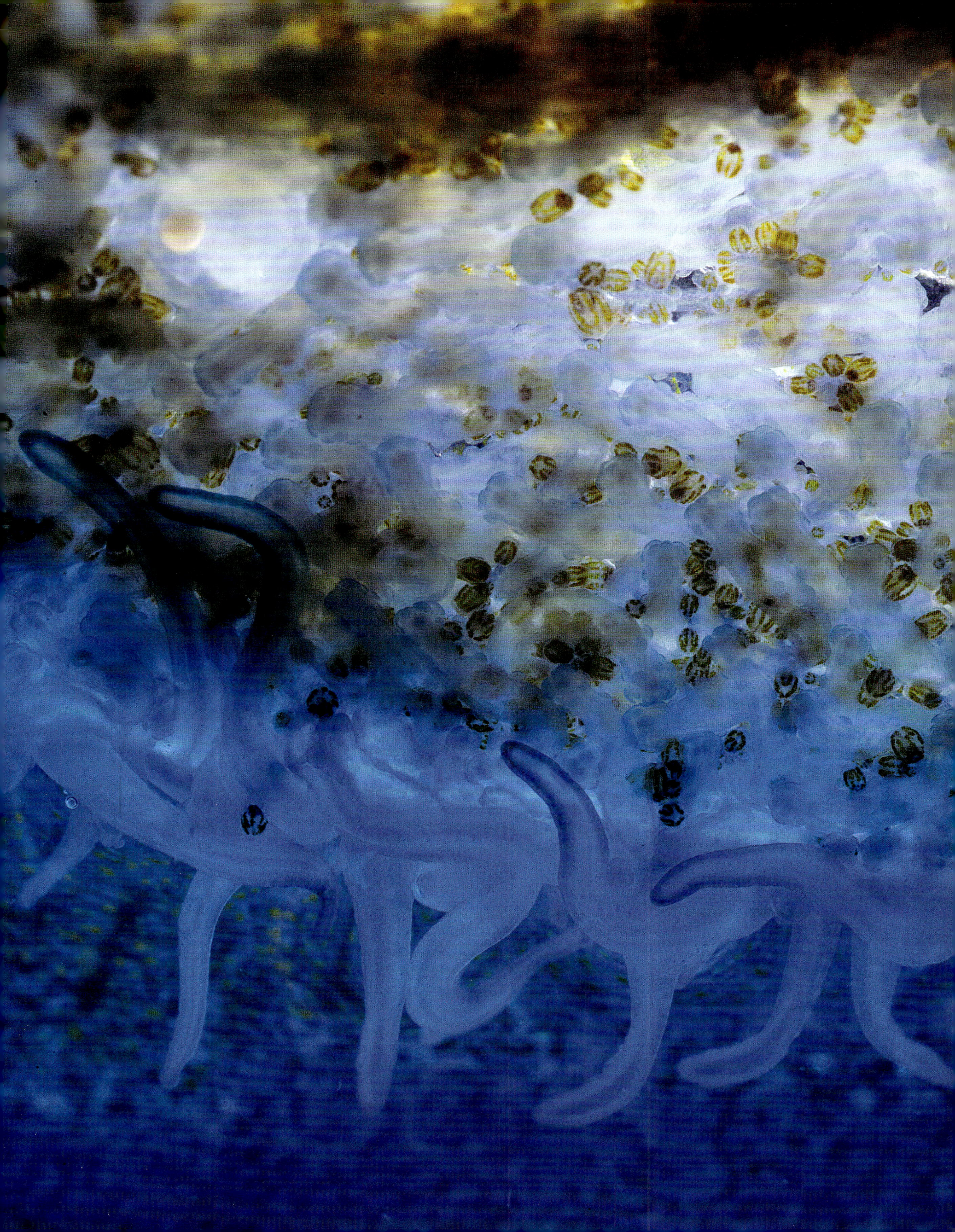

CNIDAIRES — PHYSALIES

Physalie, redoutable galère portugaise

Les physalies, comme les velelles et les porpites, font partie du « neuston », ces organismes planctoniques qui vivent en surface, à l'interface air/eau. Sous un flotteur rempli d'air et de CO_2 (10-15 %), quatre types de polypes assurent la reproduction, la défense et la nutrition. De cette région partent une multitude de filaments. Ici les filaments sont contractés mais lorsqu'ils sont déployés, ils s'étalent sur des dizaines de mètres. Les puissants venins des cellules urticantes disposées le long des filaments pêcheurs permettent de capturer des proies. Ces proies sont ramenées vers les nombreuses bouches de gastrozoïdes situés sous le flotteur.

Photo de gauche, *Physalia utriculus*, Keoki Stender. Photo de droite, *Physalia physalis*, Casey Dunn, Brown University, USA.

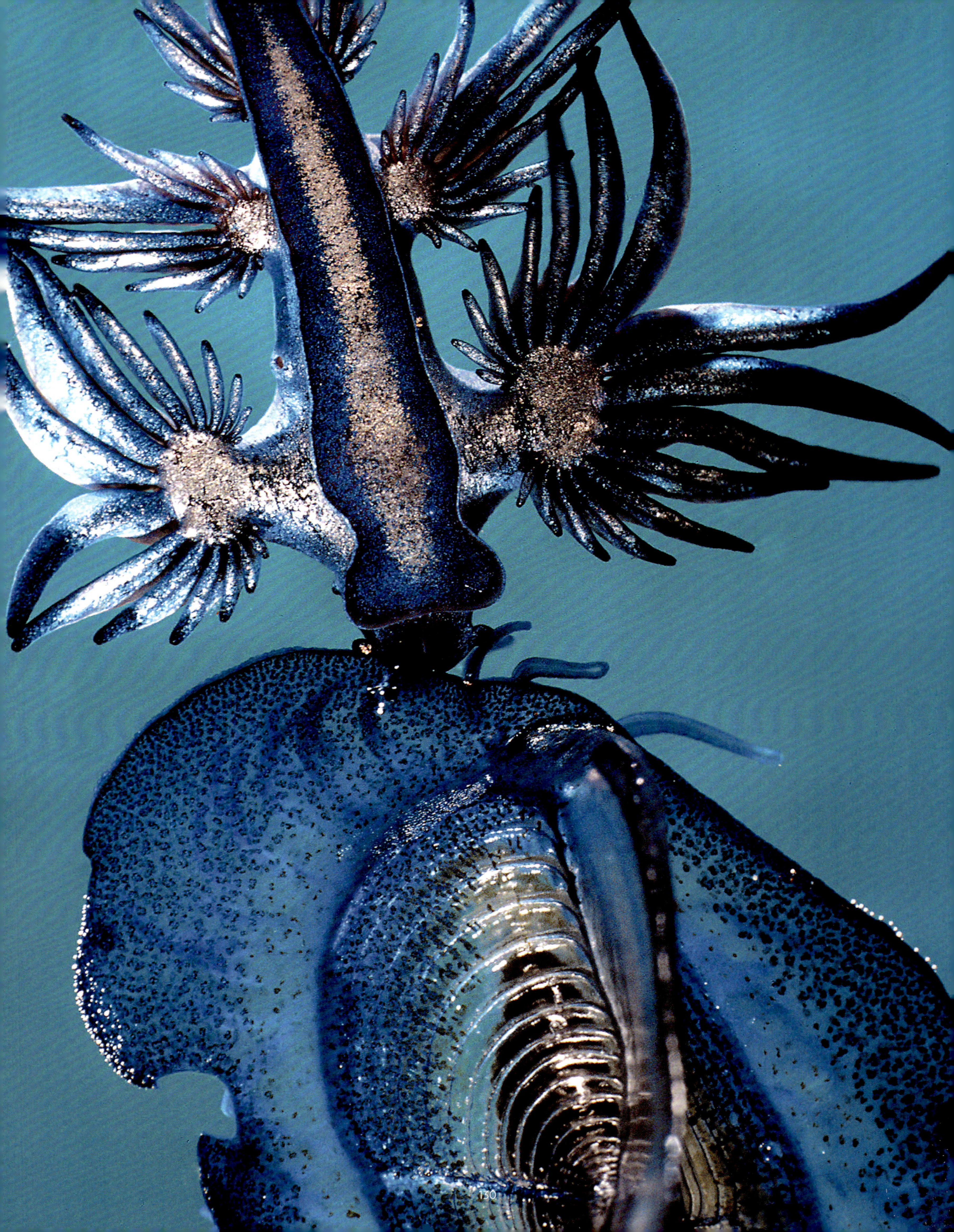

Des prédateurs bien particuliers

Se nourrir de velelles, porpites et physalies, est une affaire d'organismes spécialisés.

PAGE DE GAUCHE : Un mollusque nudibranche du genre *Glaucus* surnommé le « dragon de mer » s'attaque à une velelle.
PHOTO PETER PARKS/IMAGEQUESTMARINE.COM

CI-CONTRE : Le mollusque gastéropode *Janthina janthina* se maintient en surface sous un tapis de bulles pour dévorer la *Porpita pacifica*.
PHOTO KEOKI STENDER.

CI-DESSOUS : Un poisson-lune *Mola mola* avale une velelle.
PHOTO LAURENT COLOMBET.

100 microns
(= 0,1 mm)

MOLLUSQUES ET CRUSTACÉS

Rois de la diversité

LARVES de CRUSTACÉS
MUES ET MÉTAMORPHOSES

Quel que soit le lieu ou la profondeur du trait de filet à zooplancton, il offre généralement une pléiade de minuscules crustacés dans la récolte. Si quelques crabes et crevettes en miniature sont reconnaissables, les larves ont pour la plupart des formes insolites.

Les balanes ou bernacles, crustacés cirripèdes fixés sur les rochers et dont Darwin s'était fait une spécialité, émettent près des côtes et fonds rocheux d'immenses quantités de larves dites larves « nauplius ». Pour les copépodes si nombreux en pleine mer, une demi-douzaine de stades nauplius peuvent coexister en période de reproduction. Les larves de crustacés décapodes (crevettes, pagures, galathées, crabes) passent aussi par de multiples stades larvaires au cours de leurs semaines de séjour et de croissance dans le plancton. Pour les crabes, il s'agit de stades joliment appelés « zoé » arborant de gros yeux composés et un abdomen à allure de queue articulée. Leurs carapaces comportent de nombreuses paires d'appendices et des épines acérées décourageant les prédateurs. Certains des appendices couverts de soies plumeuses confèrent à la zoé une locomotion saccadée, permettant toutefois de capturer du phytoplancton. De multiples mues et métamorphoses aboutissent à des larves dites « mégalopes » ressemblant déjà à des crabes mais possédant une courte queue abdominale munis d'appendices nageurs. Lorsque l'abdomen régresse et se replie lors d'une dernière mue de la mégalope, les jeunes crabes coulent et peuvent débuter leur vie de déambulation sur les fonds marins.

Certains crustacés décapodes juvéniles ont des allures d'acrobates ou de robots miniatures. Les capréllidés ou « crevettes squelettes » sont de véritables contorsionnistes. Avec leurs mouvements saccadés et répétitifs, les postlarves de galathées collectent machinalement les particules qui s'accrochent à leurs soies, ou déchiquètent des larves de mollusques ou des chaetognathes. Lorsqu'ils auront grandi, ils quitteront le plancton pour aller rejoindre leurs congénères adultes dans les anfractuosités rocheuses. Quant aux larves de squilles, les « crevettes mantes » qui vivent sur des fonds sablonneux, elles sont équipées d'une paire d'yeux extraordinaires, offrant une des meilleures visions tous azimuts du règne animal.

« Chroniques du Plancton »
Embryons et larves

ZOÉ PUIS MÉGALOPE AVANT D'ÊTRE CRABE
Dans les captures des filets à plancton déployés en hiver et au printemps en baie de Villefranche-sur-Mer, les larves de crustacés mesurant quelques millimètres sont particulièrement abondantes. Ici, deux larves mégalopes de crabes avec une queue côtoient une larve zoé de crabe (en haut à gauche) et deux larves zoé de crevettes.

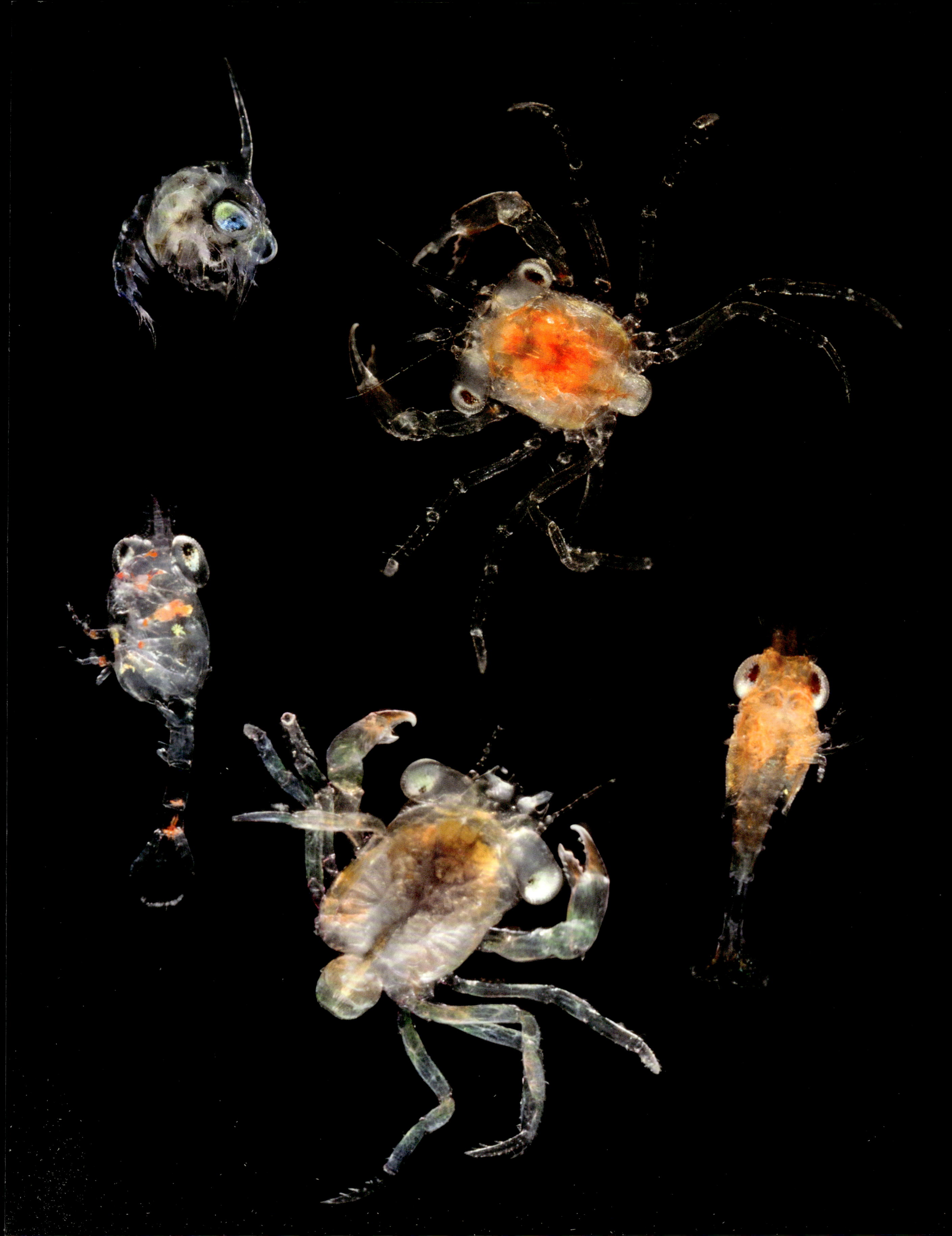

CRUSTACÉS — NAUPLII

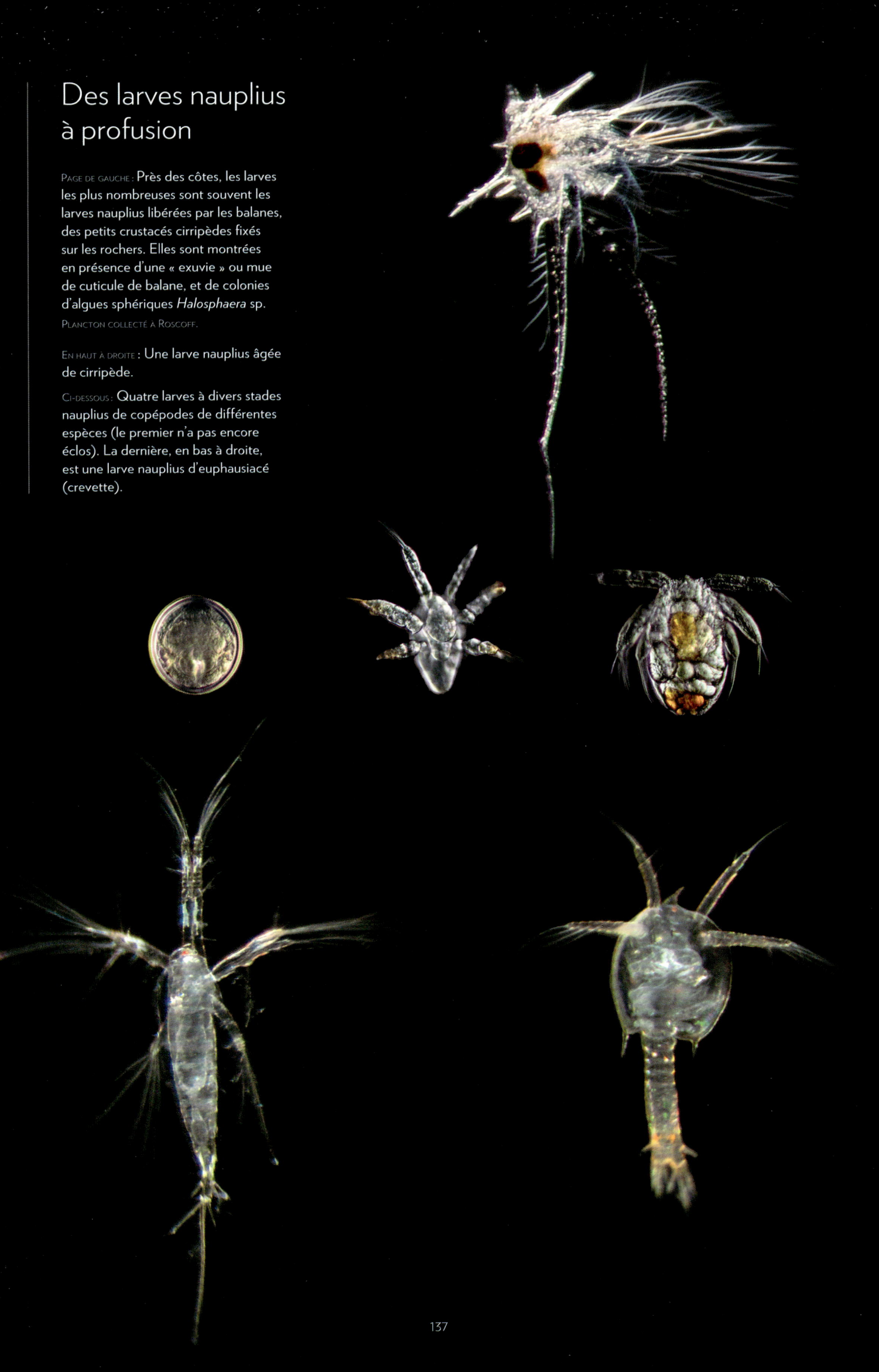

Des larves nauplius à profusion

PAGE DE GAUCHE : Près des côtes, les larves les plus nombreuses sont souvent les larves nauplius libérées par les balanes, des petits crustacés cirripèdes fixés sur les rochers. Elles sont montrées en présence d'une « exuvie » ou mue de cuticule de balane, et de colonies d'algues sphériques *Halosphaera* sp.
PLANCTON COLLECTÉ À ROSCOFF.

EN HAUT À DROITE : Une larve nauplius âgée de cirripède.

CI-DESSOUS : Quatre larves à divers stades nauplius de copépodes de différentes espèces (le premier n'a pas encore éclos). La dernière, en bas à droite, est une larve nauplius d'euphausiacé (crevette).

CRUSTACÉS — MEGALOPES ET ZOÉS

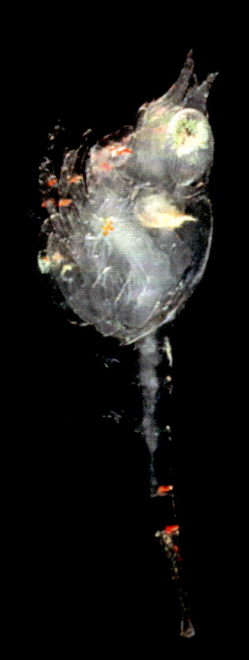

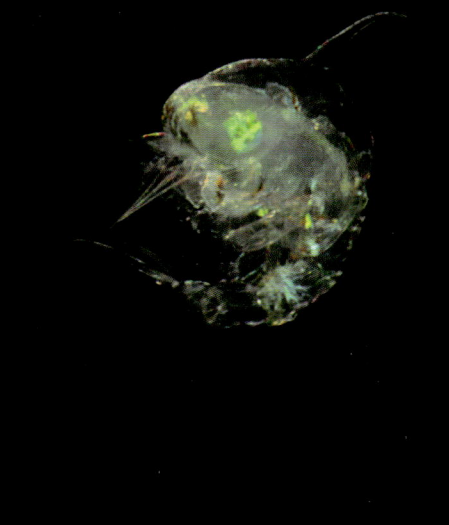

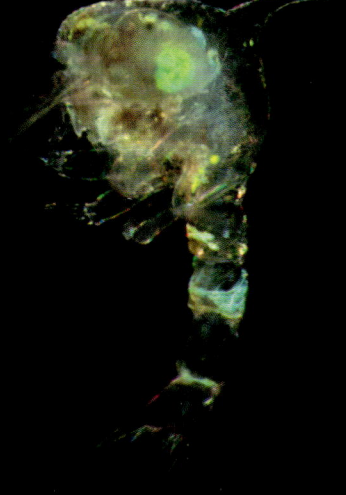

ZOÉS

CI-DESSUS : Deux zoés de crevettes.

CI-DESSUS, À DROITE : Deux zoés (couleur verte) collectées dans le plancton des marais de Caroline du Sud. Ce sont les larves des crabes violonistes, espèce très abondante dans ces marais (un crabe violoniste adulte *Uca* sp. figure en page 134).

CI-CONTRE : Deux zoés (couleur orange) de crustacés brachyoures (crabes ou araignées de mer).
COLLECTÉES EN BAIE DE VILLEFRANCHE-SUR-MER.

MÉGALOPES

Les mégalopes succèdent à plusieurs stades zoé successifs durant environ un mois de vie planctonique.

PAGE DE DROITE : Un gros plan des yeux composés de la mégalope et des cellules chromatophores sous la cuticule. Ces cellules pigmentaires s'étalent ou se contractent changeant l'apparence de la mégalope. Ce peut être une technique de camouflage.

138

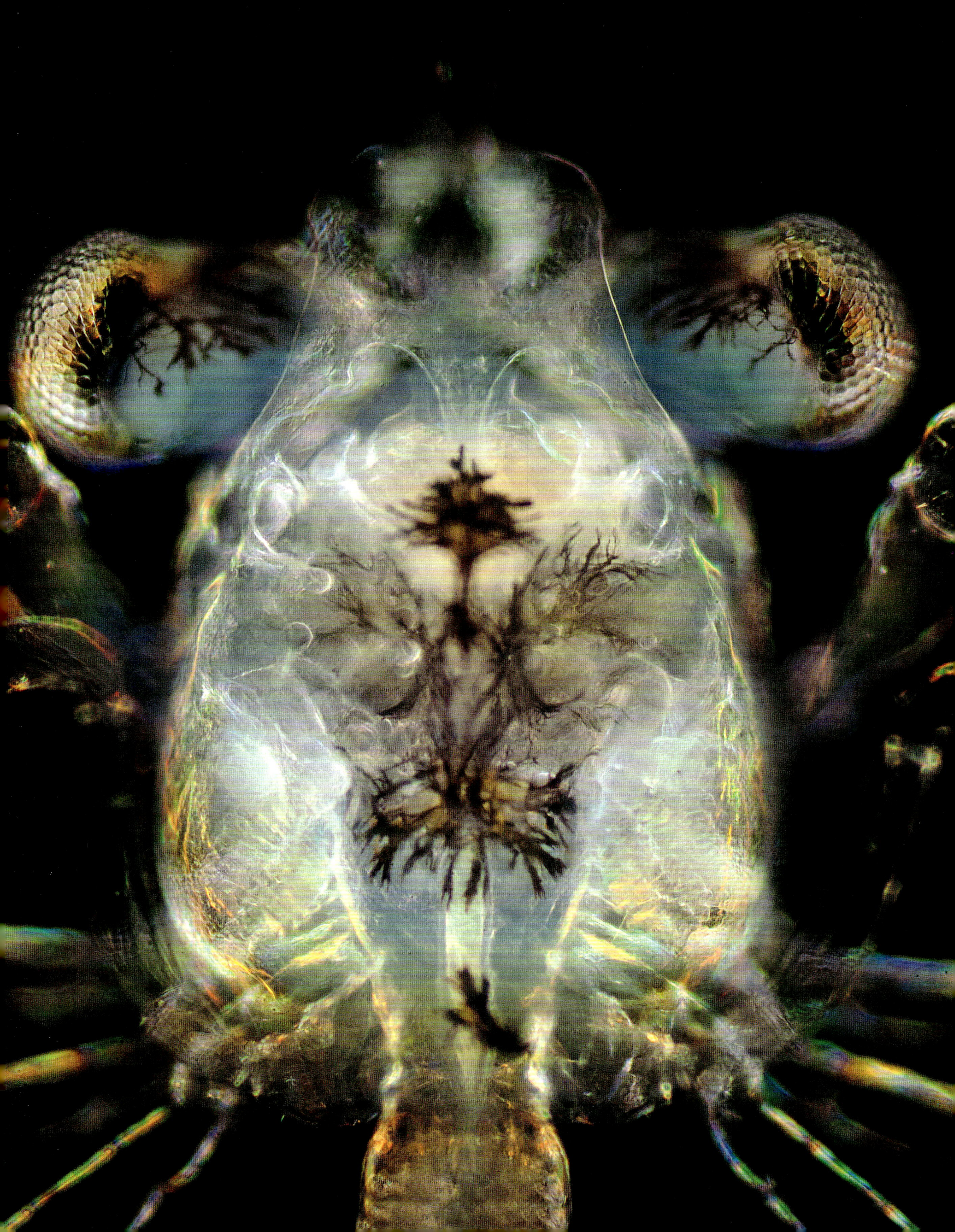

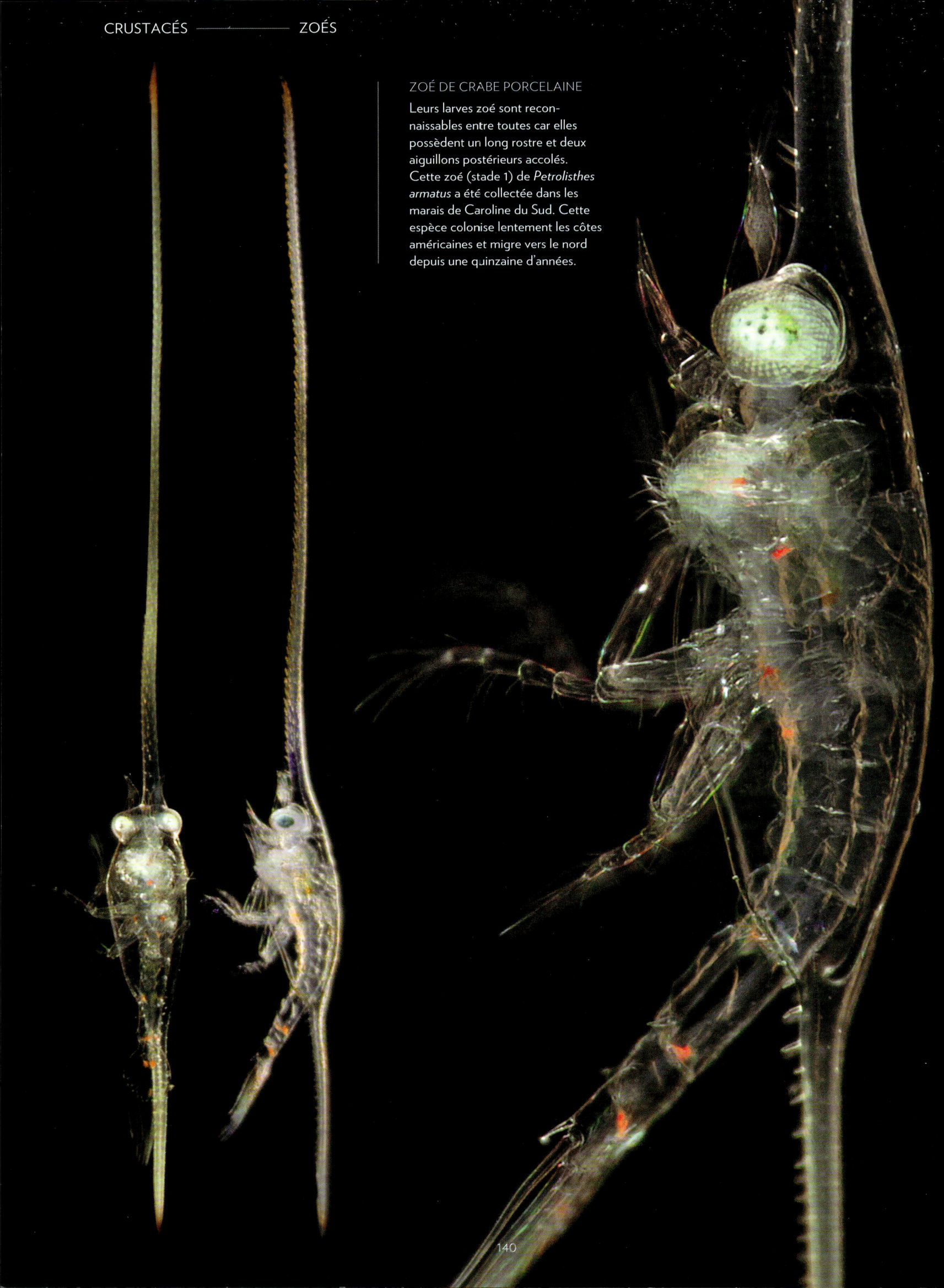

CRUSTACÉS — ZOÉS

ZOÉ DE CRABE PORCELAINE

Leurs larves zoé sont reconnaissables entre toutes car elles possèdent un long rostre et deux aiguillons postérieurs accolés. Cette zoé (stade 1) de *Petrolisthes armatus* a été collectée dans les marais de Caroline du Sud. Cette espèce colonise lentement les côtes américaines et migre vers le nord depuis une quinzaine d'années.

LARVES DE DÉCAPODES

En haut : Larve protozoé (stade 3) de crevette pélagique *Sergestes* sp. On discerne l'estomac (tache rouge centrale), les yeux (deux petits points rouges), un rostre, et une multitude d'appendices et d'épines ramifiées.
Collectée en baie de Villefranche-sur-Mer.

En bas : Trois larves zoés mesurant 2 à 3 mm. Deux zoés de crevette entourent une zoé de galathée.
Collectées dans trois sites différents : à gauche, dans les marais de Caroline du Sud (USA) ; au milieu, à Roscoff (France) ; à droite, dans la baie de Shimoda (Japon). Photo du milieu par Noé Sardet, Parafilms, Montréal.

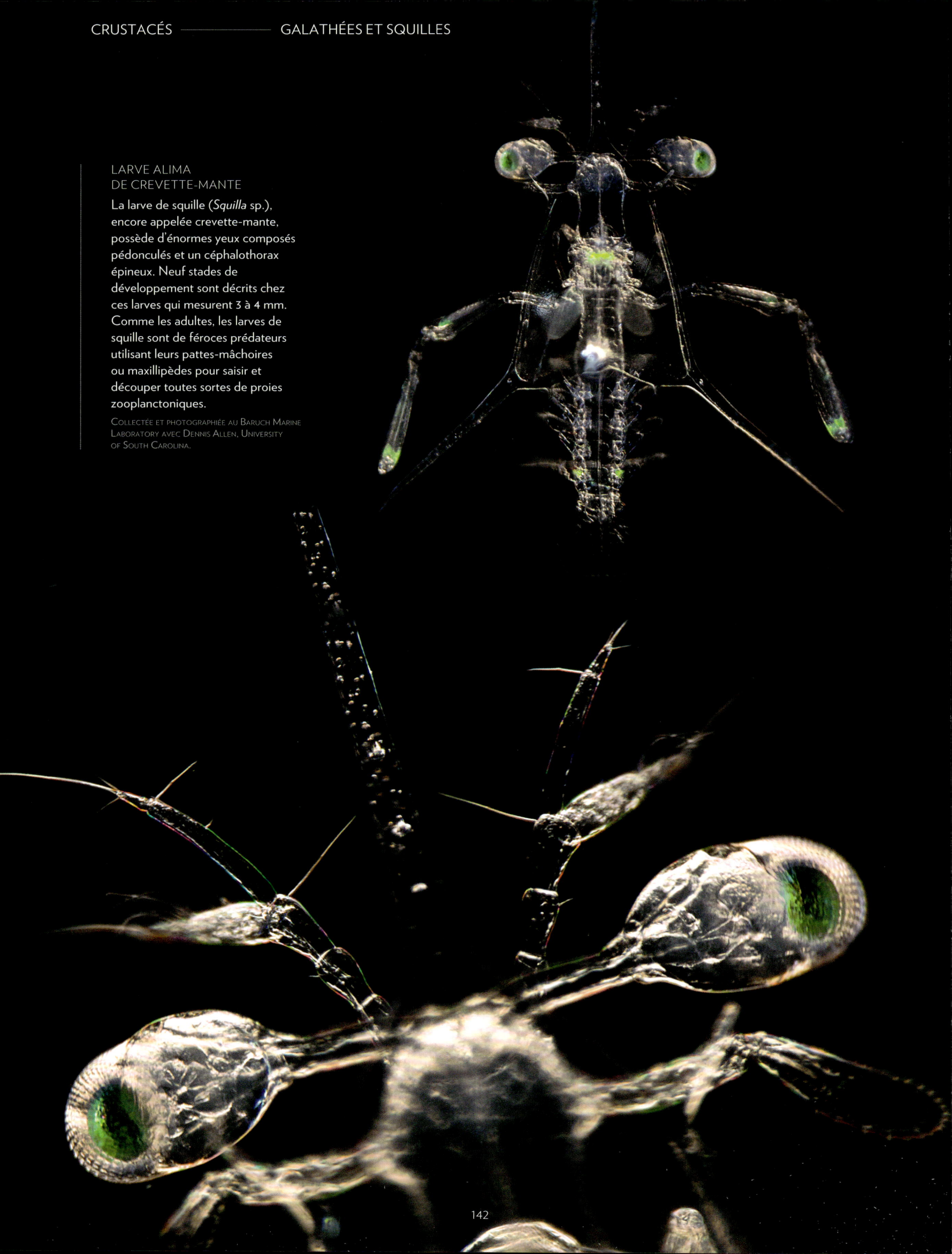

CRUSTACÉS — GALATHÉES ET SQUILLES

LARVE ALIMA DE CREVETTE-MANTE

La larve de squille (*Squilla* sp.), encore appelée crevette-mante, possède d'énormes yeux composés pédonculés et un céphalothorax épineux. Neuf stades de développement sont décrits chez ces larves qui mesurent 3 à 4 mm. Comme les adultes, les larves de squille sont de féroces prédateurs utilisant leurs pattes-mâchoires ou maxillipèdes pour saisir et découper toutes sortes de proies zooplanctoniques.

Collectée et photographiée au Baruch Marine Laboratory avec Dennis Allen, University of South Carolina.

JUVÉNILE DE GALATHÉE

Ce petit crustacé mesurant 2 mm a survécu quelques jours à bord lors de notre traversée de l'océan Indien avec l'expédition *Tara Oceans*. Cette galathée juvénile nettoyait ses antennes et collectait les petites particules qui s'accrochaient aux soies sur ses pattes avec des mouvements stéréotypés de ses pinces.

des COPÉPODES aux AMPHIPODES
VARIATIONS SUR LE MÊME THÈME

Les crustacés copépodes sont les organismes les plus abondants du zooplancton. Comprenant plus de 14 000 espèces, ces arthropodes dont les tailles varient entre 0,5 et 5 mm, occupent tous les habitats d'eaux marines et d'eaux douces. Certaines espèces sont commensales ou parasites d'autres organismes. Ainsi les magnifiques sapphirines mâles à la carapace iridescente voyagent avec les salpes, une sur chaque salpe, solitaire ou en chaîne. Les femelles sapphirines pondent leurs œufs à l'intérieur des salpes et dévorent leurs hôtes en fin de cycle de vie.

Sauf pour de très rares exceptions, les copépodes sont mâles ou femelles et s'accouplent. Attirés par les phéromones émises par la femelle, un mâle, ou successivement plusieurs, saisissent la femelle au niveau de l'abdomen et déposent près de son orifice génital un « spermatophore », un sac contenant les spermatozoïdes. Chez de nombreuses espèces, les œufs fécondés se développent dans des « sacs ovigères » traînés par la femelle jusqu'à l'éclosion de larves nauplius.

Les copépodes sont un maillon essentiel de la chaîne alimentaire. Ils font le lien entre le monde des protistes dont ils se nourrissent principalement, et les organismes multicellulaires qui les mangent — crevettes, chaetognathes, poissons et mammifères marins. Chaque copépode calanidé broute ainsi de 10 000 à 100 000 diatomées ou dinoflagellés par jour. Ils concentrent et ingurgitent les aliments en créant un courant vers leur bouche par le jeu de leurs pièces buccales et de multiples appendices. D'autres espèces de copépodes sont plutôt immobiles, aux aguets, sautant sur des proies détectées et triées sur la base de signaux chimiques. Pour trouver leur nourriture végétale, la plupart des copépodes migrent en surface le jour et, la nuit, ils s'enfoncent dans les profondeurs, à l'abri des prédateurs.

À côté des innombrables copépodes, le plancton pullule de milliers d'autres espèces de crustacés. Il y a les euphausiacés, des crevettes pélagiques qui vivent en essaims connus sous le nom de « krill », la nourriture des baleines ; les ostracodes dont la plupart s'abritent à l'intérieur de carapaces calcifiées ; les cumacés et les filiformes caprellidés (des crustacés fréquentant les estuaires et marais), qui ne sont qu'épisodiquement planctoniques. Enfin, d'autres crustacés comme les amphipodes hypériens vivent en étroites associations avec des méduses, siphonophores, pyrosomes ou salpes, jouant un rôle important dans le recyclage de l'abondante matière gélatineuse.

PHOTO YVAN PEREZ, UNIVERSITÉ D'AIX-MARSEILLE.

LA SAPPHIRINE, PARASITE ET IRIDESCENTE
Cette sapphirine mâle reflète et diffracte la lumière grâce aux minuscules plaques réflectrices des cellules épidermales couvrant sa surface. Selon son orientation, son corps très aplati peut être d'une totale transparence ou renvoyer des éclats de lumière métallique. En baie de Villefranche-sur-Mer, les sapphirines sont abondantes lorsque les salpes pullulent. Depuis le bateau de collecte, les chaînes de salpes sont détectées par les éclairs lumineux dus aux sapphirines accrochées voyageant avec les salpes. Les femelles ont une morphologie très différente (voir page 149).
PHOTO YVAN PEREZ, UNIVERSITÉ D'AIX-MARSEILLE.

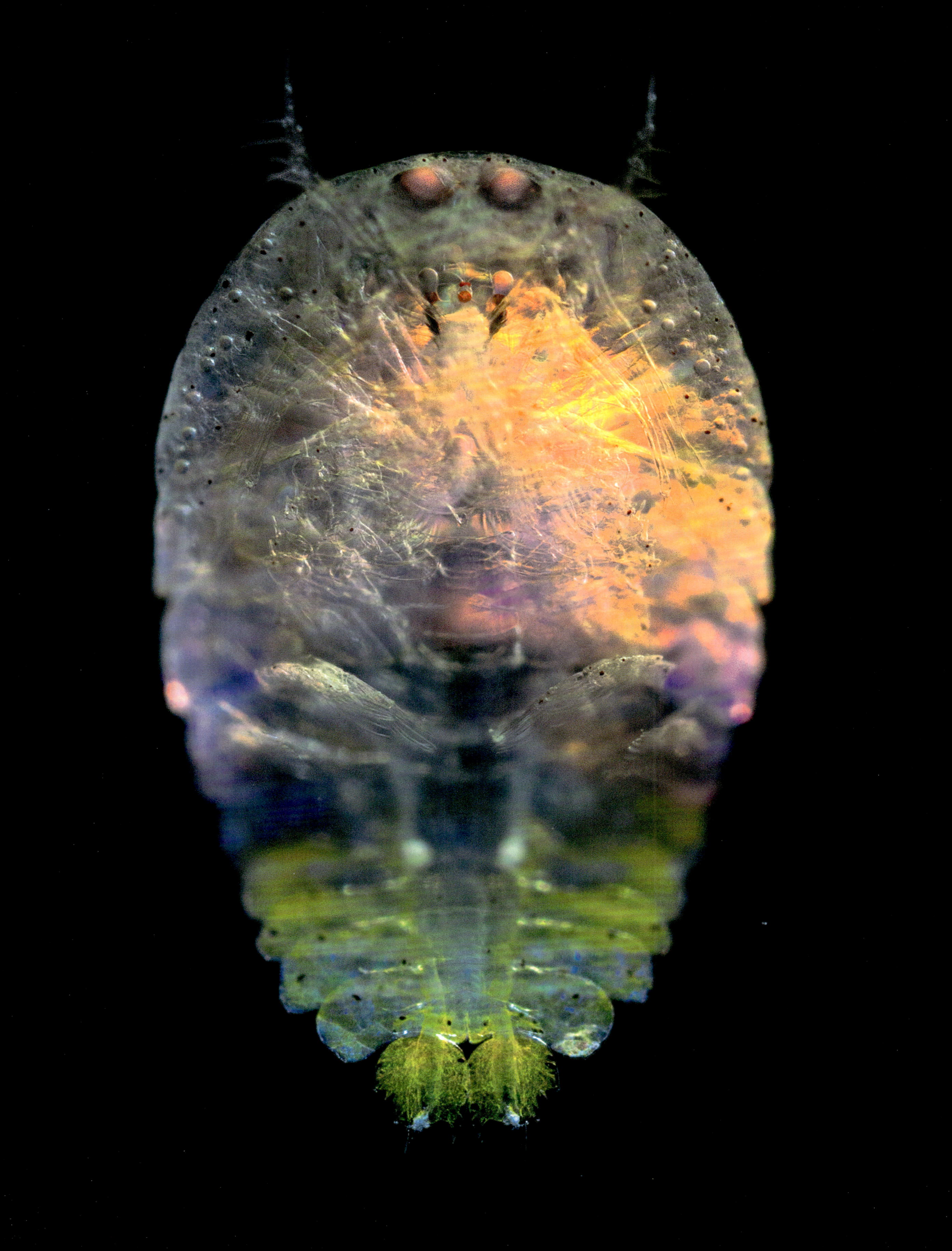

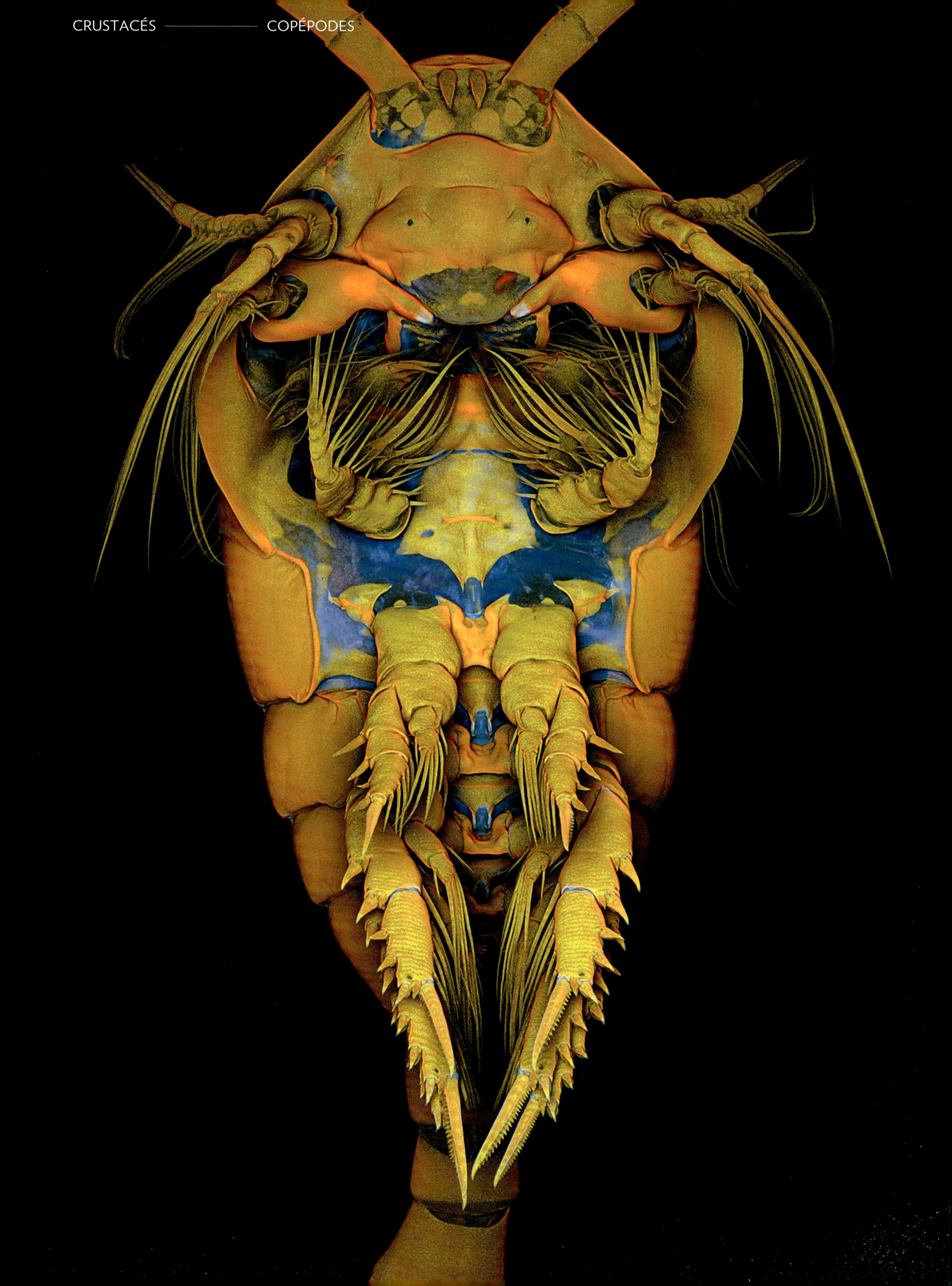

CRUSTACÉS — COPÉPODES

Copépodes

Quatres copépodes de différents genres : *Centropages, Sapphirina, Pleuromamma, Copilia*. Les deux de droite font partie de l'ordre des *Calanoida* et les deux de gauche de l'ordre des *Cyclopoida*.

PAGE DE GAUCHE : Le côté ventral de *Temora longicornis*. Le corps et les appendices mesurant environ 1 mm sont couverts d'une cuticule de chitine (couleur ocre jaune). Les parties bleues sont riches en résiline, une protéine élastique autofluorescente présente au niveau des articulations chez les arthropodes.

PHOTO EN MICROSCOPIE DE FLUORESCENCE CONFOCALE, JAN MICHELS, UNIVERSITÉ DE KIEL, ALLEMAGNE.

CRUSTACÉS — COPÉPODES

DES ACCOUPLEMENTS ET DES ŒUFS

Le mâle utilise des pattes ou des antennes modifiées pour tenir la femelle et déposer un spermatophore près de l'orifice génital. Ces appendices modifiés et segments génitaux femelles constituent des caractères spécifiques permettant de déterminer les espèces. De nombreux copépodes portent leurs embryons dans des sacs ovigères.

Ci-dessous : Couple de copépodes *Oncaea* sp. vu du dessus et de profil.

Ci-contre : Différents sacs ovigères rassemblés dans une collecte de plancton réalisée avec un filet de mailles 100 microns en baie de Shimoda (Japon).

Page de droite : Une *Euchaeta* sp. (en haut) et une femelle *Sapphirina* sp. (en bas) portant des sacs ovigères. À droite, le copépode harpacticoïde bleuté.

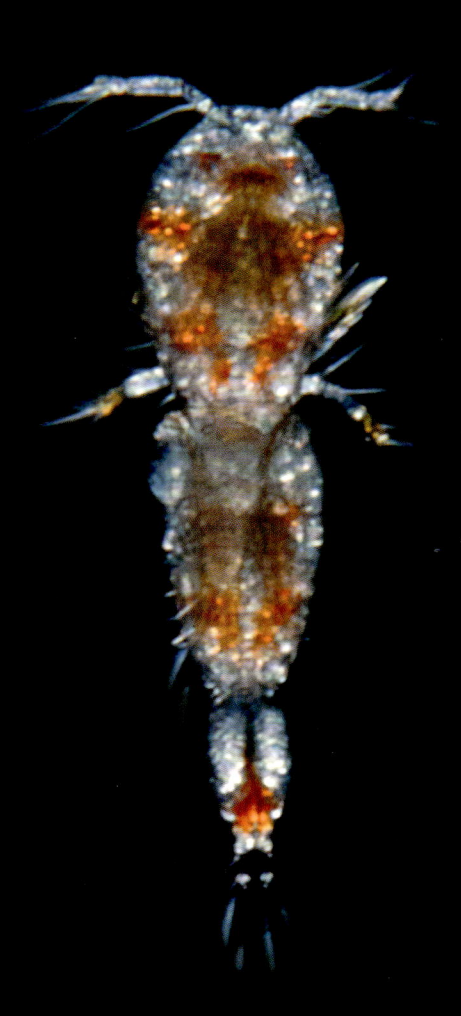

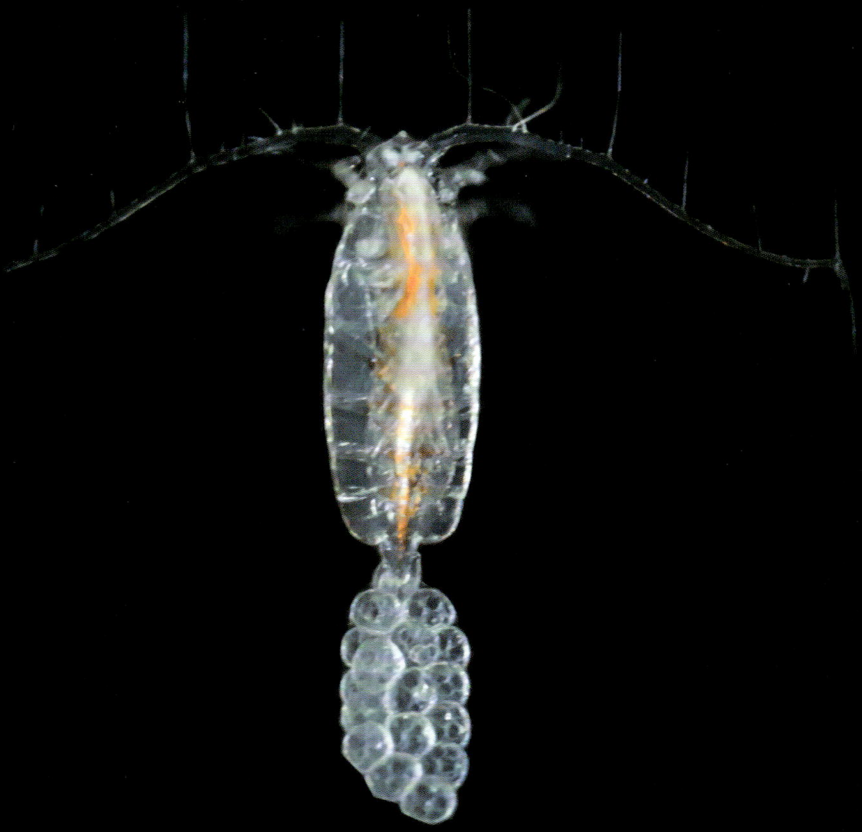

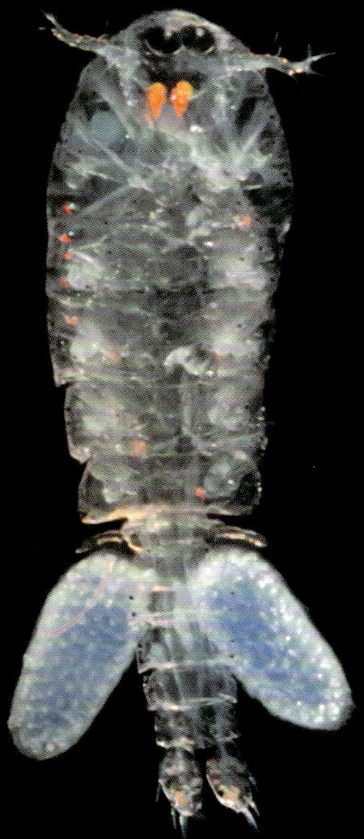

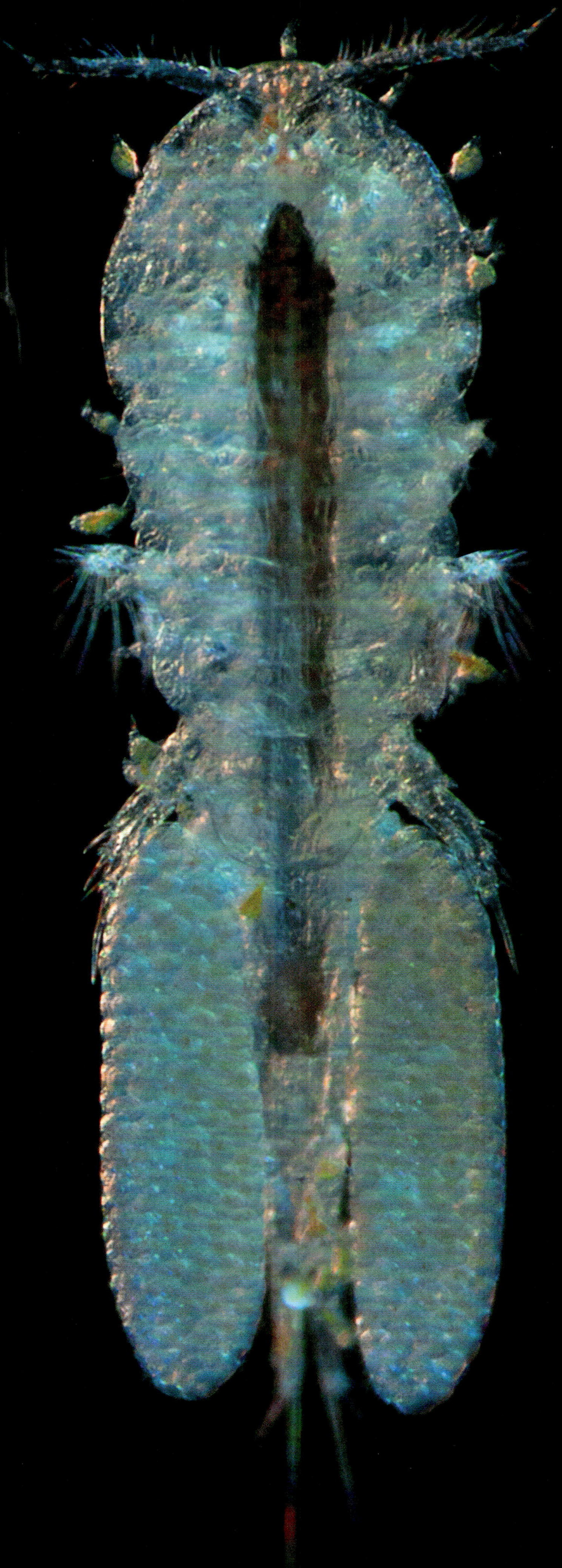

CRUSTACÉS — DÉCAPODES

Penaeidae, euphausiacés et mysidacés

Larve de *Penaeidae Solenocera crassicornis*, de face.
COLLECTÉE EN BAIE DE VILLEFRANCHE-SUR-MER.

Larve de *Penaeidae Solenocera crassicornis* de profil.
Collectée en baie de Villefranche-sur-Mer.

L'euphausiacé *Meganictiphanes norvegica* (« krill »).
Collectée en baie de Villefranche-sur-Mer.

Deux mysidacés, *Brasilomysis castroi* juvénile et une tête de *Chlamydopleon dissimile*.
Collectés dans les marais de Caroline du Sud.

CRUSTACÉS — OSTRACODES ET AMPHIPODES

Ostracodes et amphipodes

Ci-contre : Deux amphipodes hypériens *Vibilia armata*. Nous les avons collectés en baie de Villefranche-sur-Mer avec les salpes dans lesquelles ces amphipodes parasitoïdes se développent et se reproduisent.

Ci-dessous : Une vingtaine d'ostracodes et les deux amphipodes *Oxycephalus* sp. collectés de nuit dans la baie de Toba au Japon avec un filet équipé d'une lampe. Les ostracodes sont de l'espèce *Vargula hilgendorfii* connue en anglais sous le nom de *sea firefly*, luciole de mer, car ces organismes, lorsqu'ils sont dérangés, émettent une lumière bleue due à la présence d'une protéine luminescente apparentée à celle des lucioles.

CRUSTACÉS — CAPRELLIENS ET CUMACÉS

Caprellidés et cumacés

Des juvéniles du cumacé *Leucon americanus* (en haut) et de caprellidés *Caprella* sp. mesurant 3 à 5 mm (ci-dessus et à droite). Les cumacés rampent le plus souvent sur les fonds vaseux ou sableux des côtes et des marais. Ils quittent parfois les sédiments pour la colonne d'eau pour retrouver leurs congénères en essaims. Les caprellidés sont des amphipodes aux corps grêles et aux pattes griffues. Ils vivent accrochés aux algues ou colonies d'hydraires et parfois dérivent avec eux.

Collectés dans des filets de mailles 200 microns dans les marais de Caroline du Sud (en haut) et en baie de Shimoda (en bas).

PHRONIMES
MONSTRES DES TONNEAUX

La plupart des 5 000 espèces de crustacés amphipodes sont benthiques. Comme les « puces de mer », ils vivent dans le sable ou explorent les fonds marins. Quelques centaines d'espèces sont dans le plancton. Il s'agit des amphipodes hypériens qui sont souvent des parasites spécifiques d'un type d'organisme gélatineux. Parmi les amphipodes, il en est un, la phronime, qui a des mœurs particulières. À travers les dessins qu'elle a inspirée au dessinateur Moebius, la phronime est devenue un personnage de monstre dans le film *Alien*. Comme tous les amphipodes hypériens, la phronime est caractérisée par une grosse tête et d'énormes yeux, mais en plus elle est équipée de deux pinces impressionnantes. Tel un Bernard l'hermite, la femelle de la phronime est une squatteuse. Elle n'occupe cependant pas une coquille toute faite mais se façonne un tonneau à partir de l'enveloppe d'un animal gélatineux.

Les différentes espèces de crustacés amphipodes se sont spécialisées dans la capture d'un animal gélatineux précis, un siphonophore, une salpe, une méduse, un pyrosome. La phronime découpe sa proie, en mange une partie, et recycle le reste pour façonner sa propre tunique de cellulose. Pour cette raison, la phronime est parfois appelée le « tonnelier des mers ».
Au fur et à mesure de sa croissance, la phronime se construit des tonneaux toujours plus grands. Elle rentre et sort fréquemment de son tonneau et s'y agrippe avec ses pattes acérées. Protégée par son tonneau, elle peut se déplacer rapidement et capturer de petites particules grâce à ses pattes arrières couvertes de longs cils. Elle ne quitte même pas sa demeure pour capturer ses proies, sauf quand elles sont trop grosses. Dans ce cas, elle les grignote au bord de son abri, puis les tire à l'intérieur pour terminer son repas.

Fait extrêmement rare chez les crustacés, la femelle phronime prend grand soin de sa progéniture. Elle pond et incube ses œufs dans une sorte de poche marsupiale, puis élève ses petits et les nourrit à l'intérieur même de son tonneau. Grandissant ensemble contre les parois, les phronimes miniatures quittent le tonneau après quelques semaines. Seules quelques-unes survivront car elles sont des proies recherchées par les poissons, les siphonophores, cténophores, chaetognathes ou annélides. Étrange crustacé, la phronime est un maillon essentiel de la chaîne alimentaire. Elle se nourrit des animaux gélatineux du plancton, les recycle, et fait elle-même le régal de bien des carnivores dans la mer.

« Chroniques du Plancton »
Phronimes

PHRONIME DANS SON TONNEAU
Les phronimes se nourrissent d'animaux du plancton gélatineux. Elle les évide et les découpe pour en faire une demeure en forme de tonneau. Cette *Phronima* sp. de 25 millimètres s'agrippe avec deux paires de pattes antérieures et deux pattes postérieures et nage avec son tonneau.
COLLECTÉE DANS UN FILET DE MAILLES 0,2 MM EN HIVER EN BAIE DE VILLEFRANCHE-SUR-MER.

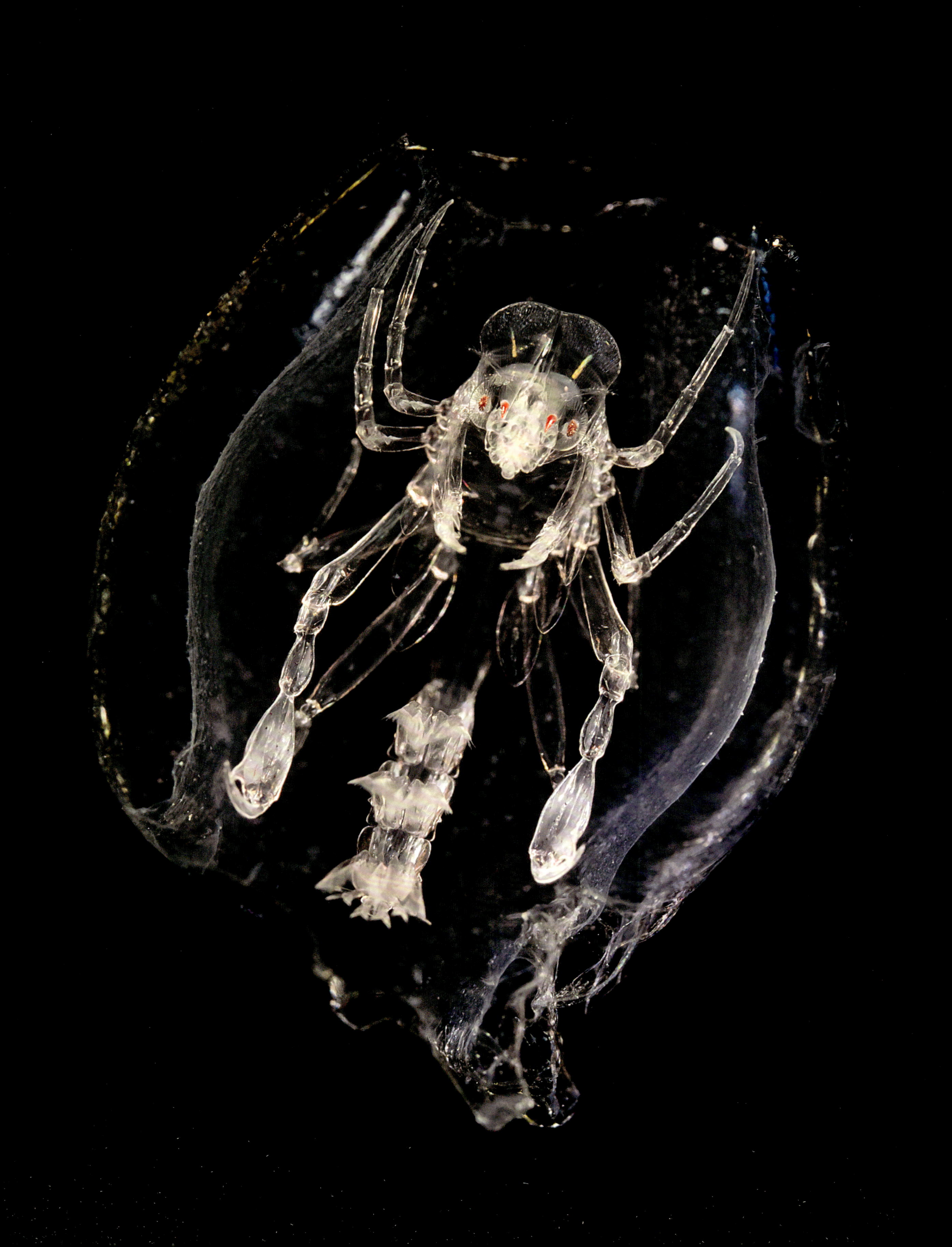

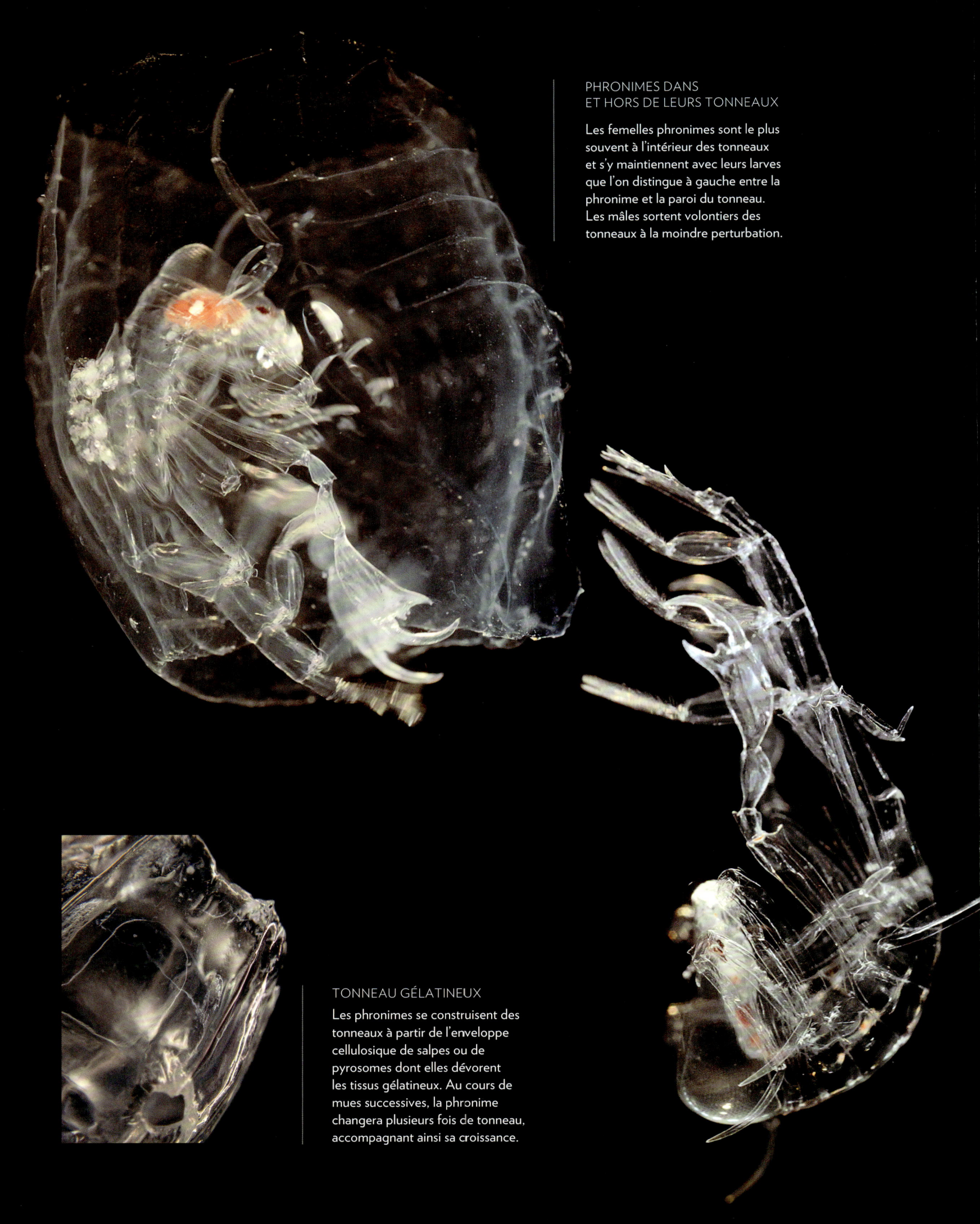

CRUSTACÉS —————— PHRONIMES

PHRONIMES DANS ET HORS DE LEURS TONNEAUX

Les femelles phronimes sont le plus souvent à l'intérieur des tonneaux et s'y maintiennent avec leurs larves que l'on distingue à gauche entre la phronime et la paroi du tonneau. Les mâles sortent volontiers des tonneaux à la moindre perturbation.

TONNEAU GÉLATINEUX

Les phronimes se construisent des tonneaux à partir de l'enveloppe cellulosique de salpes ou de pyrosomes dont elles dévorent les tissus gélatineux. Au cours de mues successives, la phronime changera plusieurs fois de tonneau, accompagnant ainsi sa croissance.

JEUNES PHRONIMES
Collectées en baie de Villefranche-sur-Mer
et lors de la traversée de l'océan Indien par
l'expédition *Tara Oceans*

CRUSTACÉS — PHRONIMES

UN AMPHIPODE JUVÉNILE

Ci-dessus à gauche : Les énormes yeux composés de *Phrosina semilunata* avec quatre rétines rouges.

Ci-dessus à droite : Le système digestif apparaît sous forme d'une large tache rouge et jaune sous les volumineuses facettes des yeux composés.

Collectée en baie de Villefranche-sur-Mer.
Photo Christian Sardet et Sharif Mirshak,
Parafilms, Montréal.

QUATRE YEUX ET UNE VISION PANORAMIQUE

Page de gauche : La phronime est un carnivore. Équipée de pinces et de pièces buccales, elle découpe et ingère des proies gélatineuses qu'elle repère et chasse grâce à sa vision panoramique. *Phronima sedentaria* possède quatre yeux composés très volumineux. Les quatre rétines sont d'un rouge intense.

À droite : Les yeux médians sont caractérisés par de longues cellules du cristallin se prolongeant jusque sur le dessus de la tête et dont les larges facettes sont visibles de l'arrière.

collectée en baie de Villefranche-sur-Mer.
Photo Christian Sardet et Sharif Mirshak,
Parafilms, Montréal

CRUSTACÉS — PHRONIMES

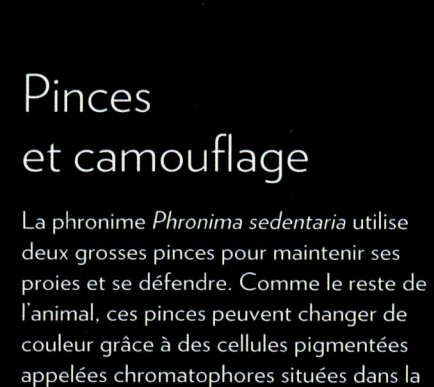

Pinces et camouflage

La phronime *Phronima sedentaria* utilise deux grosses pinces pour maintenir ses proies et se défendre. Comme le reste de l'animal, ces pinces peuvent changer de couleur grâce à des cellules pigmentées appelées chromatophores situées dans la cuticule au-dessus de puissants muscles.

Ci-contre : Lorsque les cellules chromatophores sont contractées, l'animal perd sa couleur, un bon moyen de se dissimuler et d'apparaître comme une salpe ou un pyrosome peu prisé des carnivores.

Page de droite : Lorsque les cellules sont étalées, l'animal prend une teinte rouge.

Collectée en hiver dans la baie de Villefranche-sur-Mer. Photo Christian Sardet et Sharif Mirshak, Parafilms, Montreal.

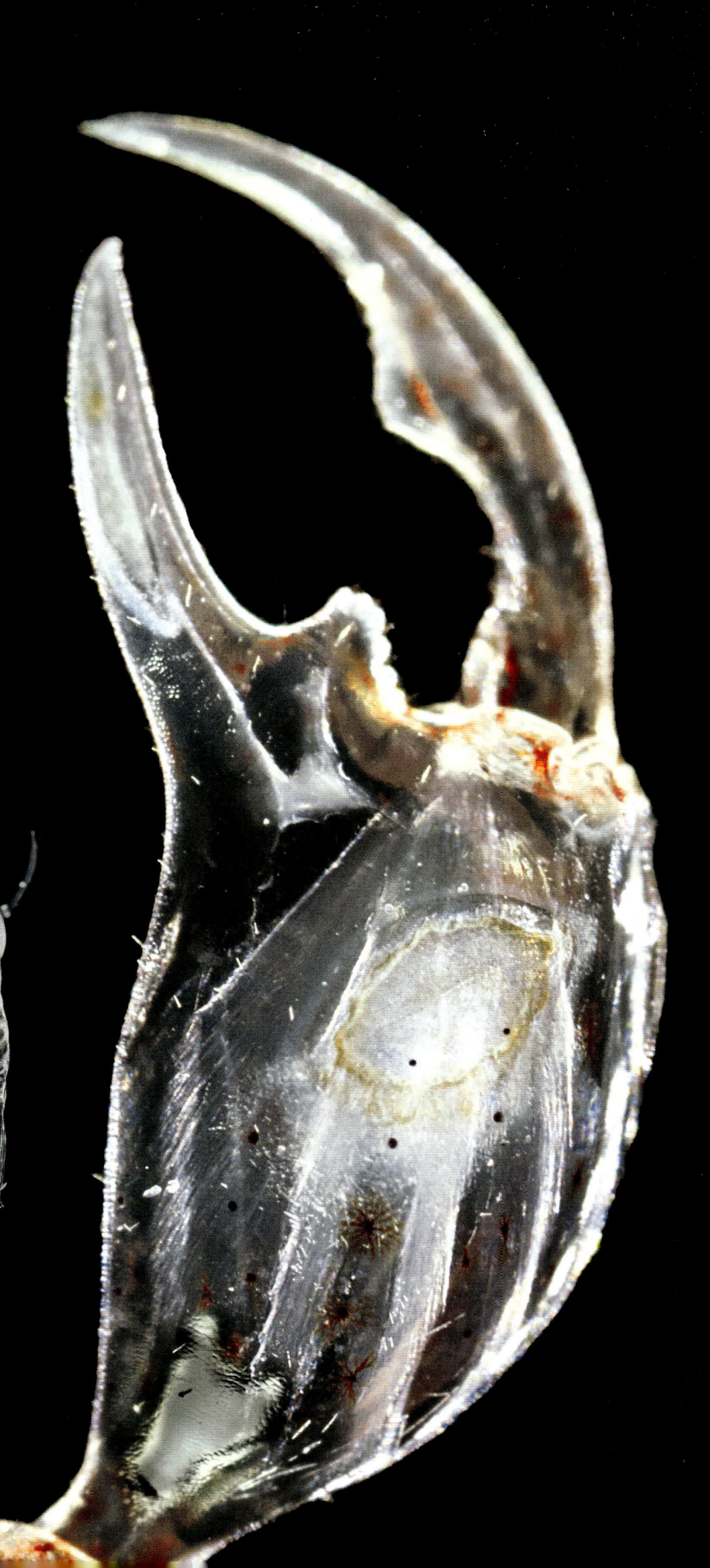

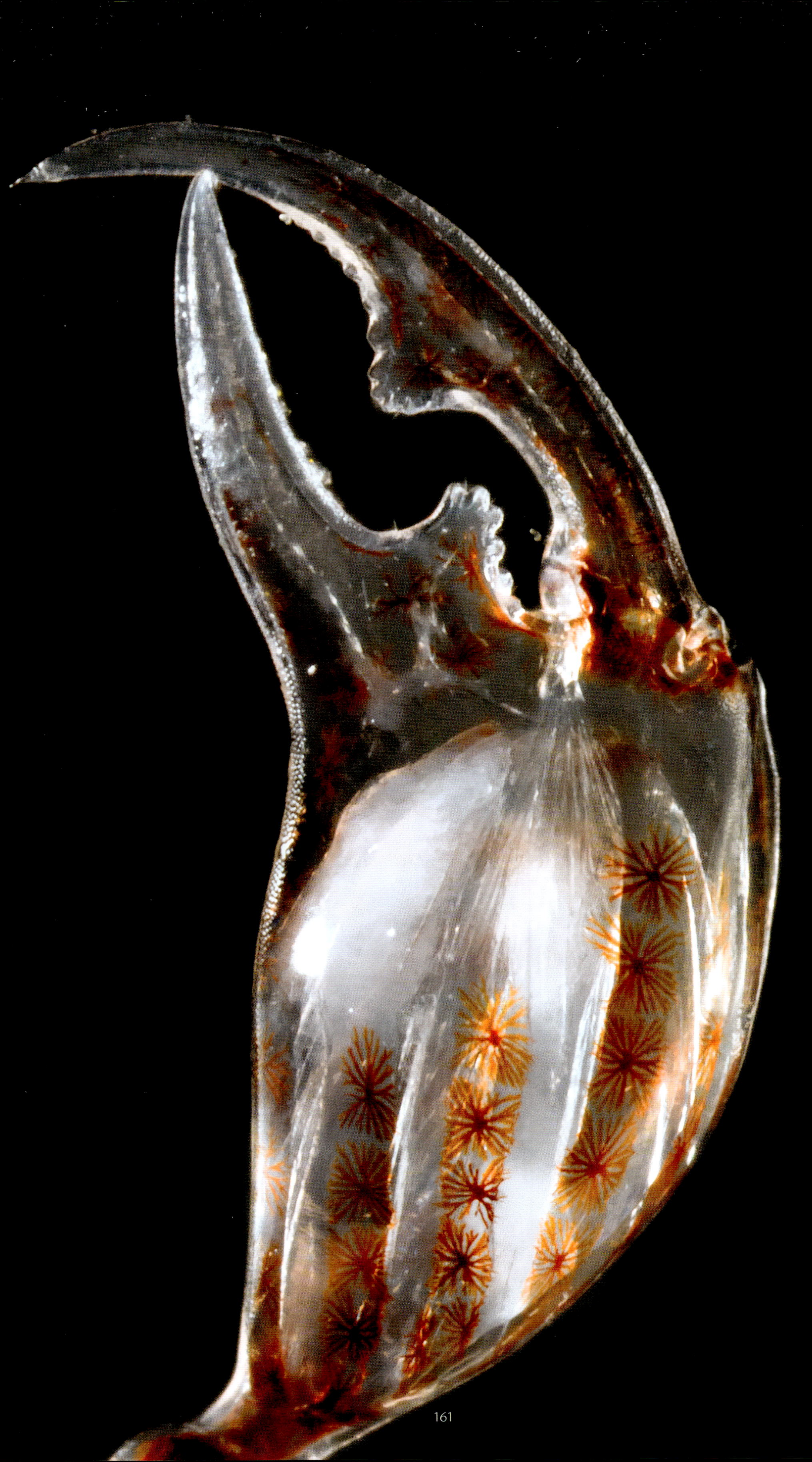

CRUSTACÉS — PHRONIMES

La phronime est maternelle

PAGE DE GAUCHE : La phronime incube ses embryons dans une sorte de poche marsupiale.
PHOTO NOÉ SARDET, PARAFILMS, MONTRÉAL.

CI-DESSUS : La femelle dépose ses petits sur les parois de son tonneau. Elle les nourrit pendant 2-3 semaines et veille à ce qu'ils restent groupés. Ici, une partie du groupe des jeunes était pratiquement sortie du tonneau lorsqu'ils ont été rattrapés par la mère.

DES JUVÉNILES SOLIDAIRES

Bien que mobiles sur la paroi du tonneau, les juvéniles de la phronime ont tendance à rester groupés têtes vers l'extérieur comme si une force d'attraction mutuelle les maintenait solidaires.

PTÉROPODES et HÉTÉROPODES

DES MOLLUSQUES QUI NAGENT AVEC LEURS PIEDS

Les escargots et les limaces se déplacent lentement au moyen de leur pied musculeux qui peut faire ventouse. Ils appartiennent à la classe des mollusques gastéropodes, dont l'origine remonte à plus de 500 millions d'années.

S'adaptant au milieu pélagique, certains gastéropodes des fonds marins ont évolué en mollusques planctoniques, les ptéropodes et les hétéropodes, dont on connaît une centaine d'espèces. La transformation du pied en une ou deux nageoires a permis leur déplacement dans la colonne d'eau. Communément appelés « papillons des mers », ces ptéropodes portés par les courants ont aussi une certaine autonomie de déplacement et semblent littéralement voler dans l'eau.

Certains ptéropodes (ils possèdent deux nageoires) comme les *Limacina*, ou des hétéropodes (ils possèdent une seule nageoire), tels les *Atlanta*, ont gardé une coquille en spirale. D'autres ptéropodes, les *Creseis* ou *Cavolinia*, ont acquis une coquille droite symétrique. Ces coquilles sont en carbonate de calcium (aragonite). Mesurant de quelques millimètres à plusieurs centimètres, les hétéropodes et ptéropodes se parent parfois de couleurs éclatantes. Ils sont mâles ou femelles ou successivement mâle puis femelle, et s'accouplent. Dans certaines espèces, les femelles traînent les pontes sous forme de longs filaments, d'autres relâchent dans le plancton des poches transparentes pleines d'œufs fécondés en voie de division.

Ces mollusques planctoniques vivent à différentes profondeurs mais la plupart migrent vers la surface pendant la nuit. Ils sont très répandus dans les mers chaudes. Cependant, des espèces telles les *Clione* (surnommés les « anges de mer ») forment de larges essaims dans les zones boréales. Les *Clione limacina*, connues des pêcheurs sous le nom de « whale food », furent les premières espèces de mollusques nus ou « gymnosomes » décrites dès 1646. Les voraces *Clione* et *Pneumodermopsis* peuvent fondre à grande vitesse sur leurs proies, des ptéropodes à coquilles ou « thécosomes ». Les hétéropodes avec ou sans coquilles, tels les *Atlanta* ou les *Firola* sont eux aussi carnivores. Ils localisent et capturent leurs proies grâce à une paire d'yeux très performants.

Contrairement aux gymnosomes, la plupart des ptéropodes thécosomes se nourrissent en piégeant des bactéries et petits organismes à l'aide d'un large filet muqueux qu'ils sécrètent et déploient à l'embouchure de leurs coquilles. Comme tous les mollusques, hétéropodes et ptéropodes rongent leurs proies, grâce à une langue râpeuse appelée « radula ». La radula est une sorte de ruban garni d'une double rangée de dents qui se renouvellent constamment.

On peut être inquiet pour l'avenir des hétéropodes et ptéropodes. Non seulement ils sont la proie des gymnosomes et une nourriture favorite des poissons, mais les fines coquilles calciques des larves et des adultes sont fragilisées par l'acidification accélérée des océans, conséquences des activités humaines.

« Chroniques du Plancton »
Ptéropodes et Hétéropodes

TROIS MOLLUSQUES PLANCTONIQUES.
Au centre : *Creseis conica*, le plus grand. Il mesure 1 centimètre. C'est un ptéropode thécosome à coquille conique.
À gauche : L'hétéropode à coquille enroulée *Atlanta peroni*.
À droite : Le ptéropode nu ou gymnosome *Pneumodermopsis paucidens*.
Plancton collecté dans la baie de Villefranche-sur-mer en hiver.

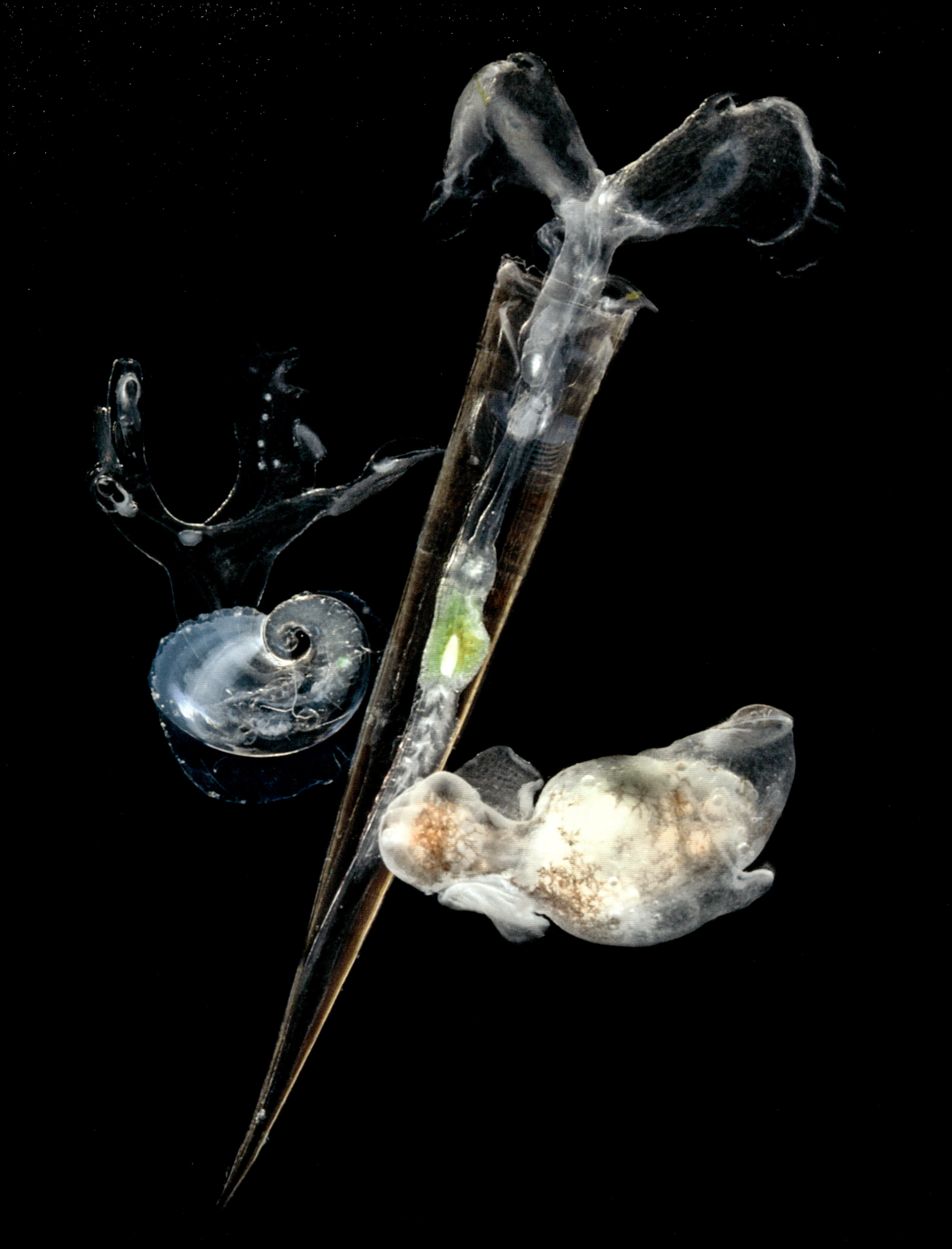

PTÉROPODES — GYMNOSOME ET THECOSOMES

L'ange des mers, un redoutable prédateur

Clione limacina, surnommé « l'ange des mers », et *Limacina helicina* (dans le coin gauche) préfèrent les eaux froides près des pôles où ils peuvent atteindre des densités comparables à celles des crevettes du krill. Comme elles, ils font le régal des baleines. Petite créature de quelques centimètres, le ptéropode nu, *Clione limacina*, fonce telle une torpille en battant furieusement des ailes. Il est en quête de ses proies favorites, des cousins ptéropodes à coquille, les *Limacina helicina*. Au contact, *Clione* éjecte six cônes buccaux à la vitesse de l'éclair, saisit et manipule sa proie, puis ronge lentement ses tissus avec sa langue râpeuse.

Photo prise dans la mer Blanche au sud de la mer de Barents (Russie) par Alexander Semenov.

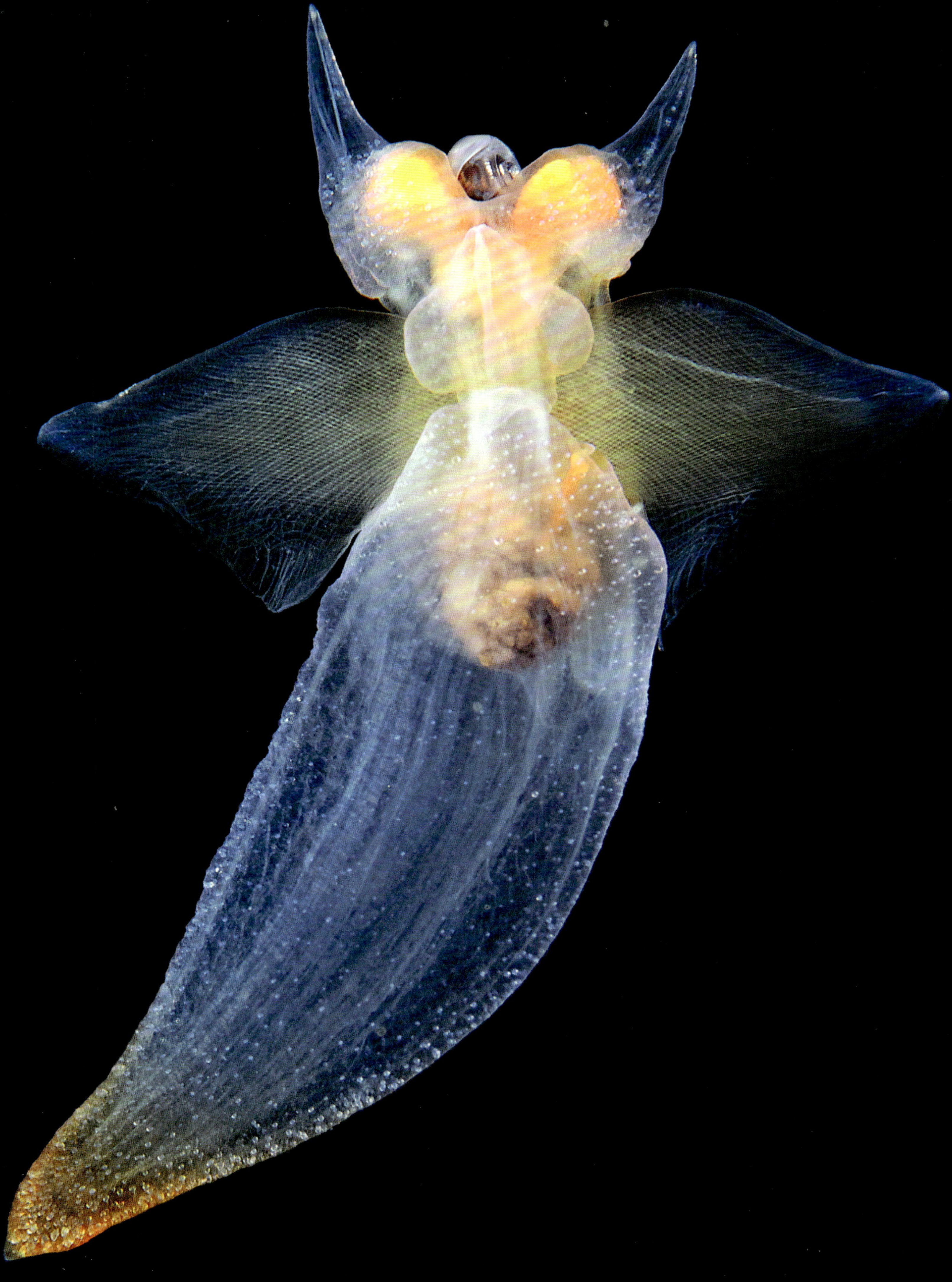

PTÉROPODES ——————— THÉCOSOMES

Un mollusque ptéropode ailé

Ce ptéropode thécosome, *Cavolinia inflexa*, mesure 1 ou 2 centimètres. Il se déplace à la façon d'un hélicoptère avec deux grandes nageoires en forme d'aile. À gauche du corps, un cœur transparent, et au centre la glande hépatique ocrée, les intestins et la gonade s'exposent à travers la coquille calcaire transparente.

Plancton collecté dans la baie de Villefranche-sur-Mer en hiver.

Trois ptéropodes à coquilles

Approchant le centimètre, un *Styliola subula* à gauche, et à sa droite, un *Creseis acicula* rentré dans sa coquille. À l'extrême droite, une autre espèce, *Creseis conica*. Ils font partie de l'ordre des ptéropodes thécosomes, un mot dérivé du grec *theque* = étui.
À l'intérieur de leurs coquilles calciques transparentes et selon leur alimentation, les glandes hépatiques et organes digestifs prennent différentes couleurs jaune, rouge ou brun.

Plancton collecté en hiver dans la baie de Villefranche-sur-Mer.

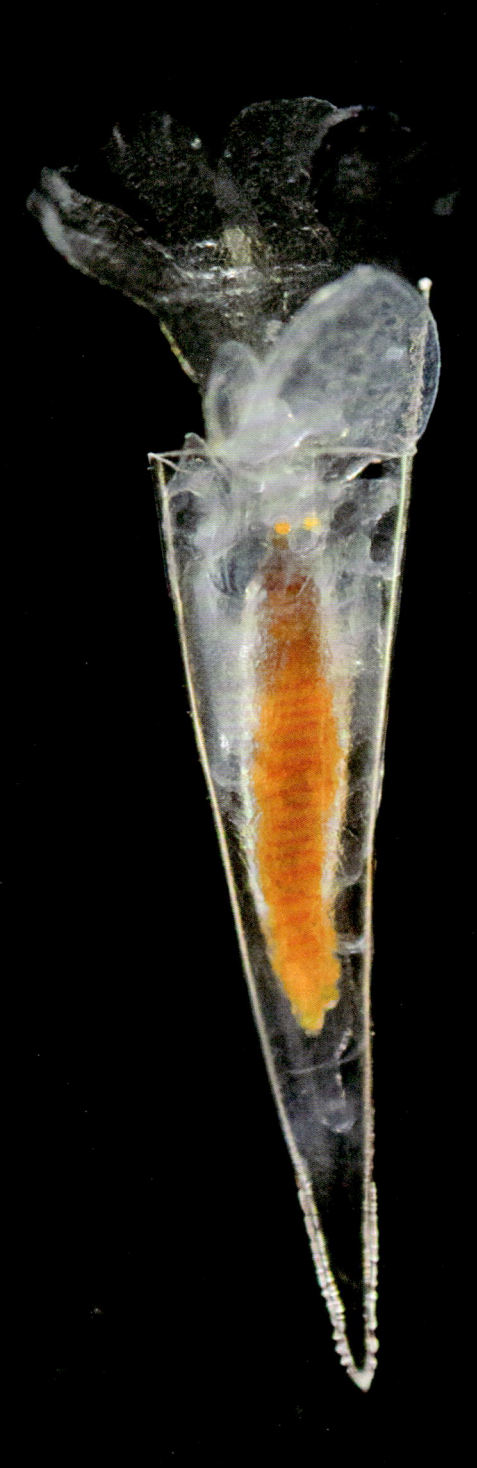

PTÉROPODES ———— GYMNOSOMES

Rapides comme des torpilles

Parmi la cinquantaine d'espèces de ptéropodes gymnosomes répertoriés dans les océans et mers, les *Pneumodermopsis paucidens* sont les plus communs sur la Côte d'Azur. Ces mollusques gastéropodes nagent très rapidement en agitant leurs nageoires. Ils sont recouverts d'une peau élastique parsemée de cellules à mucus et de cellules pigmentaires ou chromatophores. En se contractant ou en s'étalant, ces cellules chromatophores peuvent moduler l'apparence du gymnosome. À l'approche d'un danger, *Pneumodermopsis* se transforme en une discrète boule compacte et brune.

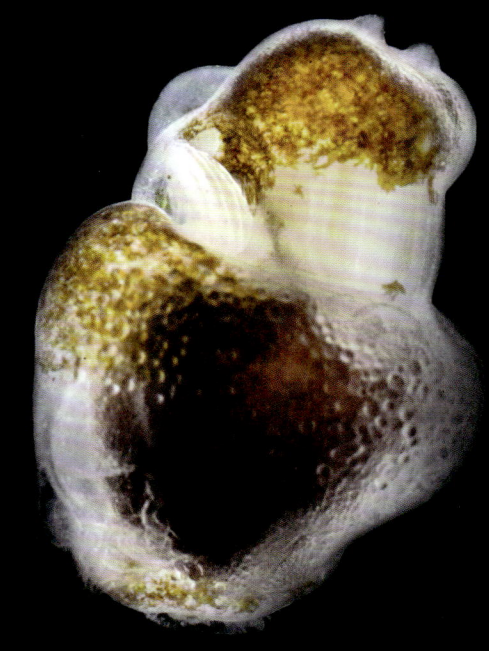

Un gymnosome cannibalise un thécosome

Pseudodermopsis paucidens, ptéropode gymnosome, est un carnivore. Il s'arrime par de délicates ventouses à sa proie préférée, le ptéropode thécosome *Creseis*. Le gymnosome dégaine ensuite une puissante trompe qu'il introduit jusqu'au fond de la fine coquille du *Creseis*. Après son repas de cannibale, le gymnosome s'étire, repu. Il digère et défèque avant de se mettre en quête d'autres victimes.

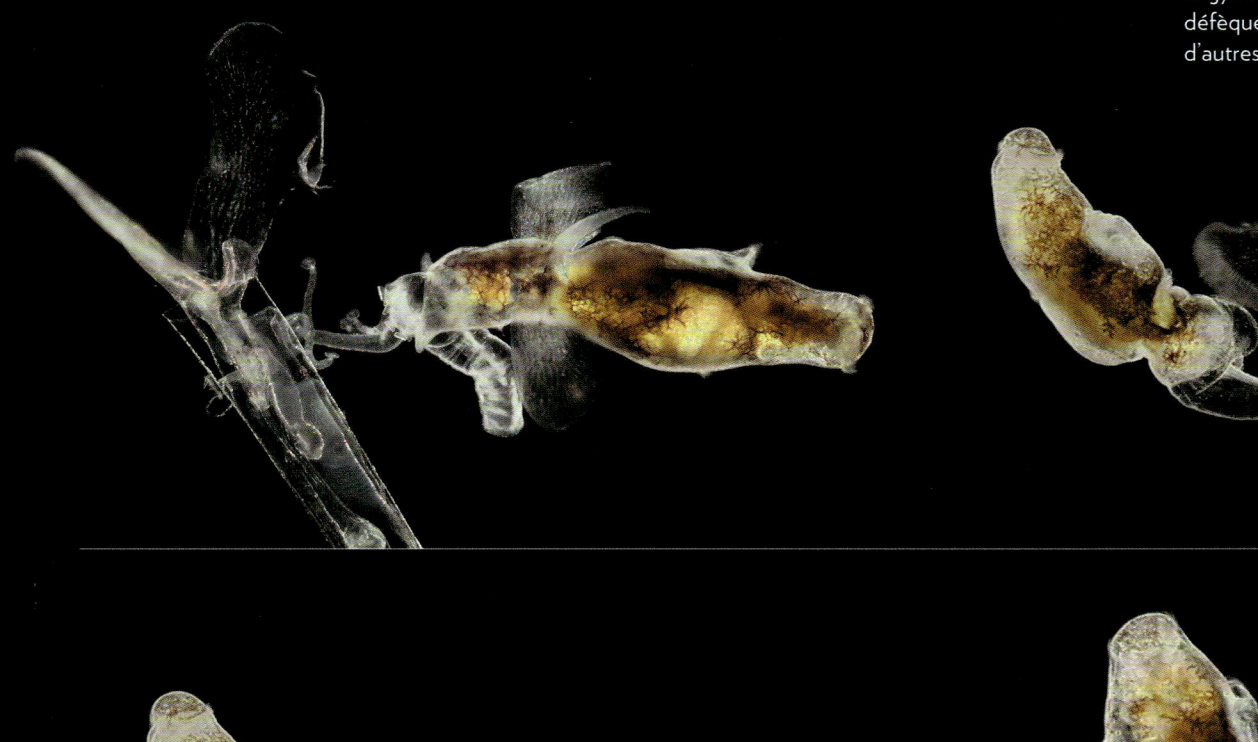

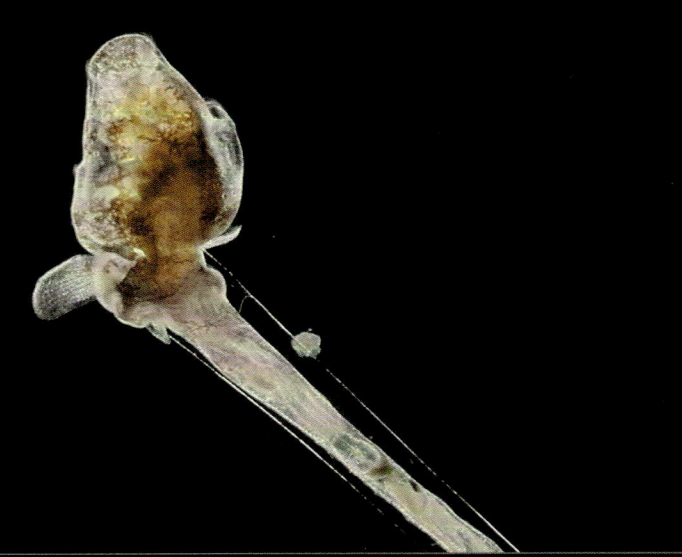

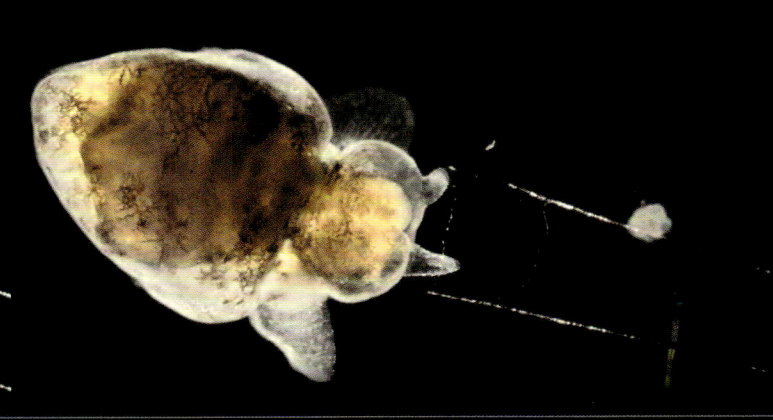

HÉTÉROPODES — ATLANTA

Le bel *Atlanta* : totale transparence

Atlanta est un mollusque gastéropode hétéropode à coquille turbinée. Hétéropode parce que contrairement aux ptéropodes qui ont deux nageoires, *Atlanta*, comme tous les hétéropodes, ne possède qu'un pied aplati qui lui sert de nageoire. *Atlanta peroni* est une espèce commune dans la baie de Villefranche-sur-Mer. Les organes internes, branchies, appareil digestif, cœur, gonades et organes génitaux transparaissent chez ces mollusques plats et transparents. Sur le mâle en haut à gauche, le pénis est situé derrière la tête. Comme chez tous les mâles, la nageoire est équipée d'une ventouse utilisée pour maintenir la femelle lors de l'accouplement. Scrutant la pénombre avec leurs grands yeux mobiles, les *Atlanta* sont des carnivores. Ils rongent leurs proies avec leurs langues râpeuses, appelées des radula, au bout d'un long museau. Nous avons collecté l'*Atlanta* pourpre (en gros plan) dans l'océan Indien lors de l'expédition *Tara Oceans*.

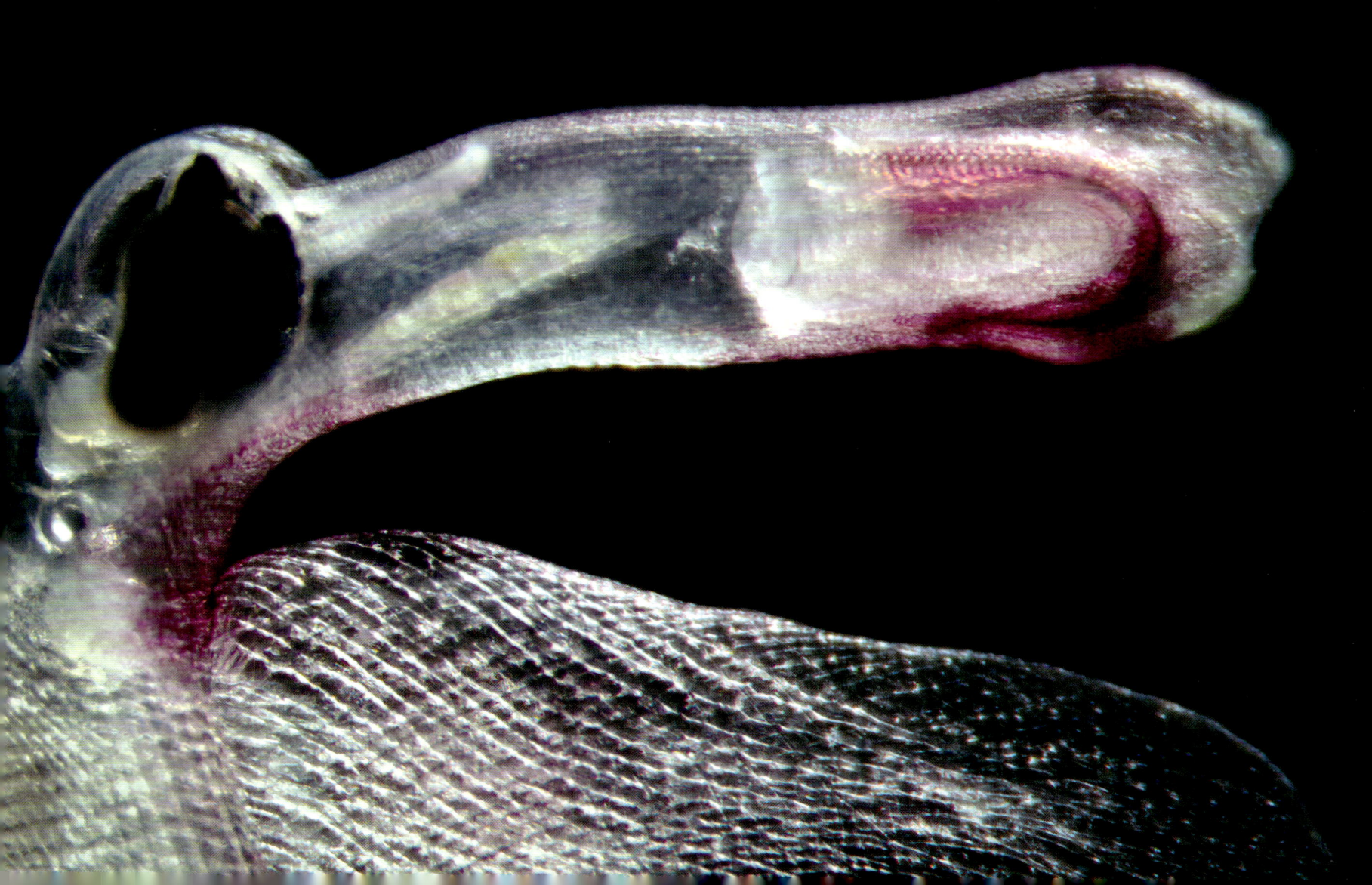

Atlanta peroni est rentré dans sa fine coquille calcique à travers laquelle on devine une paire d'yeux.

HÉTÉROPODES — FIROLES

La firole : l'éléphant de mer

C'est l'un des plus grands mollusques planctoniques. Atteignant 10 à 20 cm, la firole avec sa longue trompe est connue des plongeurs sous le petit nom « d'éléphant de mer ». Son nom d'espèce officiel est *Pterotrachea* ou *Firola coronata*. Avec une unique et puissante nageoire, dont la firole se sert à la manière d'une godille, elle possède les caractéristiques d'un mollusque gastropode hétéropode. La firole adulte ne possède plus la coquille présente chez la larve et perdue lors de la métamorphose. À l'avant de son corps cylindrique, un long mufle, une bouche et deux grands yeux remarquables.

Comme tous les hétéropodes, la firole est un carnivore. Chez *Firola* et tous les hétéropodes, les sexes sont séparés. Cette firole est un mâle car lui seul est équipé d'une nageoire avec ventouse qui sert à immobiliser la femelle lors de l'accouplement. Si c'était une femelle, elle n'aurait pas de ventouse et traînerait peut-être un long filament avec tous ses œufs à la queue leu-leu.

UN ŒIL AUX AGUETS

La firole chasse. Elle repère et traque ses proies avec deux grands yeux mobiles offrant une vision panoramique. Les yeux avec leurs cristallins ovoïdes, et rétines rouge grenat sont innervés à partir de deux masses blanches opaques qui sont des ganglions à partir desquels émanent quelques nerfs. À mi-chemin entre l'œil et le ganglion, une petite masse blanche qui représente l'otolithe, l'organe d'équilibration.

UNE LANGUE RÂPEUSE

Comme tous les mollusques gastéropodes, la firole possède une bouche avec une langue spéciale appelée radula. La radula est munie d'une série de dents chitineuses qui fonctionnent comme une râpe. Les rangées de dents se renouvellent constamment et rapidement.

CÉPHALOPODES et NUDIBRANCHES
BEAUTÉ COLORÉE ET CAMOUFLAGE

On ne pourrait imaginer des mollusques plus différents : les céphalopodes — pieuvres, seiches, et calamars, dont certains sont des géants — sont de rapides nageurs bravant les courants. Les nudibranches rampent sur les fonds marins. Ce sont des mollusques gastéropodes très colorés, mesurant quelques centimètres. Les nudibranches doivent leur nom au fait que leurs branchies sont exposées sur leur corps nu (du grec *branckia* = branchie et du latin *nudus* = nu). Les céphalopodes (des mots grecs *kephale* = tête et *podos* = pied) possèdent un système nerveux et visuel très développé. Ce sont les intellectuels parmi les mollusques.
À d'autres égards, ces mollusques se ressemblent. Les nudibranches et certains céphalopodes se sont débarrassés des coquilles servant de logis protecteur à la plupart des mollusques. Les nudibranches et céphalopodes ont aussi développé d'extraordinaires usages des couleurs pour éviter les prédateurs, pour se camoufler, ou pour communiquer. Parfois les filets à zooplancton ramènent à la surface de magnifiques embryons et juvéniles de céphalopodes et nudibranches qui ont déjà les attributs colorés de leurs parents.
Il y a peu de nudibranches planctoniques, mais certains comme *Glaucus atlanticus* sont des prédateurs des cnidaires flottant à la surface comme les physalies. Les *Glaucus* récupèrent chez leurs proies des cellules urticantes qu'ils intègrent dans des poches appelées « cnidosacs ». Les *Glaucus* se servent de ces cellules urticantes volées pour immobiliser leurs victimes. Pour la plupart des nudibranches, ces cnidosacs et les toxines qu'ils contiennent sont un moyen de défense efficace contre ceux qui s'approchent de trop près. Ils peuvent aussi faire le hérisson et se transformer en boules compactes, déjouant la prédation.
Mais le plus étonnant est la capacité des céphalopodes à changer de couleur pour se fondre dans leur environnement ou communiquer. Cette capacité est due à la présence dans leur peau de cellules dites « chromatophores » remplies de pigments. Ces cellules, lorsqu'elles s'étalent, réfléchissent la lumière, colorant la peau. Lorsque les cellules se contractent en un point minuscule, l'animal perd sa couleur. On voit particulièrement bien les quelques grosses cellules pigmentaires chez les céphalopodes juvéniles récoltés dans le plancton. Les tailles, couleurs et opacités des cellules changent rapidement sous l'effet de signaux nerveux et contractions musculaires. Véritables caméléons des mers, les céphalopodes peuvent ainsi se fondre dans leur environnement. Ils peuvent aussi communiquer entre eux à travers ces signaux colorés.

JUVENILES PLANCTONIQUES

DE HAUT EN BAS : **Poulpe juvénile** *Octopus vulgaris*, PHOTO DE STEFAN SIEBERT, BROWN UNIVERSITY, USA. **Jeune calamar de la famille des** *Gonatidae*, PHOTO DE KAREN OSBORN, SMITHSONIAN NATIONAL MUSEUM OF NATURAL HISTORY, WASHINGTON DC, USA. **Juvénile du calamar** *Loligo vulgaris*, PHOTO SHARIF MIRSHAK, PARAFILMS, MONTRÉAL. **Jeune nudibranche,** *Flabellina* sp. COLLECTÉ EN BAIE DE VILLEFRANCHE-SUR-MER.

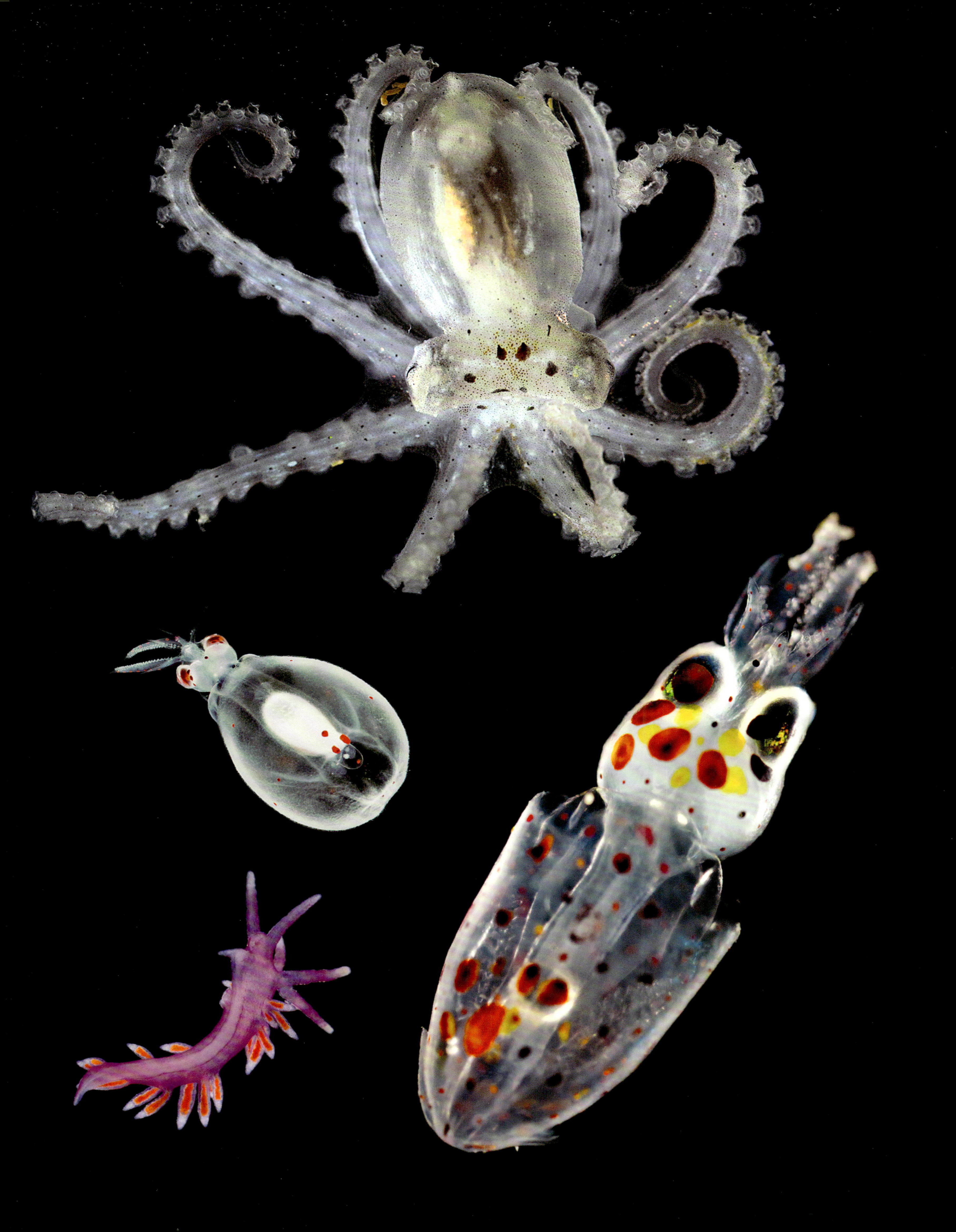

MOLLUSQUES — CÉPHALOPODES

Céphalopodes, des caméléons des mers

Les calamars éclos depuis quelques jours, comme le *Loligo vulgaris* à gauche mesurant de 4 à 5 mm, possèdent déjà une centaine de chromatophores — les cellules pigmentées rouges et jaunes qui colorent leur épithélium. Chez les deux petits calamars *Planctoteuthis* sp. qui conservent une structure de tentacule larvaire, les chromatophores sont contractés (à gauche), ou dilatés (à droite) permettant mimétisme et communication.

Photos Sharif Mirshak, Parafilms, Montréal (à gauche) et Karen Osborn, Smithsonian National Museum of Natural History, Washington DC, USA (à droite).

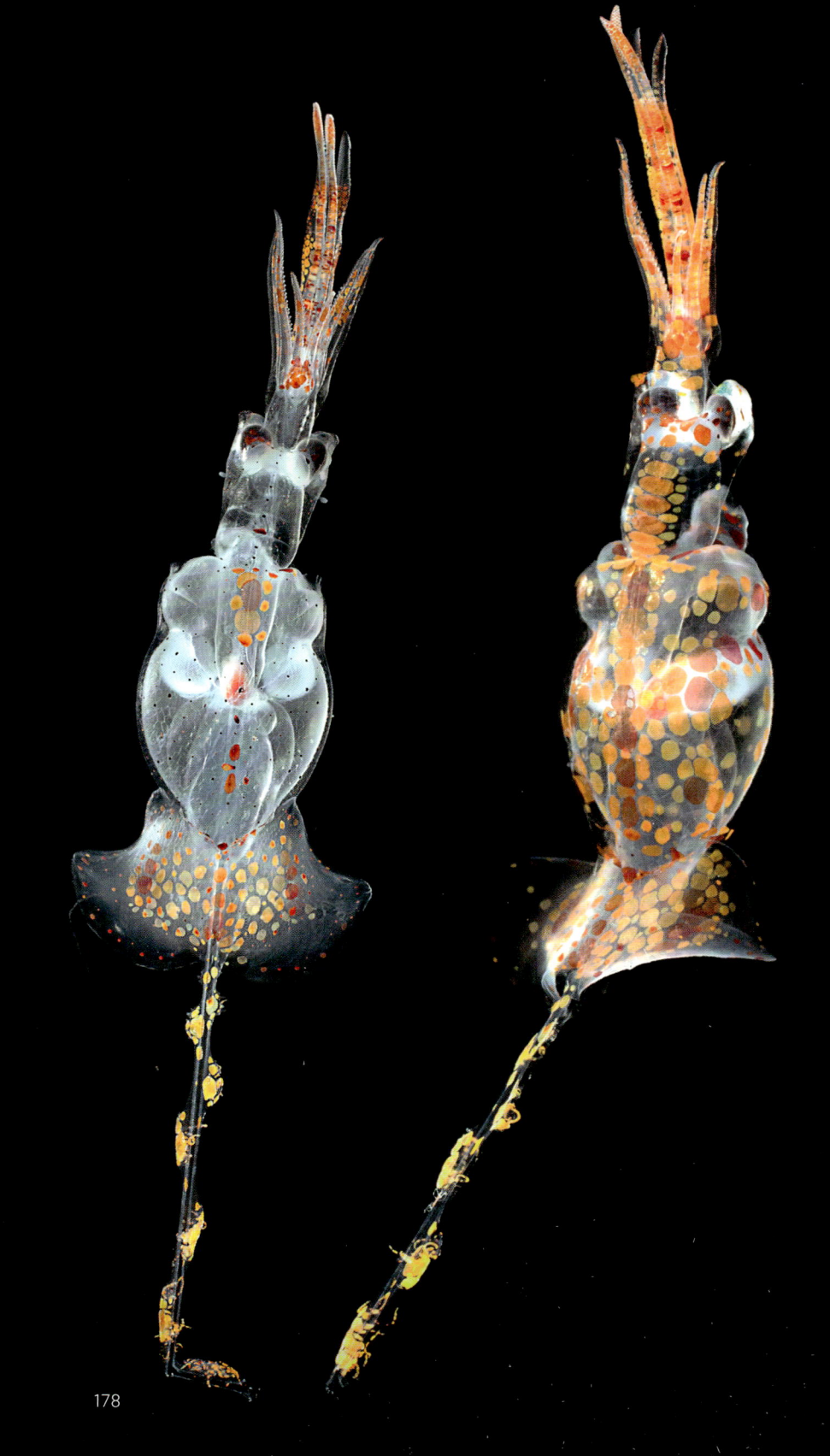

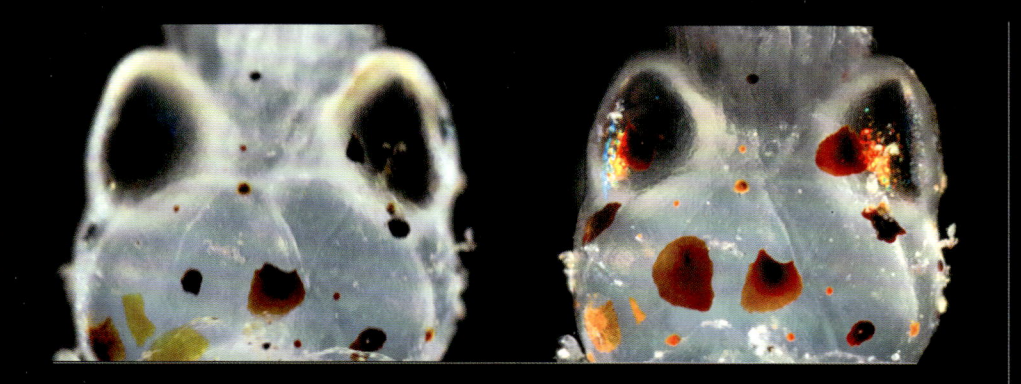

DES CELLULES PIGMENTÉES MODULABLES

Les chromatophores des céphalopodes sont les plus complexes du règne animal. Non seulement les cellules peuvent, comme chez les poissons, contracter ou relaxer les milliers de granules pigmentaires qu'elles contiennent mais chez les céphalopodes, la contraction des cellules est en plus contrôlée par les cellules musculaires et nerveuses qui entourent les cellules chromatophores. Les changements de couleur et d'opacité en vagues font partie des stratégies de camouflage et des rituels d'accouplements et d'autres interactions sociales.

Photos Stefan Siebert, Brown University, USA.

MOLLUSQUES — NUDIBRANCHES

VERT SYMBIOTIQUE

Ce jeune nudibranche *Elysia viridis* mange l'algue *Codium fragile* et intègre ses chloroplastes comme endosymbiontes à l'intérieur de ses cellules. L'acquisition de chloroplastes confère à ce mollusque des capacités de photosynthèse et sa couleur verte.

Photos Stefan Siebert, Brown University, USA.

La beauté colorée des nudibranches

Les 3 000 espèces de nudibranches ne cessent d'être photographiées par les plongeurs dans leurs environnements naturels. Heureusement pour eux, en aquarium, les nudibranches perdent leurs extraordinaires couleurs. En règle générale, chaque espèce se spécialise et mange un type principal d'organisme — algues, éponges, coraux, ascidies et parfois d'autres nudibranches. Les couleurs acquises servent au camouflage et à la défense. Leurs appendices colorés contiennent des toxines et parfois des cellules urticantes volées à leurs proies. Nudibranche juvénile *Flabellina* sp., et sur la page 180 en haut, un juvénile de *Limacia* sp. collecté dans les filets à plancton de mailles 200 microns en baie de Villefranche-sur-Mer.

100 microns
(= 0,1 mm)

des VERS aux TÊTARDS

Un monde de flèches et de tubes

CHAETOGNATHES
MICRO-CROCODILES DES OCÉANS

On dirait des crocodiles miniatures, avec leurs corps effilés en forme de flèche et leur grosse tête triangulaire pourvue de deux yeux minuscules. De chaque côté de la tête, ils sont équipés de crochets acérés et d'une à deux rangées de dents de part et d'autre de la bouche. Ce sont ces crochets qui donnent aux chaetognathes leur nom inspiré des mots grec *cheto* = soie, et *gnathos* = mâchoire. Ces mâchoires se déploient et saisissent en une fraction de seconde les petits crustacés copépodes ou larves, avant de les avaler impitoyablement. Les chaetognathes injectent des venins neurotoxiques pour immobiliser leurs proies dont ils suivent les migrations diurnes et nocturnes. Si cette nourriture vient à manquer, les chaetognathes peuvent même devenir cannibales, avalant leurs congénères plus petits.

Manger et être mangé… C'est le sort de bien des animaux du plancton et des chaetognathes eux-mêmes. Ils sont un maillon important de la chaîne alimentaire dans tous les océans, dévorant la plupart des animaux planctoniques de petite taille et servant ensuite de nourriture abondante pour les méduses, calamars et poissons. On dénombre presque 200 espèces de chaetognathes, de la *Mesosagitta minima*, qui mesure quelques millimètres, à la grande *Pseudosagitta lyra* longue de plus de 4 centimètres. Ils ont colonisé toutes les niches écologiques marines et une espèce a même été récemment décrite à proximité des sources hydrothermales profondes.

Ces micro-crocodiles se reproduisent d'une manière impressionnante. Chaque individu est hermaphrodite. Il est pourvu à la fois de gamètes mâles et femelles situés dans de volumineuses gonades occupant parfois la presque totalité du corps de l'animal. La croissance des ovocytes et la maturation des spermatozoïdes peuvent être observées sur l'animal vivant tant il est transparent ! Les chaetognathes, bien qu'étant mâle et femelle à la fois, s'accouplent après une sorte de parade nuptiale. Les spadelles par exemple, frétillent et se positionnent tête bêche pour échanger les spermatozoïdes contenus dans leurs vésicules séminales. Les spermatozoïdes migrent depuis l'arrière de la tête, le long du corps de l'individu partenaire, jusqu'aux organes reproducteurs femelles. Ils s'introduisent à l'intérieur pour féconder les ovocytes. Les œufs fécondés sont libérés dans le milieu marin. Ils se développent rapidement à l'intérieur d'une enveloppe protectrice. En un ou deux jours, sans mue ni métamorphose, des chaetognathes miniatures éclosent, rejoignant les adultes dans le plancton.

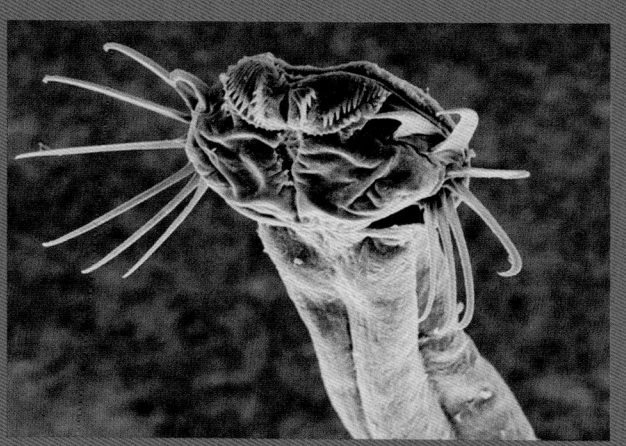

Photo Franck Perez, Université d'Aix-Marseille.

LES SPADELLES, DES CHAETOGNATHES TRAPUS ET RÉSISTANTS

Contrairement à la plupart des chaetognathes strictement planctoniques plus élancés, *Spadella cephaloptera* est assez trapu. Cette espèce n'est pas vraiment pélagique. Elle vit à proximité des prairies d'algues posidonies sur lesquelles elle se repose. Sa robustesse en fait l'espèce de choix pour l'élevage et l'étude des chaetognathes en laboratoire. Même décapités, les spadelles survivent et continuent de fabriquer des gamètes.

Bentho-Plancton collecté par Franck, Université de Marseille, dans les environs de Marseille au début de l'été.

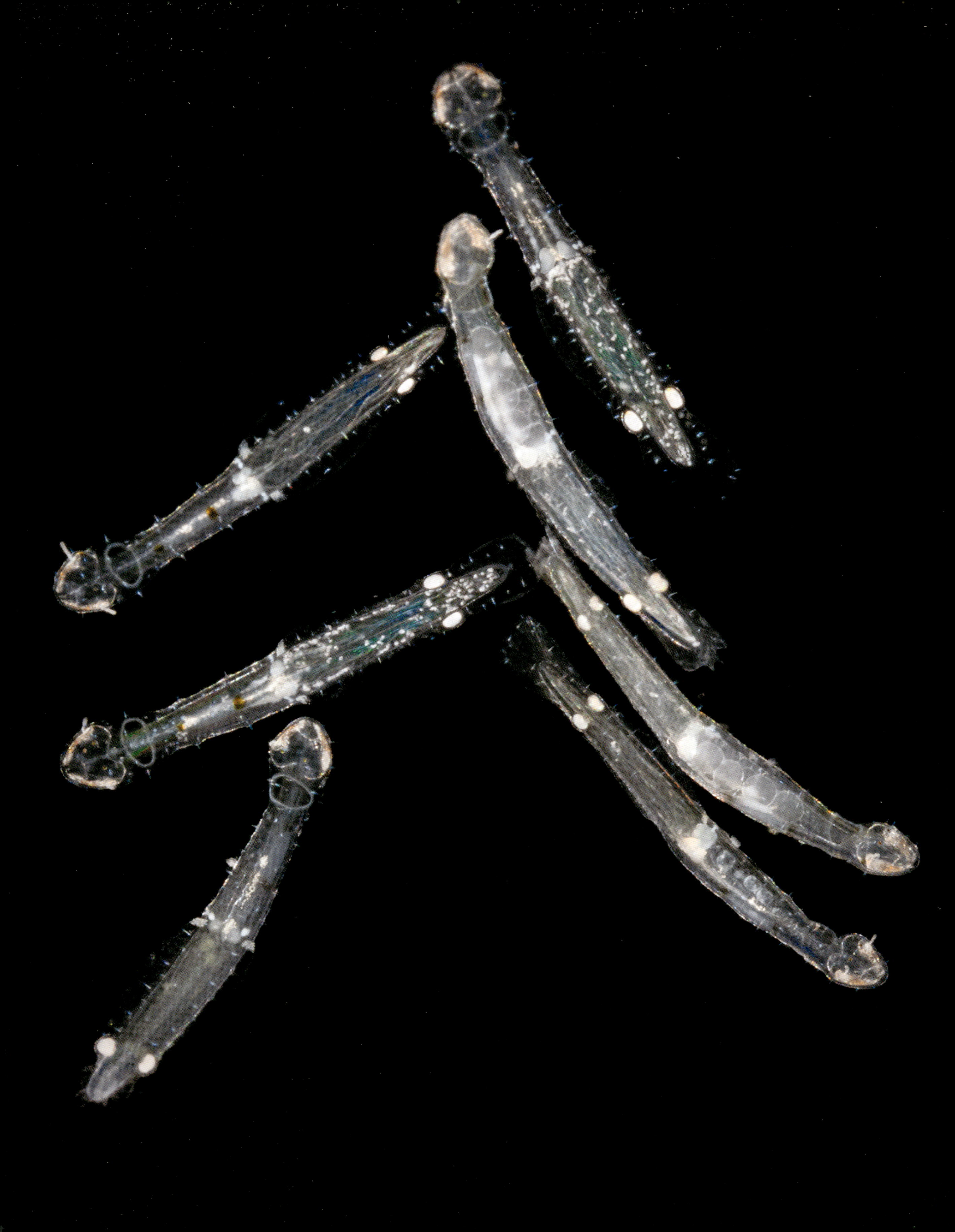

CHAETOGNATHES

Spadella cephaloptera
Collecté dans les environs de Marseille.

Adhesisagitta hispida
Collecté dans les marais de Caroline du Sud

Flaccisagitta enflata
Collecté près des îles Galapagos
avec l'expédition *Tara Oceans*.

Flaccisagitta enflata
et au-dessus *Pterosagitta draco*.
Collectés dans l'océan Indien avec
l'expédition *Tara Oceans*.

CHAETOGNATHES

Des carnivores parfois cannibales aux mâchoires acérées

Avec leur demi-douzaine de paires de crochets et des rangées de dents chitineuses, les chaetognathes peuvent saisir, manipuler et engouffrer en totalité des copépodes et larves de crustacés. Ces carnassiers peuvent même s'attaquer à aussi gros qu'eux, des petits poissons, plus rarement à des amphioxus comme celui de droite.
Le cannibalisme n'est pas rare chez les chaetognathes. Les mouvements des congénères sont détectés, tout comme celui des proies, par de très nombreux cils sensoriels répartis sur tout le corps de l'animal. Si sa taille le permet, le perdant de cette confrontation sera impitoyablement dévoré !

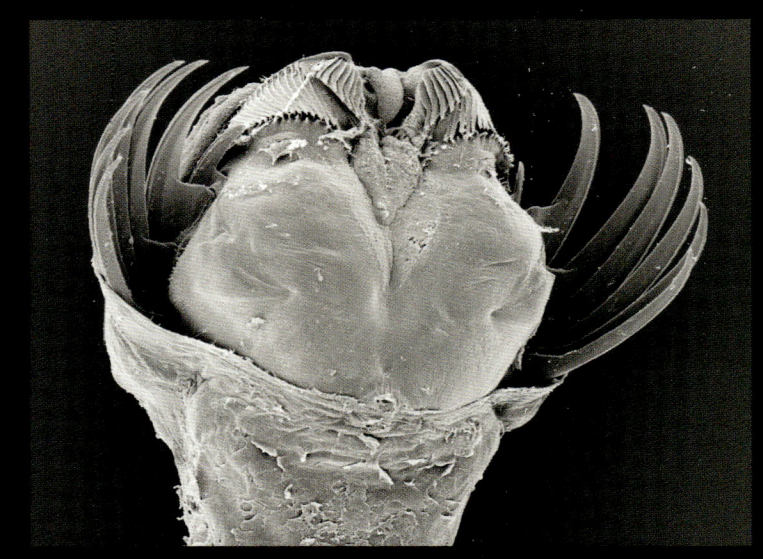

Photo Kathryn Green/université du Queensland, Australie

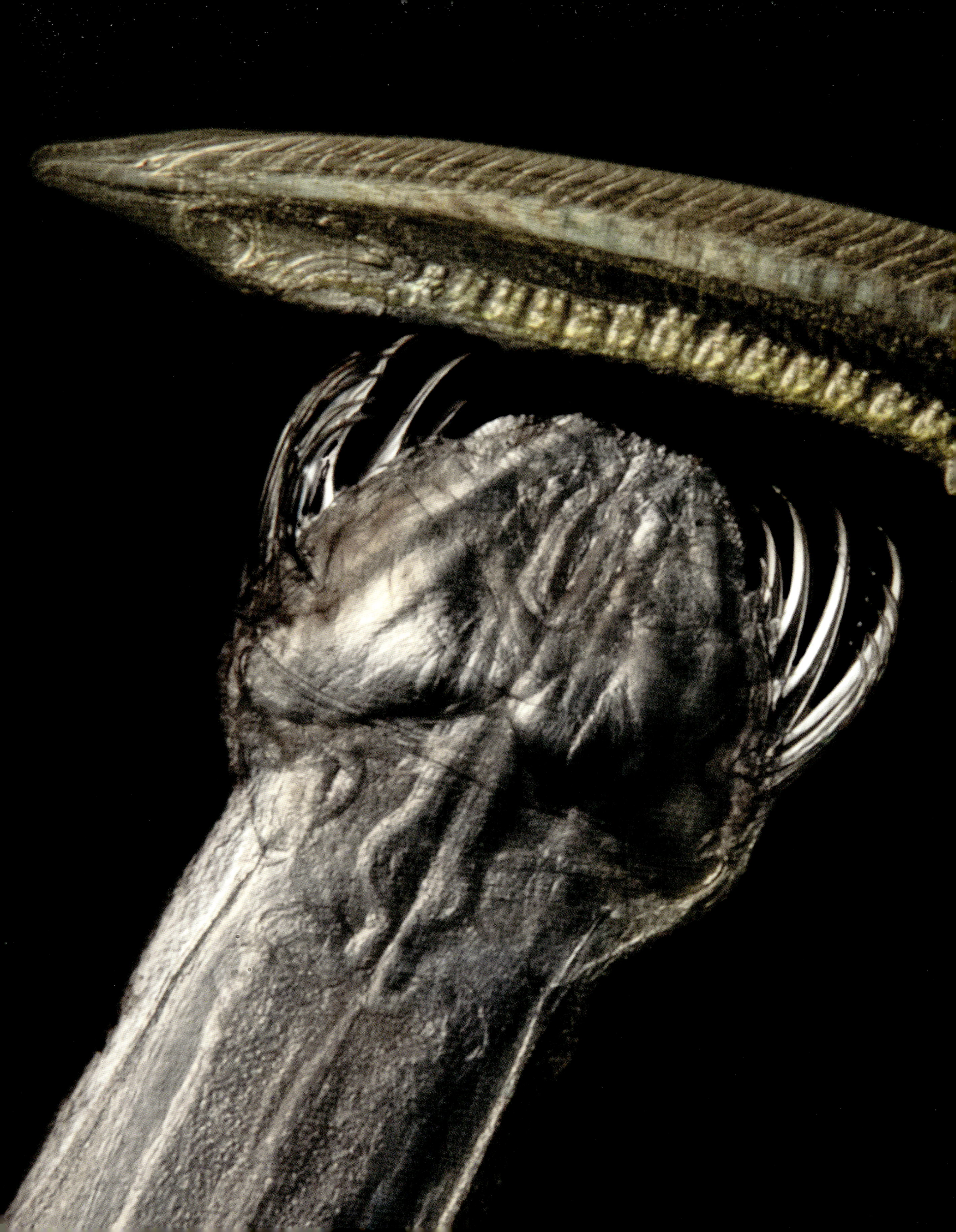

CHAETOGNATHES

À l'issue d'une parade nuptiale faite de frétillements, deux *Spadella* se positionnent tête bêche. Il et elle, car ils sont hermaphrodites, s'échangent mutuellement des paquets de spermatozoïdes situés près de la queue. Une fois déposés sur le corps de chaque partenaire, les spermatozoïdes migrent vers l'entrée des gonades femelles contenant les ovocytes pour les féconder. On distingue clairement huit ovocytes prêts à être pondus à l'intérieur du chaetognathe au centre de l'image. Derrière la tête, une collerette ciliée dont on pense qu'elle est un organe sensoriel olfactif permettant aux chaetognathes de sentir la présence de leurs partenaires et des proies.

De prolifiques hermaphrodites

Les ovocytes et spermatozoïdes se développent rapidement dans une paire femelle et une paire de gonades mâle près de la queue. Tous les quelques jours, les œufs juste fécondés sont pondus, entourés d'une coque très résistante. Chez les chaetognathes, pas de larve, de métamorphose ou de mue, mais un développement rapide et direct. Un petit chaetognathe miniature apparaît et se développe à l'intérieur de la coque. En un ou deux jours, il est prêt à éclore.

ANNÉLIDES POLYCHÈTES

DES VERS DANS LA MER

Les annélides — qu'ils soient vers de terre ou vers géants des fosses marines — sont constitués de segments identiques répétés en forme d'anneaux, d'où leur nom d'annélides. La plupart des 12 000 espèces d'annélides rampent, s'enfouissent ou vivent dans des tubes. Certaines de ces espèces font temporairement partie du plancton à l'état d'embryons ou de larves. D'autres annélides sont planctoniques toute leur vie durant. Ce sont pour la plupart des annélides polychètes : polychètes parce qu'elles possèdent des soies appelées « chaetes » au bout de leurs nombreux appendices ou « parapodes ». Les parapodes, une paire par segment, servent de rames aux annélides polychètes pour se déplacer dans la colonne d'eau.

La propagation des vagues de contractions parcourant le corps des annélides qui nagent ou rampent est due à de puissants muscles transversaux et annulaires. Avec une cuticule fibreuse, des tissus musculeux et un liquide hydrostatique, les annélides maintiennent une pression, jouant le rôle de squelette à l'intérieur de la cavité centrale ou « coelome » qui va de la tête jusqu'à l'anus de l'annélide.

Les milliers d'espèces d'annélides polychètes sont extrêmement diversifiées, occupant tous les biotopes aquatiques, marins ou non. L'une des familles marines les plus remarquables est celle des *Tomopteridae*. Ils rament dans l'eau à l'aide de parapodes, mais peuvent aussi se mettre en boule et couler, échappant ainsi aux prédateurs. Le *Tomopteris* est également capable d'émettre des flashs et particules de lumière jaune. Il repère ses proies (des chaetognathes ou des larves de poissons) à l'aide de deux longs tentacules. Chez les *Alciopidae*, cette détection des proies est facilitée par une paire d'yeux volumineux munis de lentilles. D'autres annélides polychètes — telles les *Nereis* et les *Myriadina* qui rampent dans le sable et la vase — ont des mœurs plus étranges. À l'approche d'une pleine lune ou d'une marée particulière, ils se transforment en des formes planctoniques, dites « épitoques », qui sont chargées de la reproduction de l'espèce en pleine mer. Leurs yeux s'agrandissent, leurs parapodes se modifient pour nager, quoique maladroitement. Les épitoques rejoignent des milliers de leurs congénères qui, tous ensemble, libèrent leurs gamètes pour une fécondation optimale. Dans les îles du Pacifique, les vers palolo forment ainsi, près des côtes, d'immenses essaims certaines nuits de fin du printemps. Ces vers sont traditionnellement collectés et fêtés par les populations locales qui cuisinent de diverses façons les parties terminales des vers chargées de gamètes.

PHOTO ALEXANDER SEMENOV.

LES ANNÉLIDES DE LA BAIE DE SHIMODA

Par un temps menaçant, un matin d'automne, nous sommes sortis en bateau dans la baie de Shimoda collecter du plancton avec des filets de mailles 20 et 200 microns. De retour au laboratoire, j'ai trié, nettoyé, filmé et photographié différentes annélides polychètes de la collecte, comprenant des formes épitoques dont une, de couleur vert fluo, portait des œufs.

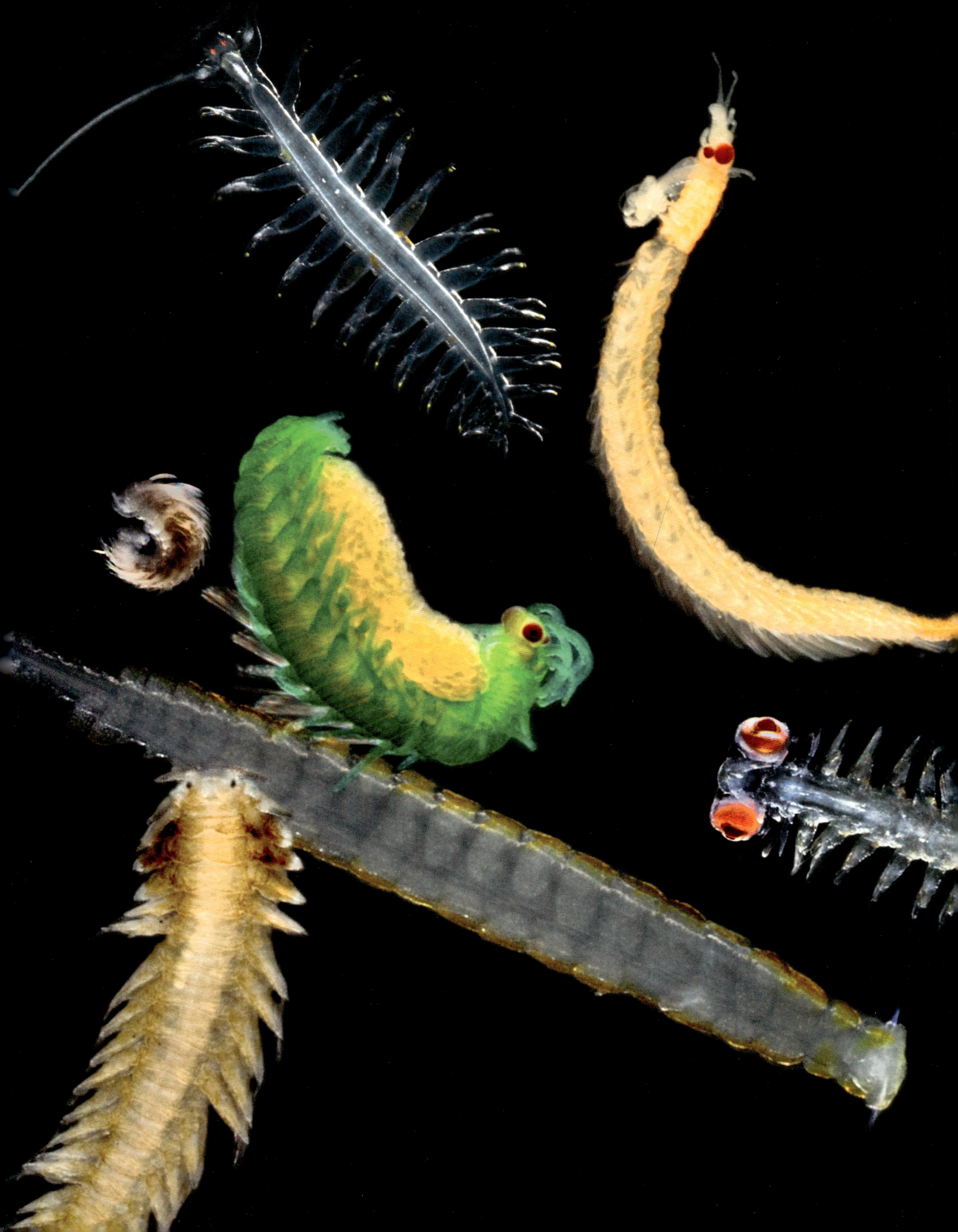

VERS ——— ANNÉLIDES POLYCHÈTES

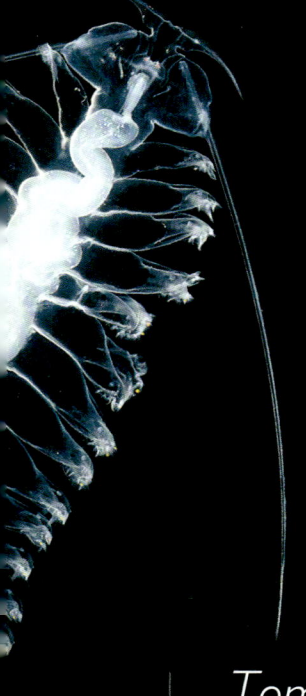

Tomopteris

Les annélides polychètes comme ce *Tomopteridae eunapteris* sp., mesurent de quelques mm à quelques dizaines de cm pour les espèces les plus grandes. Contrairement à la plupart des polychètes, les *Tomopteridae* n'ont pas de chaetes mais possèdent deux longues antennes et des parapodes de grandes tailles qui en font d'agiles et rapides nageurs, chasseurs de proies zooplanctoniques.

Photographié par Karen Osborn, Smithsonian National Museum of Natural History, Washington DC, USA.

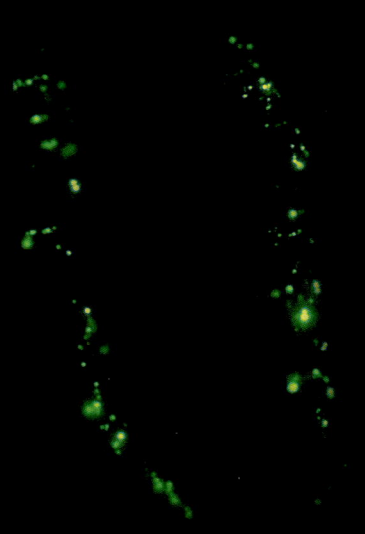

BIOLUMINESCENT

La lumière jaune-verte émise par les glandes situées sur les parapodes de *Tomopteris helgolandica* a été capturée par contact de l'annélide sur film par Per Flood, Bathybiologica A/S.

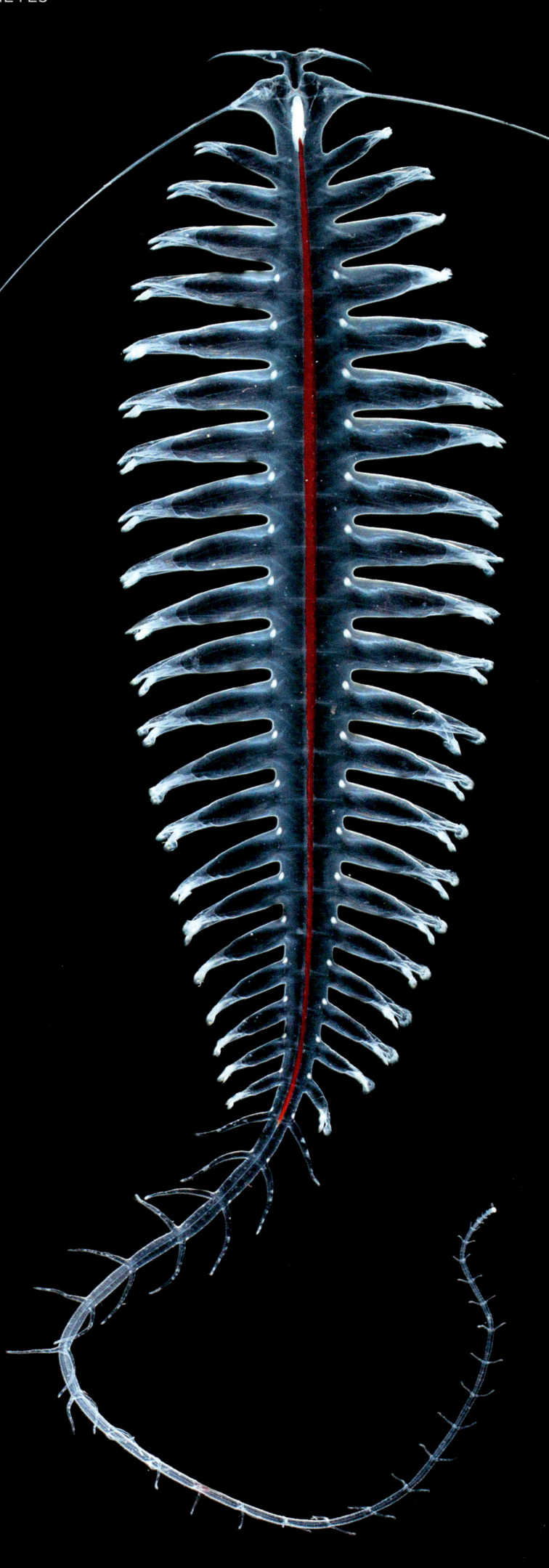

L'annélide *Poecilochaetus* sp. n'est planctonique qu'à l'état d'embryon et de juvénile.

Les yeux complexes des Alciopidés

L'annélide polychète *Vanadis* sp. est douée d'une nage ondulante grâce à une cinquantaine de segments portant chacun deux parapodes jaunes prolongés par des chaetes. Les yeux de cette annélide sont apparemment capables de former une image. Caractérisés par une lentille et des photorécepteurs géants qui leur donnent une couleur rouge intense, ces yeux mobiles mesurent près de 1 mm de diamètre. Les *Vanadis* flottent, généralement immobiles, scrutant le zooplancton passant à leur portée, mais ils peuvent aussi se mettre en chasse en nageant rapidement.

VERS ——— ANNÉLIDES POLYCHÈTES

De mœurs étranges pour se reproduire

L'une des particularités des annélides polychètes — même celles qui vivent enfouies ou fixées — est la reproduction par passage à travers une forme épitoque. L'épitoque est une forme planctonique éphémère portant des œufs ou des spermatozoïdes. Les épitoques sont générées par transformation des annélides adultes ou parfois par bourgeonnement. Les épitoques se rassemblent en pleine mer formant des essaims. Les épitoques mâles entourent les femelles et les aspergent de spermatozoïdes. Après fécondation, les embryons se développent dans des poches incubatrices. Les larves sont libérées après quelques jours par les formes épitoques femelles qui, incapables de se nourrir, périssent.

Formes épitoques femelles de *Nereis* sp. portant des embryons.

COLLECTÉES ET PHOTOGRAPHIÉES PAR EDOUARD LEYMARIE DE L'OBSERVATOIRE OCÉANOLOGIQUE DE VILLEFRANCHE-SUR-MER, LORS DU PASSAGE DE L'EXPÉDITION *TARA OCEANS* EN ANTARCTIQUE.

LARVES D'ANNÉLIDES

Qu'elles soient benthiques ou pélagiques, les annélides sont dans le plancton à l'état d'embryons et différents stades larvaires (PAGE DE GAUCHE) et juvéniles (PAGE DE DROITE).

CI-CONTRE : Deux larves « necto-chaete » entourent une larve « mitraria » de *Owenia* sp. au centre.

Forme épitoque femelle de
Myrianida sp. portant des embryons.

COLLECTE DANS LES MARAIS DE
CAROLINE DU SUD, USA.

Forme épitoque femelle
(probablement *Autolytus* sp.)
portant des embryons.

COLLECTE EN BAIE DE SHIMODA, JAPON.

SALPES, DOLIOLES ET PYROSOMES
DES GÉLATINEUX ÉVOLUÉS

Bien que d'apparence primitive, les salpes possèdent un cœur, une branchie et même l'équivalent d'un placenta. Elles sont parmi les plus proches ancêtres des poissons. Les salpes, dolioles et pyrosomes sont des « urochordés » comme les ascidies et les appendiculaires. Tous sont caractérisés par la présence dans l'embryon d'une structure dorsale appelée « chorde » qui préfigure la colonne vertébrale des vertébrés. Possédant une tunique, les salpes, dolioles et pyrosomes sont des tuniciers pélagiques réunis sous le nom de « thaliacés ».

Les salpes vivent soit sous forme de longues chaînes d'individus semblables agrégés, soit en individu solitaire. La chose la plus visible à travers leur tunique si transparente est un « nucléus » opaque et coloré, qui regroupe les viscères de l'animal. Quelques millimètres pour les plus petites, 30 centimètres pour les géantes comme les *Salpa maxima*, les salpes se déplacent et se nourrissent en pompant l'eau et le phytoplancton à travers leur corps tubulaire grâce à leurs puissantes ceintures de muscles striés. Lorsque les algues microscopiques prolifèrent, les salpes s'en gavent et se reproduisent de façon explosive. Les salpes solitaires appelées « oozoïdes », bourgeonnent un cordon ou « stolon » qui se segmente fournissant les individus « blastozoïdes » de la génération suivante. Ces individus, tous semblables, sont des « clones » qui forment des chaînes pouvant atteindre plusieurs mètres de long. Ces blastozoïdes communiquent entre eux, et sont synchronisés par des signaux électriques. Lorsqu'ils se séparent, les blastozoïdes développent un ovaire et, après fécondation, génèrent un embryon qui se développe entouré d'un placenta. L'embryon libéré donnera un nouvel oozoïde. Ce cycle de développement original peut générer en 2 semaines des centaines d'individus à partir d'une seule salpe oozoïde.

Les proliférations de salpes peuvent couvrir des centaines d'hectares produisant d'énormes quantités de pelotes fécales, nourrissant ainsi d'autres organismes en profondeur. Lorsqu'elles ont épuisé la ressource en algues, les salpes infestées par les bactéries et virus coulent, emmenant vers le fond une grande quantité de matière et de carbone.

Les pyrosomes sont d'étranges animaux coloniaux bioluminescents en forme de chaussette. Ils sont constitués de nombreux individus zoïdes qui partagent une même tunique cellulosique. Comme chez les ascidies, les branchies des zoïdes des pyrosomes filtrent bactéries et micro-organismes pour se nourrir. Certains pyrosomes sont si grands qu'un plongeur peut s'introduire dans la cavité commune de la colonie.

Photo Fabien Lombard/
UMPC, Observatoire océanologique de Villefranche-sur-Mer.

« Chroniques du Plancton »
Salpes

UNE SALPE OOZOÏDE

Une *Thalia democratica* collectée en baie de Villefranche-sur-Mer. Son siphon buccal ouvrant sur un filet muqueux (invisible ici) est situé en haut. En son centre, le pilier branchial cilié facilitant la circulation de l'eau et, à l'arrière, le nucleus et une chaîne naissante de blastozoïdes.

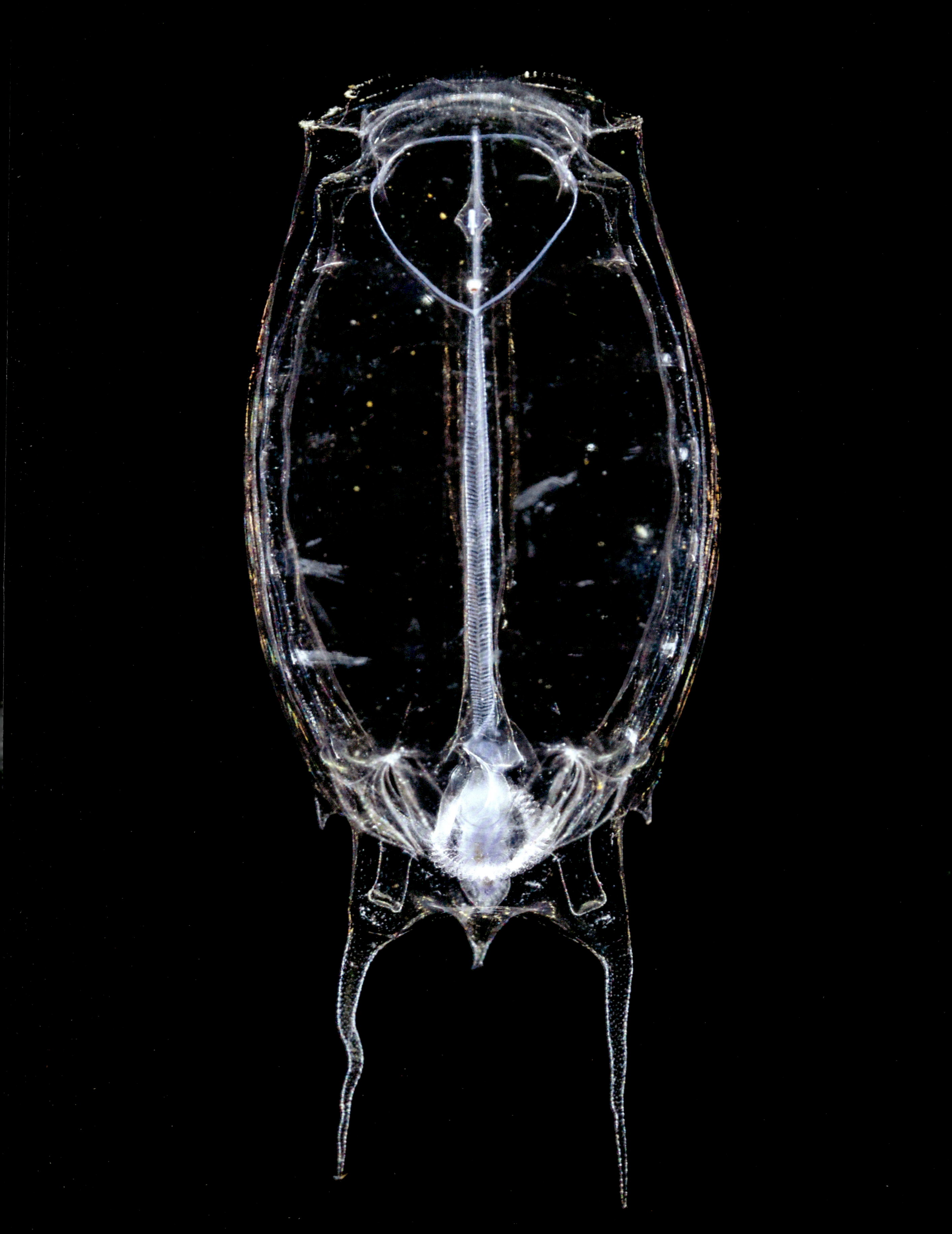

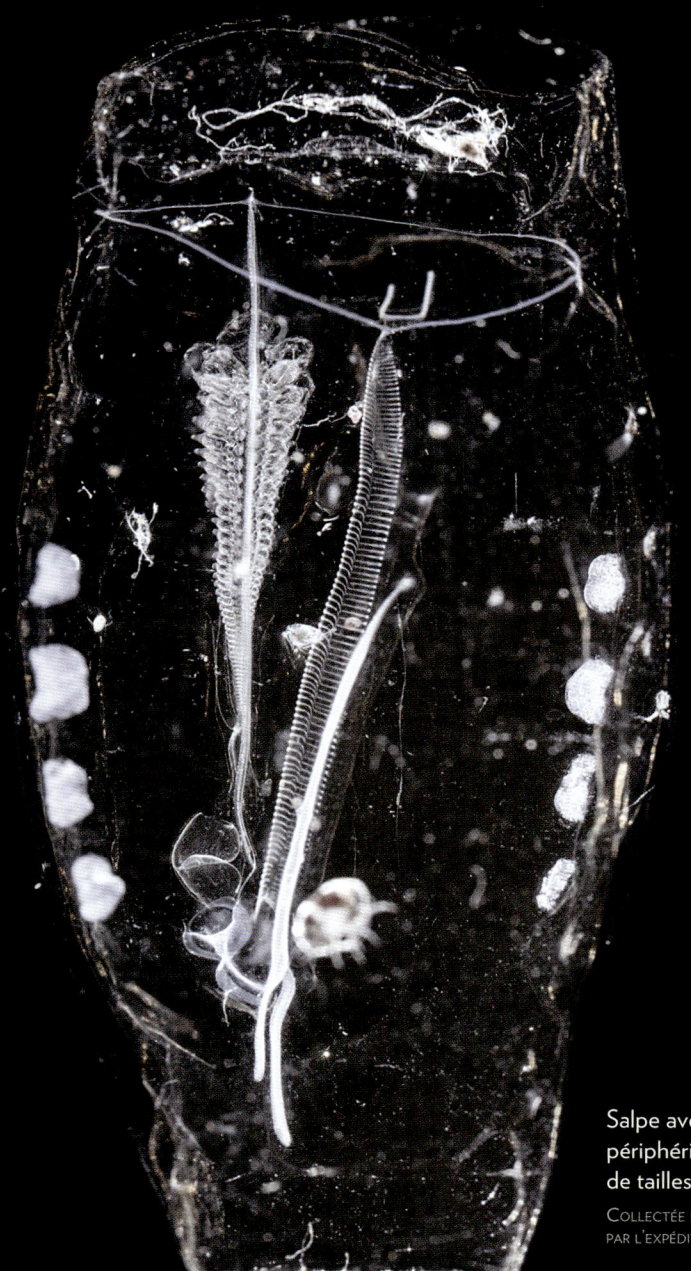

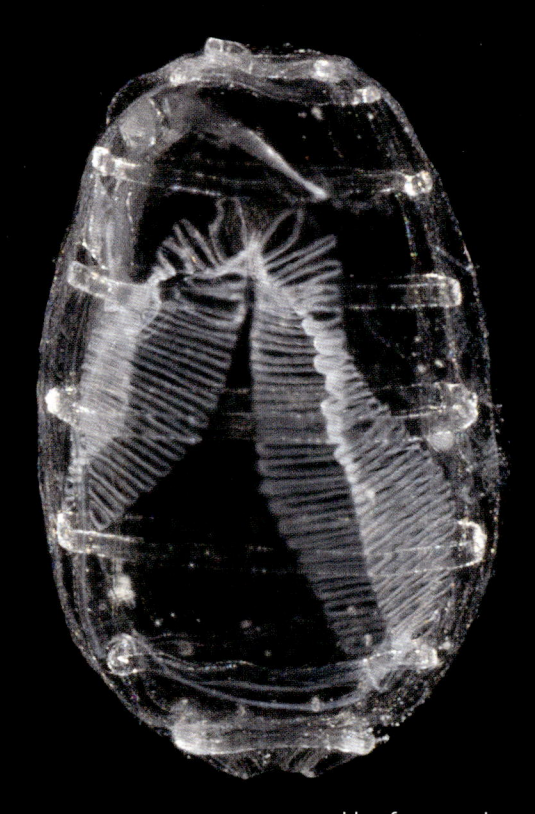

UROCHORDÉS — SALPES ET DOLIOLES

Salpe avec quatre muscles circulaires périphériques et une chaîne de blastozoïdes de tailles croissantes.
COLLECTÉE EN MAI 2011 PRÈS DES ÎLES GALAPAGOS PAR L'EXPÉDITION *TARA OCÉANS*.

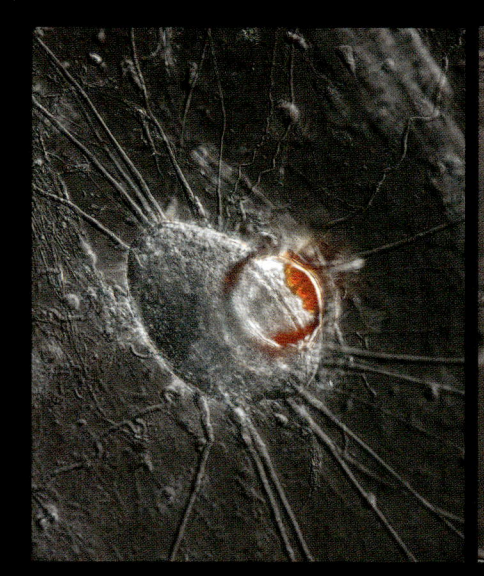

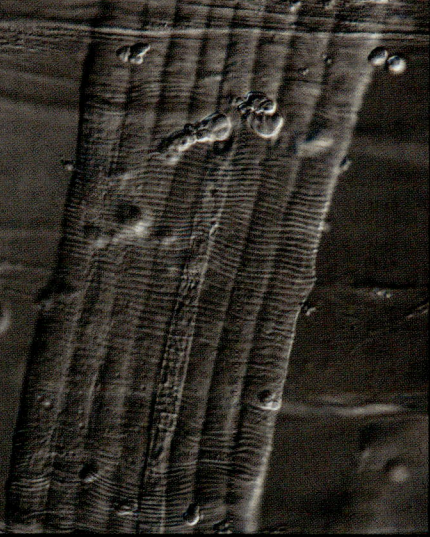

Une forme « phorozoïde » (bourgeonnée et asexuée) de la doliole *Doliolum nationalis* dont on distingue les fentes branchiales ciliées et les bandes musculaires circulaires.
COLLECTÉ EN AUTOMNE DANS LA BAIE DE TOBA, JAPON.

Des nerfs et des muscles

Les salpes possèdent un système nerveux constitué d'un ganglion — une sorte de cerveau ; une cupule comprenant des cellules photosensibles pigmentées en rouge — l'œil de la salpe ; et un réseau de nerfs émanant du ganglion commandant les muscles composés de fibres striées (GROS PLAN À GAUCHE).

Des clones à la chaîne

Partie postérieure de l'oozoïde de *Thalia democratica* avec les viscères et l'hépato-pancréas orangé. De petites salpes blastozoïdes sont en voie de bourgeonnement, formant une chaîne qui bientôt s'allongera derrière la salpe.

Les salpes *Pegea confederata* sont enchaînées côte à côte. Leurs bouches sont en haut et les nucleus/viscères opacifiés par la nourriture, l'hépato-pancréas et les pelotes fécales, à l'arrière.

Photo prise en plongée en Californie par David Wrobel.

UROCHORDÉS — PYROSOMES

Pyrosomes, colonies de filtreurs

Les pyrosomes sont constitués de centaines d'individus zoïdes tous semblables. Les fentes branchiales ciliées avec lesquelles les zoïdes filtrent les micro-organismes sont visibles sur les gros plans (à droite et page de droite). Les colonies en forme de doigt de gant sont ouvertes à un bout. Celle de gauche a été collectée par l'expédition *Tara Oceans* au large de l'Équateur.

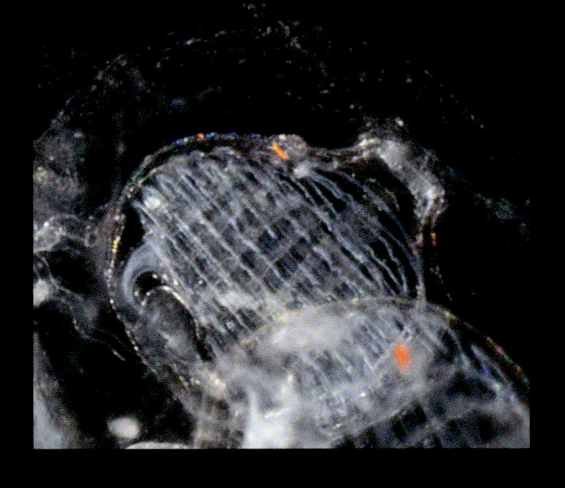

Page de droite : Gros plan de *Pyrosoma atlanticum*, une espèce bioluminescente. Ce pyrosome, qui mesure 3 centimètres, a été collecté en plongée en baie de Villefranche-sur-Mer au printemps. Sa première description par le naturaliste François Péron date de 1803.

Photo Stefan Siebert, Brown University, USA.

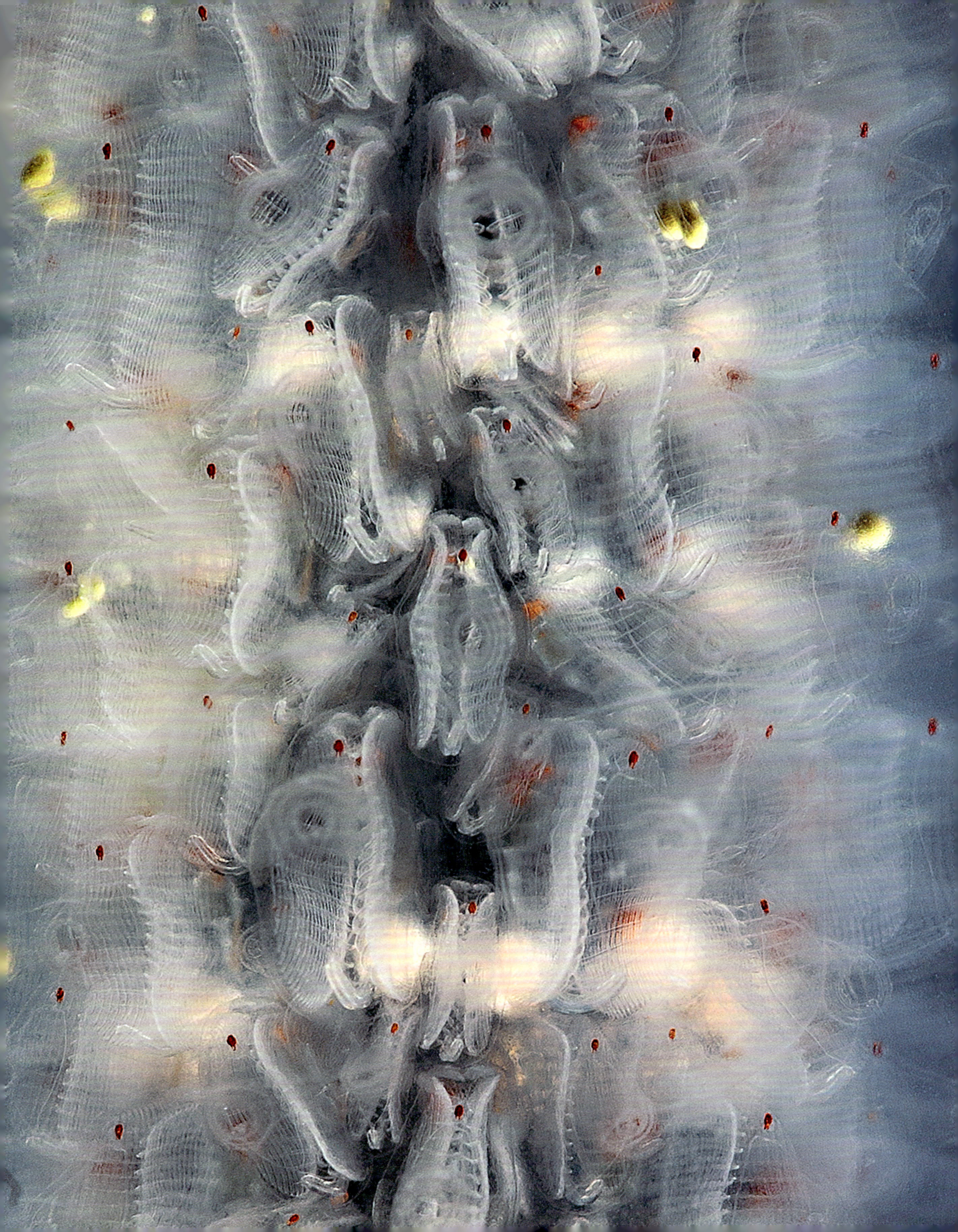

APPENDICULAIRES
TÊTARDS QUI PÊCHENT AU FILET

L'appendiculaire a l'allure d'un têtard. Il trône au milieu d'une logette de la taille d'une bille à la fois résidence et filet de pêche aux mailles fines. L'appendiculaire fabrique et sécrète sa logette aux filtres délicats grâce à des familles de cellules de son épithélium. Ces cellules aux formes complexes sont spécialisées dans la sécrétion des protéines et sucres qui s'assemblent pour former les mailles et filtres de la logette. L'animal agite sa queue souple et musculeuse, créant les courants qui canalisent bactéries, algues, protistes et particules vers les filtres aboutissant à sa bouche. Il aspire alors la nourriture comme à l'aide d'une paille.

Plusieurs fois par jour, l'appendiculaire quitte sa logette colmatée par la nourriture et nage frénétiquement. Il sécrète et déploie grâce aux mouvements de sa queue une logette toute neuve. Si sa queue apparaît comme l'ébauche d'une colonne vertébrale, c'est que l'appendiculaire fait partie de la famille des urochordés et des tuniciers, proches ancêtres des vertébrés. Mais contrairement aux dolioles et aux ascidies, dont seules les larves sont des têtards, l'appendiculaire adulte garde l'allure grossière d'un têtard toute sa vie durant, bien qu'il subisse une sorte de métamorphose.

La vie d'un appendiculaire est brève : quelques jours au plus d'activité. Parmi les animaux, l'appendiculaire est l'un des plus rapides à se développer. L'embryon se divise toutes les quelques minutes et se transforme en un adulte reproducteur en 24 à 48 heures. Les *Oikopleura dioica* mâles ou femelles portent leurs gonades sur leurs têtes, comme des casques. Ils libèrent œufs ou spermatozoïdes pour une fécondation dans la mer puis meurent après quelques jours d'existence.

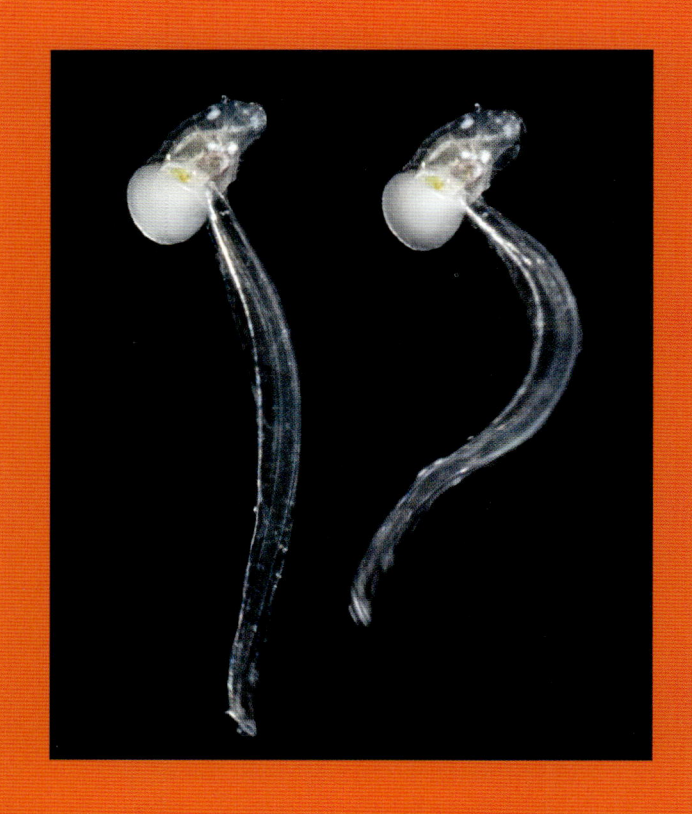

Quant aux logettes et leurs contenus, elles constituent une part importante de la neige marine. Lentement mais sûrement, les logettes abandonnées sédimentent. Elles emmènent vers les grandes profondeurs le carbone atmosphérique capté par les proies — les bactéries et micro-organismes photosynthétiques.

Durée de vie éphémère, croissance ultra-rapide, les appendiculaires peuvent très vite proliférer en de véritables essaims dans toutes les mers du monde et jusque dans les grandes profondeurs. Tisseurs de leurs propres filets de pêche, les appendiculaires sont aussi un maillon essentiel de la chaîne alimentaire des océans.

« Chroniques du Plancton »
Appendiculaires

L'APPENDICULAIRE TRÔNE DANS SA LOGETTE
L'appendiculaire *Oikopleura labradoriensis* est au milieu de sa logette. Les différentes parties et filtres de la logette sont révélés par l'utilisation d'encre de Chine et de particules de carmin.

Collecté à Friday Harbor USA, et photographié au flash à travers une loupe par Per Flood, Bathybiologica A/S.

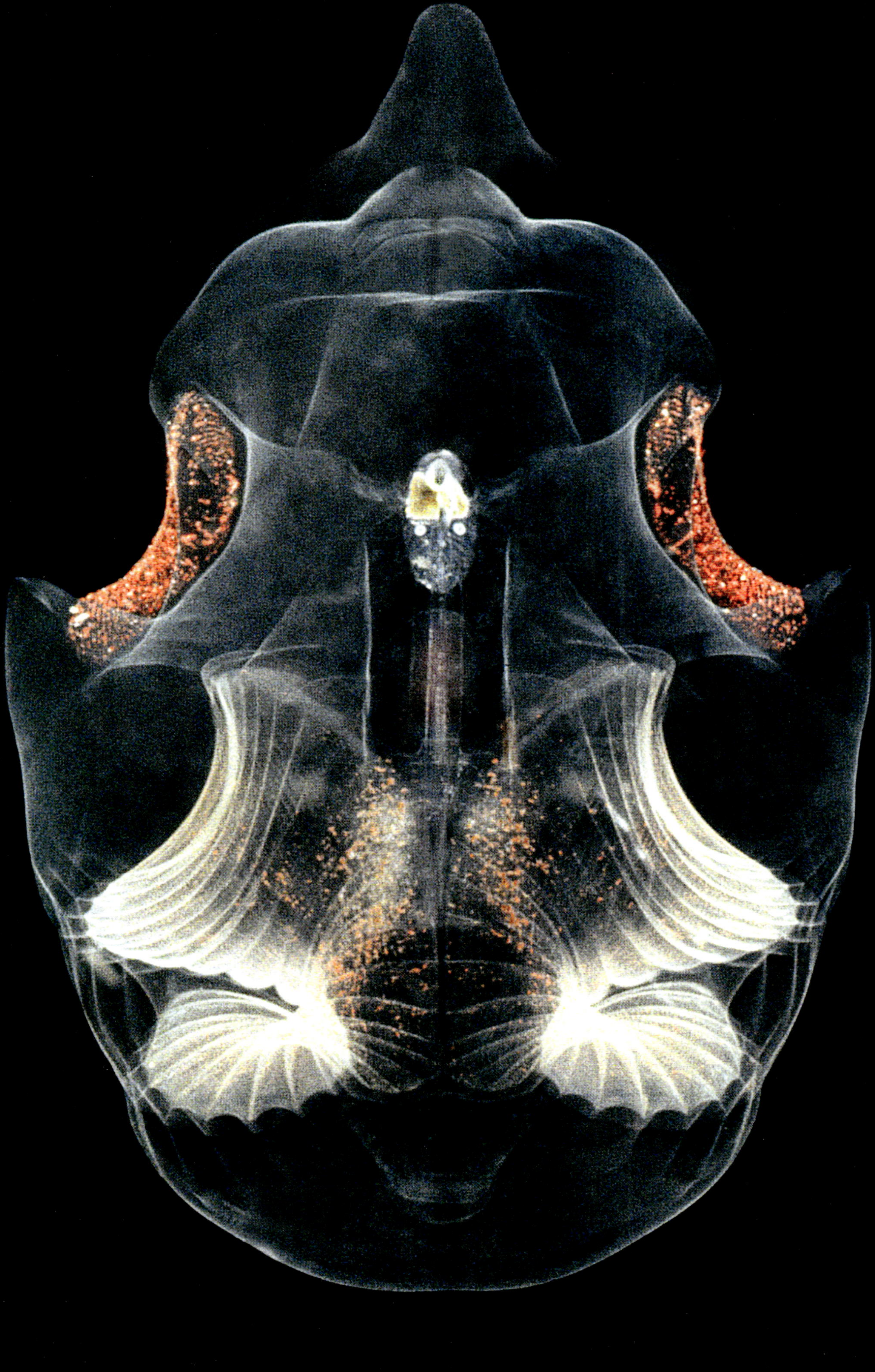

UROCHORDÉS — APPENDICULAIRES

MÂLE ET FEMELLE, GAMÈTES EN TÊTE

Contrairement aux autres appendiculaires qui sont hermaphrodites, l'espèce *Oikopleura dioica* est dioïque, les individus étant soit femelle soit mâle. Les œufs ou les spermatozoïdes sont dans les gonades femelle (À GAUCHE) ou mâle (À DROITE) situées dans la partie supérieure de la tête. *Oikopleura dioica* dont la culture a été maîtrisée dans les années 1980 à l'Observatoire océanologique de Villefranche-sur-Mer est devenue une espèce modèle. Son cycle de vie d'adulte à adulte est d'une semaine. Son génome, séquencé en 2012, est le plus petit connu à ce jour pour les animaux.

COLLECTÉ ET PHOTOGRAPHIÉ EN NORVÈGE PAR PER FLOOD, BATHYBIOLOGICA A/S.

L'APPENDICULAIRE FABRIQUE SA LOGETTE ET SES FILTRES

L'appendiculaire sécrète et gonfle, toutes les 4-5 heures, une nouvelle logette (À GAUCHE), délaissant la précédente lorsqu'elle est colmatée. Les mailles des filtres (AU CENTRE) résultent de l'assemblage de macromolécules sécrétées par des groupes de cellules épithéliales spécialisées dans la production des différentes parties de la logette. Les gros noyaux des groupes de cellules épithéliales contenant de multiples copies du génome sont révélés grâce à une molécule fluorescente qui se lie à l'ADN.

LES DEUX PHOTOS DE DROITE SONT DE ERIC THOMPSON, PHILIPPE GANOT ET ENDY SPRIET, LABORATOIRE SARS, BERGEN, NORVÈGE.

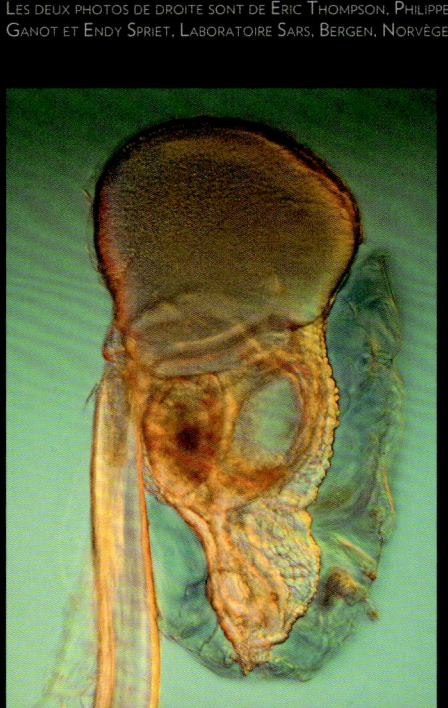

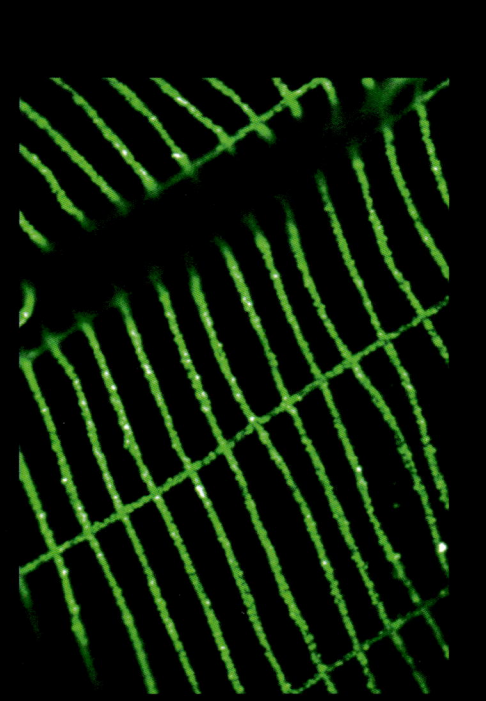

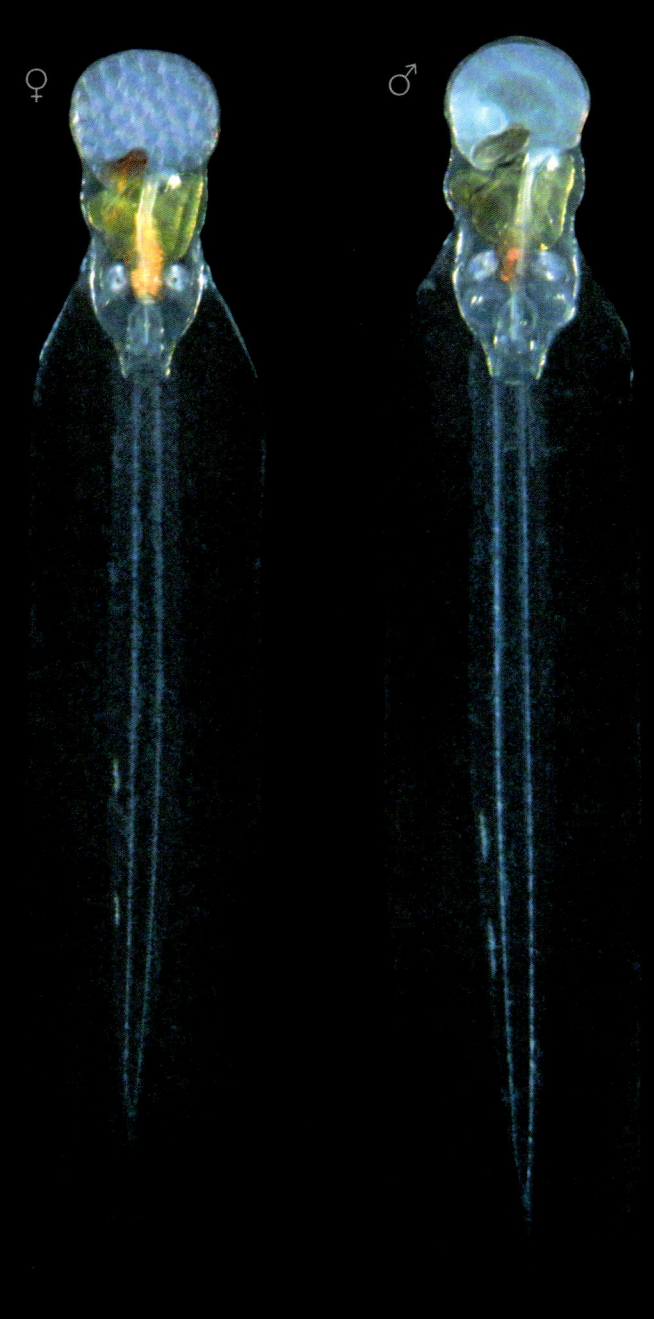

206

La queue de l'appendiculaire est riche en cellules musculaires striées. Les différentes positions d'un *Oikopleura dioica* en pleine nage sont captées grâce à des prises de vues sous éclairage flash.

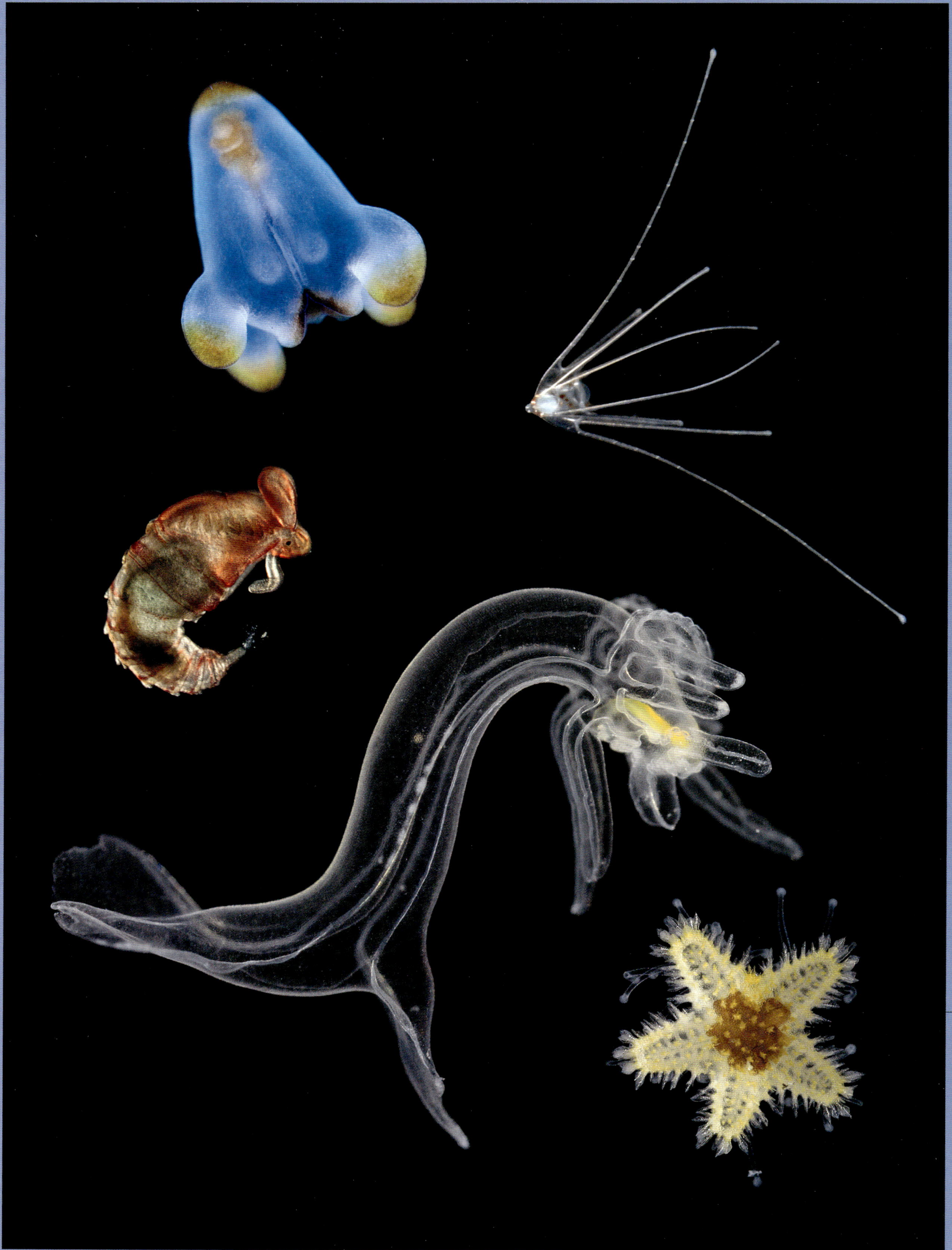

Embryons et Larves

Embryons et larves de toutes sortes d'espèces d'animaux abondent dans le plancton. Ils proviennent non seulement des organismes dérivants mais aussi de ceux, nombreux, qui vivent sur les fonds marins — les oursins, les anémones, les coraux ou coquillages. Il faut aussi compter dans le plancton les grandes quantités de gamètes et de larves libérés par les poissons. En règle générale, les larves dans le plancton ne ressemblent guère à leurs parents. Pour devenir adultes, elles doivent se nourrir, grandir, et souvent se métamorphoser tout en dérivant avec les courants.

À part quelques exceptions comme les concombres de mer des grands fonds qui sont planctoniques, les échinodermes — étoiles de mer ou oursins — sont benthiques, se déplaçant lentement sur les fonds marins, broutant des algues. Mais à l'état de larve, les étoiles de mer et les oursins sont planctoniques. Les larves d'oursins, appelées « pluteus », sont des proies de choix. Les oursins produisent beaucoup de gamètes pour que survive l'espèce. Ils relâchent des millions d'œufs et des milliards de spermatozoïdes dans la mer, le plus souvent à la pleine lune, ou juste avant une tempête. La fécondation en pleine eau donne naissance à des myriades d'embryons devenant larves pluteus qui se nourrissent de phytoplancton. Après quelques semaines dans le plancton, la larve pluteus nourrit en son sein un minuscule oursin. Les tissus de cette mère porteuse disparaissent, consommés en partie par le jeune oursin qui éclôt et déambule sur un bout de rocher ou une algue.

Ces transformations ou métamorphoses sont le quotidien d'une majorité d'espèces passant leur vie larvaire dans le plancton. La plupart resteront dans le plancton toute leur vie, d'autres s'établiront sur les fonds marins ou nageront librement. Enfin s'ils survivent, car les embryons et les larves sont mangés par les méduses, crevettes ou poissons qui en raffolent. Cette nourriture est abondante car les échinodermes, mollusques ou crustacés émettent des millions d'œufs ou embryons en pleine eau. Après quelques semaines de dérive, seuls quelques juvéniles pourront se fixer ou nager, grandir et survivre... Ce sera suffisant pour perpétuer l'espèce.

QUI EST LA LARVE DE QUI ?

DE HAUT EN BAS : Larve de cérianthe (une sorte d'anémone de mer) ; larve pluteus d'ophiure (échinoderme) ; larve de *Chaetopterus* sp. (annélide) ; une larve de *Luidia* sp. (étoile de mer) qui vient de libérer un juvénile.
PHOTO DE LARVE D'ÉTOILE DE MER DE STEFAN SIEBERT, BROWN UNIVERSITY, USA.

« Chroniques du Plancton »
Embryons et larves

« Chroniques du Plancton »
Naissance d'un oursin

De l'œuf à l'oursin en passant par le pluteus

1. Les oursins mâles libèrent des milliards de spermatozoïdes qui fécondent en pleine mer des millions d'œufs pondus par les femelles.

2. Les œufs se divisent, devenant embryons.

3. Les embryons se développent en larve pluteus en 2 jours.

4. La larve pluteus se nourrit d'algues vertes et grandit.

5. En quelques semaines, la larve pluteus se métamorphose en un oursin juvénile.

6. L'oursin adulte comestible *Paracentrotus lividus*.

Collecté en baie de Villefranche-sur-Mer. La photo du haut est de Sharif Mirshak, Noé Sardet et Flavien Mekpoh.

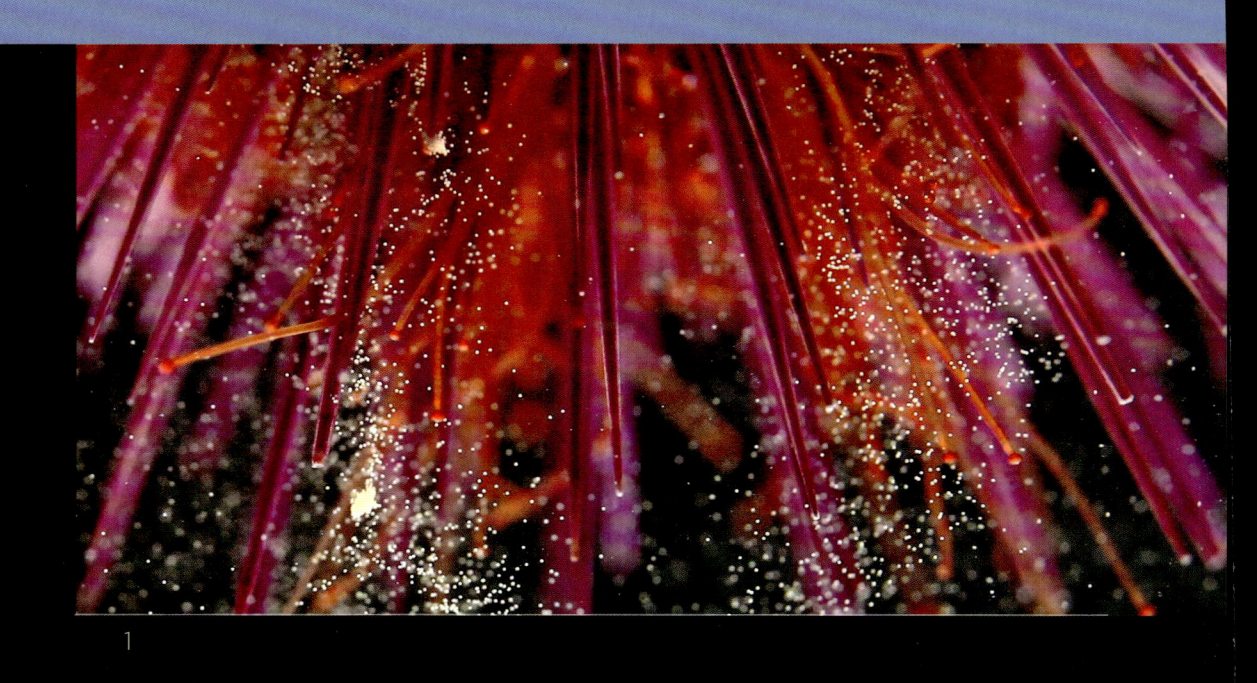

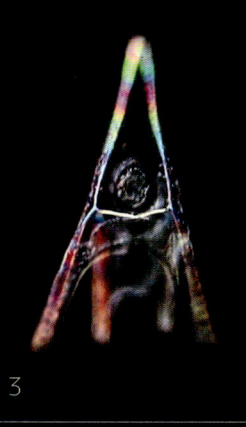

Diversité des formes et comportements larvaires

À GAUCHE : Deux larves de mollusques nagent rapidement à l'aide de velums ciliés.

À DROITE : Deux larves de phoronidien et d'étoile de mer. Leurs mouvements saccadés dépendent de leur ombrelle et appendices.

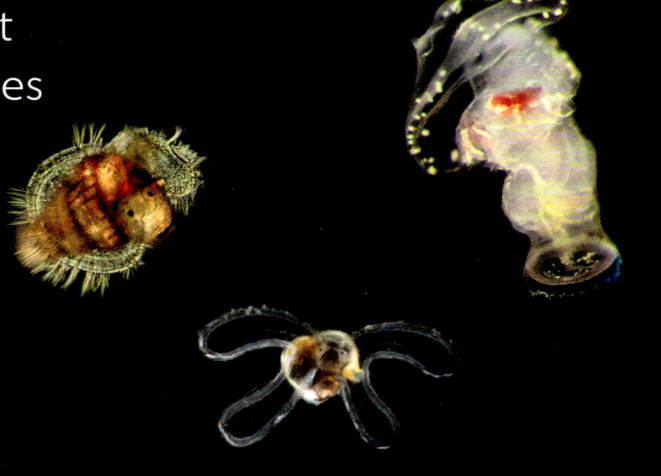

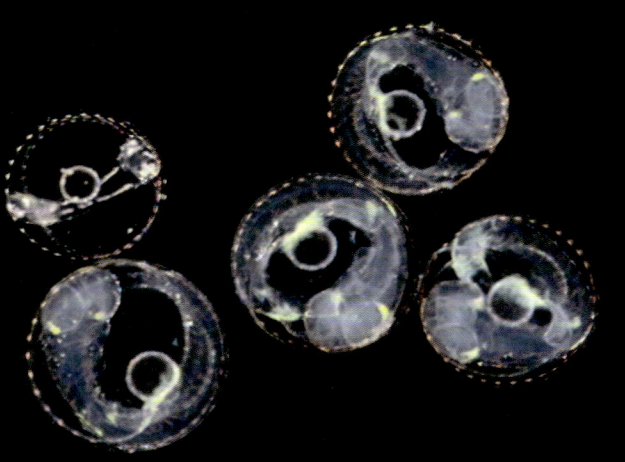

Des poissons dans le plancton

Avant de braver les courants, les poissons dérivent avec le plancton sous forme d'embryons, de larves, ou de poisson juvénile.

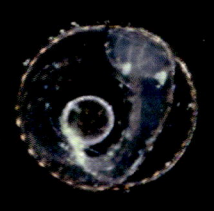

De l'œuf au têtard d'ascidie en un jour

La plupart des ascidies fixées sur les fonds marins libèrent des œufs et des spermatozoïdes en pleine mer. L'embryon devient un têtard composé de 3 000 cellules en une demi-journée après la fécondation.

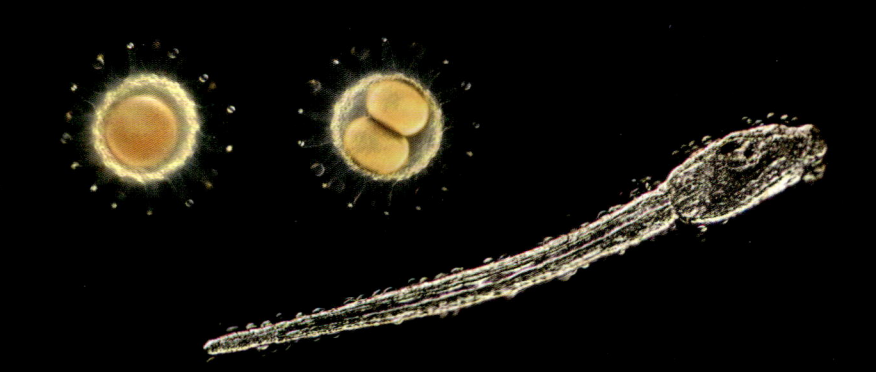

INDEX

A
Abylopsis tetragona 120
acanthaires 40, 70
Acanthostaurus purpurascens 78
Acaryochloris marina 42
Actinoptychus sp. 60
accouplement 148, 164, 172, 174, 179, 184
acide domoïque 57
acidification 9, 164
actine(s) 90, 104
ADN 11, 42, 43, 76, 206
Alciopidae, Alciopidés 192, 195
alevins 7, 18
Alexandrium tamarense 65, 68
Algonkien 12
algues 7, 18, 40, 198
— symbiotiques 82, 122, 126
Alien 154
ammonites 14
Amphibelone sp. 78
amphioxus 188
amphipodes 18, 152, 153
— hypériens 144, 152, 154
Amphora sp. 60
anémones de mer 11, 102, 209
ange de mer 164, 166
animaux bioluminescents 198
animaux gélatineux 18, 154
annélide 11, 192
— polychète 194, 196
Antarctique 54
antennes 148, 194
Anthocidae 90
Apolemia lanosa 112, 115
appareil digestif 172
appendiculaire 18, 204, 206
arbre de vie 13, 14, 15
archées 7, 11, 14, 32
Arctique 54
Argula hilgendorfii 152
arthropodes 11, 16, 144, 147
Arthrospira sp. 37
articulations 147
ascidies 213
Asterionellopsis glacialis 61
Atlanta peroni, Atlanta 164, 172, 173
attraction 120
Aulacantha scolymantha 70, 76
Aulicoctena sp. 97
Autolytus sp. 197
autotrophes 38
axopode 70, 79

B
bactéries 7, 13, 14, 18, 32, 34, 54, 198
balanciers ciliés 100
balane 46, 134, 137
baleine 16, 112, 144, 166
barques de la Saint Jean 122
Baruch Institute for Marine and Coastal Science 26
benthique 48, 154, 209
bernacle 134
Beroe 24, 94, 101
— *forskalii* 97
— *ovata* 96, 101
bioluminescence 198
biomasse 43

biominéralisation 48
blastozoïde 198, 201
bloom 7, 32
bouche 108, 112, 129, 174, 201
bourgeonnement 102, 104, 196, 201
boutons urticants 116, 118, 119
branchie(s) 172, 198
bras buccaux 104, 105
Brasilomysis castroi 151

C
calamar 24, 176, 178
calanidé 144
calcium 18
calycophore 114
Cambrien 11, 12, 14, 16, 48, 54
camouflage 138, 176, 179, 181
canaux radiaires 126
cannibalisme 96, 171, 184, 188
Caprella sp. 153
caprellidés 134, 144, 153
capsule centrale 73, 78, 81
capture des proies 53
carapace 11, 134
— iridescente 144
carbonate de calcium 48, 50, 94, 100, 164
carnivore 172, 174
cataclysmes 14
Cavolinia 164
— *inflexa* 168
ceinture de Vénus 24, 94
cellules
— chromatophores 138, 160
— épidermales 144
— épithéliales 206
— eucaryotes 11
— musculaires 104, 179, 207
— nerveuses 179
— pigmentées 160, 178, 179
— urticantes 122, 129, 176, 181
cellulose 18, 54, 154
Census of Marine Life 21
céphalopodes 9, 16, 176, 178, 179
céphalothorax 142
Ceratium sp. 42, 65
— *hexacanthum* 65
— *limulus* 65
— *longissimum* 65
— *massiliense* 65
— *symmetricum* 65
Cerataulina sp. 60
cérianthe 209
Cestus veneris 94
chaetes 192, 195
Chaetoceros danicus, *Chaetoceros* sp. 56
chaetognathes 188
Chaetopterus sp. 209
chaîne 198, 201
— alimentaire 7, 10, 18, 46, 54, 144, 154, 184, 204
Challenger (HMS) 18, 21
chaunacanthide 78
chavirages 102
Chelophyes appendiculata, 112, 116
Chironex 102
chitine 147
Chlamydopleon dissimile 151
chloroplastes 11, 38, 42, 43, 59, 61, 62, 67, 180

choanocytes 86
choanoflagellés 86, 90
choléra 32
chordés, chorde 16, 198
chromatophores 160, 170, 178, 179
chromosomes 38, 94
Chroniques du Plancton 18, 22
chrysomitres 126
ciliés 38, 43, 86
cils 86, 94
— sensoriels 188
cirripèdes 46, 134, 137
climat 9, 18, 43, 48
Clione limacina 164, 166
cloches natatoires 112, 114, 116
clones 198
Clytia hemisphaerica 16, 102, 106
cnidaires 11, 16, 18, 112, 122
cnidocytes 11, 102
CO_2 18
coccoïde 68
coccolithes 48, 51, 88
coccolithophores 7, 18, 35, 38, 43, 48, 50, 51, 88
coccosphère 51
Codium fragile 180
Codonellopsis orthoceras 88
Codonellopsis schabi 89
coelome 192
cœur 168, 172, 198
collerette 190
colloblastes 46, 94, 101
Coilozoum inerme 70, 81
colonie(s) 38, 112, 198
colonisation des terres 12
colonne vertébrale 198, 204
commensales 144
communication 178
complément alimentaire 32
concombre de mer 24
cônes buccaux 166
conjugaison 86, 89
copépode 18, 40, 51, 52, 54, 144
coquillages 209
coquille calcaire 168
coquille calcique 18, 169, 173
coraux 7, 11, 102, 209
cormidies 112
Coscinodiscus sp. 42, 47, 54, 63
Côte d'Azur 22
couche d'ozone 10
courant ligure 22
crabe 134
— porcelaine 140
— violoniste 26, 138
Creseis acicula 169
Creseis conica 164, 169
Crétacé 11
crevette 9, 134, 141
— mante 134
— squelette 134
cristallin 175
crochets 184, 188
crustacés 7, 16, 18, 101, 112, 134
— amphipodes 154
— brachyoures 138
— décapodes 134
ctènes 98
cténophore 11, 18, 46, 94, 96, 98
— lobé 94, 96

— nu 94, 96, 97, 101
— tentaculé 94, 97, 101
cumacés 144, 153
cuticule 137, 138, 147, 192
Cyanea capillata 16
cyanobactéries 8, 10, 12, 16, 22, 32, 36, 37, 43
cycle de vie 68, 144
cycle du carbone 9
cycle global du carbone 48
cystonecte 112
cytoplasme 73, 78

D
dactylozoïdes 118
Darwin Charles 10, 14, 15, 18, 22, 134
défense 160, 176, 181
dents 184
— chitineuses 175, 188
déplacement 112
déserts 9
deutérostomiens 16
développement 122, 142, 184, 191, 196, 198, 204
diatomées 7, 8, 18, 38, 40, 43, 46, 54, 144
— centriques 14, 56
— pennées 57, 58
diazotrophe 36
Dicosphaera tubifera 50
Dicranastrum sp. 79
Dictyocoryne sp. 79
Dictyocysta lepida 89
Didymospyris sp. 84
diméthylsulfopropionate (DMSP) 45
dinoflagellés 7, 18, 38, 40, 42, 43, 54, 65, 67, 68, 144
— mixotrophes 43
Dinophysis sp. 65
dinosaures 11, 12, 14
dioïque 206
Diploconus sp. 78
dissimulation 160
Dissodinium sp. 68
division 65, 210
doliole 198, 200
dragon de mer 122, 131
Dytilum brightwellii. 61

E
eaux rouges 65
ECCO2 Project, MIT 8, 21
échinoderme 7, 11, 54
éclosion 191
écosystème 16, 18, 21
efflorescences 76
éléphant de mer 174
Elysia viridis 180
embranchements 13
embryon 7, 106, 197, 209
endoplasme 73
endo-symbiontes 180
éphyrules 102
épines 141
épitoque (forme) 196
éponges 11, 86
Équateur 17, 24
équilibre 100
éruptions volcaniques 14

escargots 16
espèce 14, 16
— bioluminescente 202
— modèle 206
— commensale 144
essaim 144, 153, 164, 192, 204
estomacs 112
étoile de mer 209, 211
eucaryotes 13, 14, 16, 38
eudoxie 112, 120
euphausiacé 137, 144, 150
Eutintinnus inquilinus 89
exo-squelettes 11
explosions de vie 11
extinctions 12
extrêmophiles 11
exuvie 137

F
falaises 9
fécondation 106, 112, 120, 122, 126, 191, 192, 196, 198, 209, 210, 211
fentes branchiales 200, 202
filaments musculaires contractiles 86
filaments pêcheurs 94, 115, 117, 119
filet 18
— muqueux 164, 198
filtres 204, 206
firole 174, 175
Flabellina sp. 176, 181
flagelle 33, 48, 54, 65, 86, 90
flagellés 86
flashs 192
flottabilité 77
flottaison 112
flotteur 122, 125, 129
Fol Hermann 22, 86
foraminifère 7, 14, 18, 38, 40, 43, 48, 122
forme épitoque 197
forme kystique 68
Forskalia edwardsi 119
fosses océaniques 10
fossiles 11
frustule 43, 54, 63

G
galathée 134, 141, 143
galère portugaise *Physalia* 112,122, 129
gamètes 7, 112, 120, 126, 206, 209
gastéropode 16, 164
gastrozoïde 115, 118, 119, 122, 129
gaz à effet de serre 11
gènes 11, 13, 14, 16, 21, 32, 107
génétique 14
génome 15, 107, 112, 206
génomique 18
genre 16
girus 11
glande hépatique 168, 169
Glaucus sp. 122, 131, 176
Global Ocean Sampling 21
Globigerinoides bulloides 52, 53
gonade(s) 104, 168, 172, 184, 190, 204
— femelles 105, 106
— mâles 106
Gonatidae 176
gonophores 120

gonozoïdes 112, 118
granules pigmentaires 179
groseille de mer 97
Gyrosigma sp. 60

H
Haeckel Ernst 15, 18
Halosphaera sp. 44, 137
haptonème 48
haptophytes 45, 48, 70
Hastigerinella digitata 52
héliozoaires 18
Hensen Victor 18
hépato-pancréas 201
hermaphrodisme 184, 190
hermaphrodite 94, 191, 206
Heteracon sp. 78
hétéropode 164
hétérotrophe 38, 54
Hexalonche sp. 84
Hippopodius hippopus 114
homme 16, 43, 57
Homo sapiens 16
hydrocarbures 32, 48, 84
Iles Galapagos 17, 24
imagerie 18
— microscopique 21
images satellites 48
immortalité 11, 102
immortel 110
insectes 14, 16
interactions sociales 179
intestins 168
iridescences 98

J
Janthina janthina 122, 131
juvéniles 7, 163, 209

K
Korotneff, Alexis 22
krill 7, 166

L
larve 7, 40, 101, 108, 112, 204, 209
— alima 142
— conaria 126
— de mollusques 211
— éphyrule 104
— mitraria 196
— nauplius 137, 144
— nectochaete 196
— planula 104, 106
— pluteus 210
Lauderia annulata 61
Lensia conoidea 114
lentille 195
Lesueur Charles Alexandre 18, 22
Leucon americanus 153
Leucothea multicornis 101
levures bourgeonnantes 90
limace 16
Limacina helicina 164, 166, 181
Linné, Carl von 14
liquide hydrostatique 192
Liriope tetraphylla 102, 108
Litharachnium sp. 84
Lithoptera sp. 70, 82, 83
Lithoptera fenestrata 81, 82
logette 204, 206

Loligo vulgaris 176, 178
lorica 86, 88, 90
luciole de mer 152
Luidia sp. 209

M
mâchoire 188
mammifères 11, 14, 102
marais 26
maredat 21
Marrus orthocanna 115
maxillipède 142
Méditerranée 14
méduse 11, 43, 112
méduse boîte 102
méduse voilette 122
mégalope 134, 138
Meganictiphanes norvegica 150
Mesosagitta minima 184
métamorphose 9, 134, 174, 184, 204, 210
météorites 10
méthane 11
micro-algue 16, 18, 33, 70, 82
— symbiotique 75, 77, 81, 83
microfossile 14, 48
microscope 18
microvillosité 90
migration 144, 164
mimétisme 178
mimivirus 33
mitochondrie 11, 38, 43, 73
mixotrophe 38, 54
Moebius 154
Mola mola 131
mollusque 7, 11, 18, 57, 112
— gastéropode 170, 172, 174, 175, 176
— planctonique 164
motilité 86
mue 134, 156, 184
mufle 174
multicellularité 38, 86, 90
muscles 160, 192, 198
museau 172
Myelastrum sp. 79
myonème 78
Myrianida sp. 192, 197
mysidacés 150

N
nage 94
nageoires 164
nassellaires 84
nautiles 16
navires océanographiques 18
nectophores 112, 115, 118
neige marine 9, 204
Nereis sp. 192, 196
neurotoxine 57
niches écologiques 184
Nomura 102
noyaux 11, 38, 206
nuages 45
nucléation des nuages 43
nucleus 198, 201
nudibranches 122, 131, 176, 181
nutrition 94, 112

O
observations satellitaires 18

océan Atlantique 18
océan Indien 18
océan Pacifique 18
océan primordial 10
ocelle 105
Octopus vulgaris 176
Ocyropsis maculata 96
œuf(s) 94, 122, 144, 148, 196, 204, 209, 210, 211
— fécondés 144
Oikopleura dioica 204, 206, 207
Oikopleura labradoriensis 204
oiseaux 43
ombrelle 102, 211
oozoïde 198, 201
Ophiaster formosus 50
Ophiaster hydroideus 51
Ordovicien 12
Organe(s)
— d'équilibration 175
— digestifs 169
— sensoriel olfactif 190
— génitaux 172
— reproducteurs 184
— sensoriels 102, 105
organelles 11, 13, 14, 38, 43
organisme modèle 107
orifice génital 144, 148
ostracodes 144, 152
otolithes 94, 175
oursin 209, 210
ovaire 198
ovocytes 9, 112, 120, 184, 191
ovules 102
Owenia sp. 196
Oxycephalus sp. 152
oxygène 18

P
pagures 134
paléontologues 14
palettes ciliaires 98, 100
Pangée 14
Panthalassa 14
papillon des mers 164
parade nuptiale 184, 190
parapodes 192, 194, 195
parasites 54, 144
parasitismes 7
Patagonie 46
Pegea confederata 201
peigne 94
Pelagia noctiluca 16, 102, 104, 108
pelotes fécales 198, 201
Penaeidae 150
Permien 11
Péron François 18, 22, 202
pétrole 9, 54
Petrolisthes armatus 140
Phaeocystis sp 45, 82, 83
Phaeodactylum tricornutum 43
phaeodaire 76
phages 11, 32, 34
phéromones 144
phoronidien 211
phorozoïde 200
photorécepteurs 195
photosynthèse 7, 10, 11, 12, 43, 70, 180

phronime 154, 156
Phrosina semilunata 159
phylogénie 14
phylum 11, 14, 16
physalie 7, 122, 131, 176
physonecte 114
Physophora hydrostatica 118
phytoplancton 7, 9, 18, 38, 43, 198, 209
pièce buccale 159
pieuvre 176
pigments chlorophylliens 43, 73
pilier branchial 198
pilier ciliaire 201
pinces 143, 159, 160
piqueur mauve 102
placenta 198, 201
planète 10
— boule de neige 11
plantes terrestres 14
plaques réflectrices 144
plaques tectoniques 14, 16
plastique 32
Plathypleura infundibuliformis 90
Pleurobrachia sp. 94, 97
Pleurosigma sp. 60
Plochlorococcus sp. 21
pneumatophore 115, 118
Pneumodermopsis paucidens 164, 170, 171
poche incubatrice 196
poche marsupiale 154, 163
Poecilochaetus sp. 195
poissons 9, 18, 43, 57, 102, 112, 209, 211
poisson-lune *Mola mola* 122
pollutions 16, 32
polycystine 70, 73, 79
polype(s) 102, 104, 106, 110, 112, 118, 122
— gonozoïdes 122
— nourriciers 119
— reproducteurs 102, 122, 125, 126
pont cytoplasmique 89
ponte 40, 164, 191
Porpita pacifica 131
porpite 122, 131
posidonies 184
poulpe 16, 176
poutine 18
Praya dubia 16, 112
prédateur 131, 134, 144, 166
prédation 94
procaryote 32
Prochlorococcus marinus 16, 43
producteurs primaires 18, 46
proie 108, 112, 116, 117, 129, 171, 188
protéines 11, 16
protistes 14, 38, 42, 54, 70, 144
Protoperidinium depressum 54
Protoperidinium sp. 65, 66
protozoé 141
provinces maritimes 14
Pseudo-nitzschia sp. 57, 61
pseudopodes 52, 53, 70
Pseudosagitta lyra 184
Pterocanium sp. 84
ptéropode(s) 18, 164
— nu 166
— gymnosomes 170, 171
— thécosomes 168, 169

puces de mer 154
Pyrocystis lunula 68
Pyrosoma atlanticum 202
pyrosome 18, 24, 156, 198, 202

Q, R
queue 207
radiolaire(s) 7, 16, 18, 38, 40, 43, 52, 54, 70, 76
— collodaire 77
— colonial 75, 81
— acanthaires 78
— polycystines 79, 84
— spumellaire 70
radula 164, 172, 175
régénération 11, 102
régions polaires 14
reproduction 94, 112, 120, 126, 134, 196, 198
— sexuée 102, 112, 122
réserves nutritives 77
réticulum endoplasmique 73
rétines 175
Rhabdonella spiralis 86
Rhabdosphaera clavigera 50
Rhizodomus tagatzi 89
rhizopodes 52, 70, 79
Rhizosolenia sp 44
roches sédimentaires 9
ropalies 104
Roseofilum reptotaenium 36
rosette 24
rostre 140, 141

S
sacs ovigères 144, 148
Salpa maxima 198
salpe 18, 144, 156, 198, 200
Salpingella acuminata 89
Salpingoeca rosetta, Salpingoecidae 86, 90
sapphirine 144
scission 86, 89, 90
scyphozoaire 16
sédiments 48
seiche 16, 176
sexes 174
sexualité 11
Shimoda 28
signaux électriques 198
signaux nerveux 176
silice 18, 54, 63, 76
silicoflagellés 18
siphon buccal 198
siphonophore 7, 11, 102, 114
— physonecte 112, 115
— calycophore 112, 116
siphosome 114, 115, 118
Skeletonema sp. 54
soies 54, 56, 143, 192
Solenocera crassicornis 150
sources hydrothermales 10, 184
Spadella cephaloptera, **spadelle** 184
spermatophore 144, 148
spermatozoïdes 86, 94, 102, 112, 120, 122, 184, 190, 191, 196, 204, 209, 210, 211
spicule 78
spiruline 32, 37
squelettes de protistes 9

Squilla sp., **squille** 134, 142
Station Marine de Villefranche-sur-Mer 22
statocyste 94, 100, 105
Stenosomella ventricosa 89
Stephanopyxis palmeriana 62
Stephoidea 84
stolon 112, 116, 119, 198
strates rubanées 10
stromatolithes 10
strontium 70, 78, 82, 83
structure multitubulaire 86
Styliola subula 169
sulfure de diméthyle (DMS) 43, 45
surpêche 16
symbiose 7, 11, 32, 38, 70, 126
Synechococcus sp. 8, 21
système nerveux 98

T
Tara Oceans 17, 18, 21, 24, 46, 94, 143, 172, 202
taxonomiste 14, 16
Temora longicornis 147
tentacules 94, 97, 101, 104, 105, 108, 122, 125, 126, 192
tentilles 118
tests 48
— calcaires 52
têtard 204, 211
Tetrapyle sp. 84
Thalassicola nucleata 75
Thalassicolla pellucida 70
Thalassionema nitzschioide 58
Thalassolampe margarodes 70, 77
thaliacé 198
Thalia democratica 198, 201
Thallassolampe sp. 73
thèque 63
tintinnide(s) 40, 86, 89
Tomopteridae 192
Tomopteris helgolandica, **tomopteris** 192, 194
tonneau 154, 156
tonnelier des mers 154
tortues 18, 122
toxines 65, 102, 119, 122, 176, 181
Tremoctopus sp. 122
Tricodesmium sp. 36
trilobite 11, 12, 14
trompe 171, 174
tunicier 18, 198, 204
tunique 198
Turritopsis dohrnii 110
Turritopsis nutricula 102, 110
types fonctionnels 16

U, V
urochordé 198, 204
Vanadis sp. 195
Velella velella, velelles 122, 131
velums ciliés 211
venin 129
— neurotoxique 184
ventouse 172, 174
Vérany Jean Baptiste 22
vers palolo 192
vertébrés 11, 198, 204
vésicules 77
— séminales 184

Vibilia armata 152
Vibrio cholerae 32
Villefranche-sur-Mer 18
virus 7, 32
viscères 201
vision 134
— panoramique 159, 175
Vogt Carl 18, 22
voile 122, 125

X, Y
Xystonella lohmanni 89
yeux 141, 173, 174, 192
— composés 134, 138, 142

Z
zoé 134, 138, 141
zoïde(s) 112, 202
— nourriciers 114, 116, 117, 120
— reproducteurs 114, 115
zone photique 43
zooplancton 17, 43, 54, 144
zooxanthelles 126

BIBLIOGRAPHIE, SITES

LIVRES

Arthus Bertrand, Y., Skerry, B. (2012) *L'Homme et la mer*. Fondation Goodplanet. La Martinière.

Bergbauer, M., Humberg, B. (2007) *La vie sous-marine en Méditerranée*. Vigot.

Blandin, P. (2010) *Biodiversité*. Albin Michel.

Boltovskoy, D. ed. (1999) *South Atlantic Zooplankton*. Backhuys Publishers.

Bougis, P. (1974) *Écologie du plancton marin*. Elsevier Masson.

Brusca, R. C., Brusca, G. J. (1990) *Invertebrates*. Sinauer Associates.

Burnett, N., Matsen, B. (2002) *The Shape of Life*. Sea Studios, Foundation and Monterey Bay Aquarium. Boxwood Press.

Carroll, S.B. *Endless Forms Most Beautiful*. W.W. Norton & Co.

Carson, R. (2012) *La mer autour de nous*. Wildproject Editions.

Conway, DVP, White, R.G., Hugues-Dit-Ciles, J., Gallienne, C.P., Robins, D.B. (2003) *Guide to the Coastal and Surface Zooplankton of the South western Indian Ocean*. Vol No. 15. Marine Biological Association of the United Kingdom.

Deutsch, J. (2007) *Le ver qui prenait l'escargot comme taxi*. Le Seuil.

Elmi, S., Babin, C. (2012) *Histoire de la terre*. Dunod.

Falkowski, P. G., Raven, J. (1997) *Aquatic Photosynthesis*. Oxford : Blackwell Science.

Fortey, R. (1997) *Life*. Vintage Books.

Garstang, W. (1951) *Larval Forms and Other Zoological Verses*. Blackwell.

Glémarec, M. (2010) *la Biodiversité littorale, vue par Mathurin Méheut*. Éditions Le Télégramme.

Gudin, C. (2003) *Une histoire naturelle de la séduction*. Le Seuil.

Gould, S. J. ed. (1993) *The Book of Life*. W.W. Norton & Co.

Goy, J. (2009) *Les Miroirs de méduses*. Éd. Apogée

Gowel, E. (2004) *Amazing Jellies*. Bunker Hill Publishing.

Hardy, A. C. (1964) *The Open Sea*. The World of Plankton. Collins. London.

Haeckel, E. (1882) *The Radiolarian Atlas*, Réédition 2010, *Art Forms from the Ocean*, Prestel Verlag.

Hill, R. W., Wyse, G. A., Anderson, M. (2008) *Animal Physiology*. Sinauer Associates.

Jacques, G. (2006) *Écologie du plancton*. Tec & Doc Lavoisier.

Johnson, W.S., Allen, D.M. (2012) *Zooplankton of the Atlantic and Gulf Coasts – A Guide to their Identification and Ecology*. John Hopkins Univ. Press.

Karsenti E., Di Meo, D. (2012) *Tara Oceans, chroniques d'une expédition scientifique*. Actes Sud, Tara Expéditions.

Keynes, R.D. ed. (2001) *Charles Darwin's Beagle Diary*. Cambridge University Press.

Kozloff, E. N. (1993) *Seashore Life of the Northern Pacific Coast*. University of Washington Press.

Kirby, R. R. (2010) *Ocean Drifters : A Secret World Beneath the Waves*. Firefly Books.

Knowlton, N. (2010) *Citizens of the Sea : Wondrous Creatures from the Census of Marine Life*. National Geographic Society.

Konrad, M. W. (2011) *Life on the Dock*. Science is Art.

Kraberg, A., Baumann, M., Durselen, C. (2010) *Coastal Phytoplankton. Photo Guide for Northern European Seas*. Verlag Dr Friedrich Pfeil.

Larink, O., Westheide, W. (2012) *Coastal plankton. Photo Guide for European Seas*. Verlag Dr Friedrich Pfeil.

Lecointre, G., Le Guyader, H. (2001) *Classification phylogénétique du vivant*. Belin.

Loir, M. (2004) *Guide des diatomées*. Delachaux et Niestlé.

Munn, C.B. (2004) *Marine Microbiology*. Taylor and Francis Publishers.

Margulis, L., Schwartz, K. V. (1988). *Five Kingdoms*. W. H. Freeman.

Mollo, P., Noury, A. (2013) *Le manuel du plancton*. Editions Charles Léopold Mayer.

Moore, J. (2001) *An Introduction to the Invertebrates*. Cambridge University Press.

Nielsen, C. (2001) *Animal Evolution*. Oxford University Press.

Nouvian, C. (2006) *Abysses*. Fayard.

Pietsch, T. W. (2012) *Trees of Life*. The John Hopkins University Press.

Prager, E. J. (2000) *The Oceans*. Mc Graw Hill.

Reynolds, C. (2006) *Ecology of Phytoplankton*, Cambridge University Press.

Ricketts, E., Calvin, J., Hedgpeth, J. W. (1968) *Between Pacific Tides*. Stanford University Press.

Segar, A. D. (2006) *Ocean Sciences*. W.W. Norton & Co.

Seguin, G., Braconnot, J.-C., Elkaim, B. (1997) *le plancton*. Presses Universitaires de France.

Schmidt-Rhaesa, A. (2007) *The Evolution of Organ Systems*. Oxford University Press.

Smith, D. L., Johnson, K. B. (1996) *A Guide to Marine Coastal Plankton and Marine Invertebrate Larvae*. Kendall/Hunt Publishing

Snelgrove, P.V.R. (2010) *Discoveries of the Census of Marine Life*. Cambridge University Press.

Southwood, R. (2003) *The Story of Life*. Oxford University Press.

Strathmann, M. (1987) *Reproduction and Development of Marine Invertebrates of the Northern Pacific Coast*. University of Washington Press.

Thomas-Bourgneuf M., Mollo, P. (2009) *L'Enjeu plancton : l'écologie de l'invisible*. Editions Charles Léopold Mayer.

Todd, C. D., Laverack, M. S., Boxshall, G. A. (1996) *Coastal Marine Zooplankton : a Practical Manual for Students*. Cambridge University Press.

Tomas, C. R., ed. (1997) *Identifying Marine Phytoplankton*. Academic Press.

Trégouboff, G., Rose, M. (1957) *Manuel de planctonologie méditerranéenne*, Centre National de la Recherche Scientifique.

Vogt, C., (1854) *Recherches sur les animaux inférieurs de la Méditerranée : les siphonophores de la mer de Nice*. H. Georg Editeur.

Wilkins, A.S. (2004) *The Evolution of Developmental Pathways*. Sinauer Associates.

Willmer, P., Stone G., Johnston, I. (2005) *Environmental Physiology of Animals*. Blackwell

Wood, L. (2002) *Faune et flore sous-marines de la Méditerranée*. Delachaux et Niestlé.

Wrobel, D., Mills, C.E. (1998) *Pacific Coast Pelagic Invertebrates – A Guide to the Common Gelatinous Animals*. Sea Challengers and the Monterey Bay Aquarium.

Yamaji, I. (1959) *The Plankton of Japanese Coastal Waters*. Hoikusha.

SITES GÉNÉRALISTES

Chroniques du Plancton
www.planktonchronicles.org

Planctons du Monde
www.plancton-du-monde.org

Tara expéditions et Tara Oceans
http://oceans.taraexpeditions.org
et www.embl.de/tara-oceans/start

Observatoire Océanologique de Villefranche-sur-Mer : www.obs-vlfr.fr/gallery2/main.php

Encyclopedia of Life / Education / Tree of Life
http://eol.org et http://education.eol.org et
http://tolweb.org/tree/home.pages/toleol.html

Espèces marines
http://species-identification.org/index.php

TED Ed vidéos
http://ed.ted.com/lessons/how-life-begins-in-the-deep-ocean et www.ted.com/talks/the_secret_life_of_plankton.html

Encyclopedia of Life / Education / Tree of Life
http://eol.org et http://education.eol.org et
http://tolweb.org/tree/home.pages/toleol.html

Census of Marine Life
www.coml.org/et www.cmarz.org

Les organismes en plongée
http://doris.ffessm.fr/accueil.asp

David Luquet : photos
www.davidluquet.com

Kahikai : photos
www.kahikaiimages.com/home

SITES ZOOPLANCTON

David Wrobel sur les animaux gélatineux
http://jellieszone.com

Casey Dunn sur les siphonophores
www.siphonophores.org

Steve Haddock sur la bioluminescence
http://biolum.eemb.ucsb.edu

Tout sur les méduses
www.jellywatch.org et http://meduse.acri.fr/home/home.php

Stephane Gasparini sur les copépodes
www.obs-vlfr.fr/~gaspari/copepodes

SITES PROTISTES

Les algues et le phytoplancton
www.algaebase.org/search/species/

Les protistes
http://starcentral.mbl.edu/microscope/portal.php?pagetitle=index et www.radiolaria.org

John Dolan Aquaparadox
http://www.obs-vlfr.fr/gallery2/v/Aquaparadox

Station biologique de Roscoff / Cultures de phytoplancton
www.sb-roscoff.fr/Phyto/RCC/index.php

CRÉDITS

Les photographies sont de Christian Sardet, sauf :

- Chantal Abergel et Jean-Michel Claverie/CNRS, p. 33 b x 2
- Dennis Allen et Christian Sardet, p. 142, 197
- Gary Bell/OceanwideImages, p. 9
- Mark Boyle, p. 10
- Jean et Monique Cachon, p. 84 x 4
- Claude Carré/UPMC, pp. 96 bg, 97 hd
- Margaux Charmichael/SBR-CNRS/UPMC, Roscoff pp. 49, 50, 66
- Marie Joseph Chrétiennot-Dinet/CNRS Photothèque, p. 48 (x 3)
- Laurent Colombet, p. 131 b
- Wayne Davis, p. 7
- Mark Dayel, p. 90
- Charles Drawin, p. 15
- Johan Decelle et Fabrice Not/SBR-CNRS/UMPC, Roscoff, pp. 82, 84 bd
- Johan Decelle et Sébastien Colin, Fabrice Not, Colomban de Vargas/SBR-CNRS/UMPC, Roscoff, p. 83
- Johan Decelle et Christian Sardet, pp. 79, 82
- Anna Deniaud Garcia/Tara Expéditions, pp. 17 h (x 3), 24 x 4, 50
- John Dolan/CNRS/Observatoire océanologique de Villefranche-sur-Mer, pp. 87, 88, 89
- Guillaume Duprat et Christian Sardet, p. 12-13
- Casey Dunn/ Brown University, pp. 96 hg et bd, 97 hg, 115, 129
- EMBL Heidelberg (Laboratoire européen de Biologie moléculaire), p. 15 bas
- Martina Ferraris et Christian Sardet, p. 104
- Per Flood, pp. 90, 113, 194 b, 205, 206 haut
- Mick Follows, Oliver Jahn, ECCO2 and Darwin Project, MIT, pp. 8, 21, 22, 24, 26, 28
- Laurent Frojet, Marie Chrétiennot-Dinet/CNRS Photothèque/CEA, p. 49
- Julien Girardot/Tara Expéditions, p. 16
- Christoph Gerigk, pp. 17 b x 2, 24 x 2, 94 b, 95
- Kathryn Green/Université du Queensland, Australie, p. 188 h
- Ernst Haeckel, pp. 14, 19, 85
- Rebecca Helm/Brown University, p. 104
- Kazuo Inaba, p. 28
- Gerda Keller/Université de Princeton, p. 11
- Rebecca Helm, p. 104
- Nils Kroeger/Georgia Tech et Chris Bowler/ENS, p. 63
- Francis Latreille/Tara Expédition, p. 24
- Edouard Leymarie/CNRS/Tara Expéditions p. 196
- Fabien Lombard/UMPC, Observatoire océanologique de Villefranche-sur-Mer, p. 198
- Imène Machouk, Charles Bachy/CNRS Photothèque, p. 88
- Sophie Maro/Mediterranean Culture Collection of Villefranche-sur-Mer, p. 58
- Mbari, p. 115
- Mediterranean Culture Collection of Villefranche-sur-Mer (MCCV), p. 68
- Sharif Mirshak/Parafilms, pp. 22, 100, 103, 105, 125, 175, 176, 177, 178
- Sharif Mirshak et Christian Sarcet, pp. 98, 123, 125, 145, 149, 158, 159, 161
- Sharif Mirshak et Noé Sardet, pp. 175, 209
- Sharif Mirshak, Noé Sardet et Christian Sardet, p. 163
- Sharif Mirshak, Noé Sardet, Flavien Mekpoh, p. 208 h
- Jan Michels, Université de Kiel, Allemagne, p. 146
- Tsuyoshi Momose, Evelyn Houliston/Laboratoire BioDev/Observatoire océanologique de Villefranche-sur-Mer, p. 106, 107
- NASA, p. 2, 48
- Karen Osborn/Smithonian National Museum of Natural History, pp. 52, 194 h, 180, 177 mg, 178 md
- Peter Parks/Imagequestmarine. com, p. 130
- Frédéric Partensky/CNRS, p. 43 d
- Yvan Perez/Université d'Aix-Marseille, pp. 144, 185
- Monique Picard, p. 122
- Marie Dominique Pizay, John Dolan, R. Lemée/Observatoire océanologique de Villefranche-sur-Mer, p. 67
- Noé et Christian Sardet, pp. 6, 70, 75, 77, 171, 210
- Ulysse et Christian Sardet, p. 76
- Noé Sardet, pp. 22 x 3, 58, 71, 101, 118, 125, 162
- Noé Sardet/Parafilms : p. 59, 119, 141 milieu, 160
- Noé Sardet, Sharif Mirshak, Flavien Mekpoh, p. 210
- Alexander Semenov, pp. 166, 167, 192
- Stefan Siebert/Brown University, pp. 114 x 2, 177 h, 179, 180-181, 202 d, 203, 208 h et b
- Keoki Stender/MarinelifePhotography. com, pp. 128, 129, 131 h
- Matthew Sullivan, Jennifer Brum/University of Arizona, p. 34 b
- *Tara Oceans*, p. 120-121, 156-157, 186 m, 200 h
- Atsuko Tanaka et Chris Bowler/CNRS, École normale supérieure, p. 43 g
- Eric Thompson, Philippe Ganot, Endy Spriet/Laboratoire Sars, Bergen, Norvège, p. 206 bg x 2
- Christian Rouvière/CNRS et Christian Sardet, p. 66 x 2
- Jeremy Young, University College, Londres, pp. 50, 51, 52
- Markus Weinbauer/CNRS, pp. 33 h, 34 h x 2, 35
- Wikicommons, p. 15 hg et hd
- David Wrobel, pp. 92, 112, 118, 201

Couverture
recto : Christian et Noé Sardet
verso : Christian et Noé Sardet

© 2013 Les Éditions Ulmer
8, rue Blanche, 75009 Paris
Tél. : 01 48 05 03 03, Fax : 01 48 05 02 04
www.editions-ulmer.fr

Réalisation : Guillaume Duprat, Bénédicte Dumont
Responsable éditorial : Antoine Isambert
Impression : Zanardi, Italie

MIXTE
Papier issu de sources responsables
FSC® C006866

ISBN : 978-2-84138-634-5, N° d'édition : 634-01
Dépôt légal : octobre 2013, Printed in Italy